U0923722

“十四五”时期国家重点出版物出版专项规划项目

深中通道建设关键技术丛书

广东省重点领域研发计划项目（2019B111105002）

深中通道钢壳混凝土沉管预制技术

陈伟乐　吕卫清　宋神友　王胜年　张长亮◎著

人民交通出版社股份有限公司

北　京

内 容 提 要

全书共分为6章:第1章介绍了深中通道钢壳混凝土沉管技术需求和当前钢壳混凝土沉管技术发展情况;第2章研究了钢壳沉管自密实混凝土的性能指标与配制技术;第3章研究了大规模施工情况下钢壳沉管自密实混凝土的生产质量控制技术、影响工作性能的关键因素和提升工作性能稳定性的技术;第4章对通过多次模型试验确定的浇筑工艺参数进行介绍,并研究了浇筑过程的变形控制技术;第5章论述了适用于工厂法钢壳沉管自密实混凝土施工的智能浇筑装备的研发过程;第6章介绍了钢壳沉管预制施工过程中的移运装备的研发工作。

本书可供从事桥梁隧道工程相关研究、设计、施工和管理的工程技术人员、教师和研究生参考。

图书在版编目(CIP)数据

深中通道钢壳混凝土沉管预制技术 / 陈伟乐等著
. — 北京: 人民交通出版社股份有限公司, 2023.7
ISBN 978-7-114-18660-8

Ⅰ.①深… Ⅱ.①陈… Ⅲ.①沉管—预制工艺 Ⅳ.
①TU753.6

中国国家版本馆 CIP 数据核字(2023)第 040315 号

Shen-Zhong Tongdao Gangqiao Hunningtu Chenguan Yuzhi Jishu

书　　名: 深中通道钢壳混凝土沉管预制技术
著 作 者: 陈伟乐　吕卫清　宋神友　王胜年　张长亮
责任编辑: 齐黄柏盈
责任校对: 孙国靖　宋佳时
责任印制: 刘高彤
出版发行: 人民交通出版社股份有限公司
地　　址: (100011)北京市朝阳区安定门外外馆斜街3号
网　　址: http://www.ccpcl.com.cn
销售电话: (010)59757973
总 经 销: 人民交通出版社股份有限公司发行部
经　　销: 各地新华书店
印　　刷: 北京交通印务有限公司
开　　本: 787×1092　1/16
印　　张: 14
字　　数: 291千
版　　次: 2023年7月　第1版
印　　次: 2023年7月　第1次印刷
书　　号: ISBN 978-7-114-18660-8
定　　价: 58.00元

丛书编审委员会

总　顾　问：周　伟　周荣峰　王　太　贾绍明

主　　　任：邓小华　黄成造

副　主　任：职雨风　吴玉刚　王康臣

执行主编：陈伟乐　宋神友

副　主　编：刘加平　樊健生　徐国平　代希华　潘　伟　吕卫清
吴建成　范传斌　钟辉虹　陈　越　刘亚平　熊建波

专家组成员：

综合组：

周　伟　贾绍明　周荣峰　王　太　黄成造　何镜堂
郑健龙　陈毕伍　李　为　苏权科　职雨风　曹晓峰

桥梁工程组：

凤懋润　周海涛　秦顺全　张喜刚　张劲泉　邵长宇
陈冠雄　黄建跃　史永吉　葛耀君　贺拴海　沈锐利
吉　林　张　鸿　李军平　胡广瑞　钟显奇

岛隧工程组：

徐　光　钱七虎　缪昌文　聂建国　陈湘生　林　鸣
朱合华　陈韶章　王汝凯　蒋树屏　范期锦　吴建成
刘千伟　吴　澎　谢永利　白　云

建设管理组：

李　斌　刘永忠　王　璜　王安福　黎　侃　胡利平
罗　琪　孙家伟　苏志东　代希华　杨　阳　王啟铜
崖　岗　马二顺

本书编写组

组　　长：陈伟乐　吕卫清　宋神友　王胜年　张长亮

参与人员（以姓氏笔画排序）：

深中通道管理中心

古世煌　刘　迪　刘　健　许晴爽　金文良

夏丰勇　黄晓初　彭英俊

中交第四航务工程局有限公司

于　方　王雪刚　艾荣军　孙文火　阳凯丽

应宗权　范志宏　董洪静　嵇　廷　温承永

东南大学

杨　勇　徐　文　舒　鑫

序　言

沉管法隧道作为跨海(江)隧道工程建设的重要方式之一,广受行业重视。与钻爆法、盾构法、堰筑法等其他水下隧道建造方式相比,沉管法具有埋深浅、断面形状选择灵活、通行能力强、管节预制质量易于控制、防水效果好等优点,已有百年以上的应用历史。港珠澳大桥海底隧道和大连湾海底隧道的建设表明我国在钢筋混凝土沉管隧道领域的建造水平达到国际一流,而深中通道沉管隧道工程则是我国首次应用钢壳混凝土新型组合结构,代表我国沉管隧道建造技术进入新的阶段。

深中通道是世界级的"桥、岛、隧、水下互通"跨海集群工程,是粤港澳大湾区核心交通枢纽工程,对于促进粤港澳大湾区城市群在人文、物流、经济、文化等领域的快速发展及交通的互联互通意义重大。沉管隧道采用钢壳混凝土新型结构,采用双向八车道高速公路技术标准,工程规模世界罕见,并且国内缺乏相应设计标准、建设技术及经验,技术难度前所未有。为实现钢壳混凝土沉管隧道高质量预制,迫切需要解决超大体量自密实混凝土连续浇筑过程的工作性能稳定、隔仓封闭空间填充密实性、单月浇筑 1 个管节高工效、8 万吨级大型管节快速安全移运等关键技术问题。

本书内容依托广东省重点领域研发计划项目"复杂海洋环境下钢壳混凝土沉管隧道建设关键技术"——课题 6"高稳健自流平混凝土制备关键技术"和课题 7"高稳健自流平混凝土智能浇筑关键技术及装备"的研究成果。研究团队历时 5 年,围绕钢壳沉管混凝土预制施工所需要的材料、工艺和装备开展了全面系统研究,确定了钢壳沉管自密实混凝土性能评价体系和高稳健混凝土制备技术,提出了适用于钢壳管节隔仓浇筑的混凝土施工参数和工艺孔布置方法,建立了无支撑分段棋盘跳仓式浇筑工艺,攻克了超大体量复杂隔仓顶板混凝土脱空控制难题,并且研制了钢壳沉管混凝土智能浇筑装备和 8 万吨级沉管智能移运装备,攻克了大量技术难题,为钢壳沉管混凝土预制施工提质增效提供了关键技术支撑。

本书是深中通道钢壳混凝土沉管隧道预制施工领域取得的创新成果总结，对于推动我国沉管隧道技术进步和产业发展具有重要意义，可为相关工程技术人员提供重要参考。

中国工程院院士

东南大学首席教授

2023年5月

前　言

随着我国经济的持续快速发展和人们环境保护意识的不断增强,大众对交通出行服务的要求越来越高。相比于桥梁工程,水下隧道可实现全天候通行,对航运、防洪、航空干扰小,同时也可更好地保护原有生态与自然环境,因此越来越受到工程建设方的青睐。

目前世界上的跨江(海)沉管隧道大多采用钢筋混凝土结构,如厄勒海峡隧道、釜山—巨济连接线隧道和港珠澳大桥海底隧道等。钢筋混凝土沉管具有断面选择灵活的优点,但也存在预制场占地面积大、钢筋布置密、混凝土浇筑困难、难以适应超宽超大埋深等问题。20 世纪 90 年代,日本开始研究钢壳混凝土组合沉管("三明治")结构,陆续建成了新若户、那霸钢壳沉管隧道。钢壳沉管隧道采用钢壳包夹素混凝土的结构替代钢筋混凝土结构。与钢筋混凝土沉管结构相比,钢壳混凝土沉管结构尺寸规模相对较小,承载能力更强,同样的断面尺寸,通过设置内外面板、横纵隔板、横纵加劲肋及焊钉等组成封闭的混凝土浇筑隔仓,能够承受较大的荷载作用和不均匀沉降,且抗震适应性更好。同时,由钢板焊接而成的钢壳既可作为施工期混凝土浇筑的模板,也可在运营期起到承载与防水的双重作用,确保隧道长期安全可靠运营。

在我国已建及在建的沉管隧道中,深中通道沉管隧道之前仅香港有一座跨港湾单层钢壳双孔沉管隧道,其他均为钢筋混凝土沉管隧道。深中通道沉管隧道在我国首次采用了钢壳混凝土沉管新型组合结构方案,具有超长、超宽、深埋、变截面等特点,沉管规模属当前世界罕见,许多技术问题处于摸索阶段,工程建设难度高。

本书旨在总结广东省重点领域研发计划项目"复杂海洋环境下钢壳混凝土沉管隧道建设关键技术"的课题 6"高稳健自流平混凝土制备关键技术"和课题 7"高稳健自流平混凝土智能浇筑关键技术及装备"的研究成果,围绕钢壳混凝土管节预制关键技术问题,从钢壳沉管自密实混凝土制备和质量控制技术、钢壳混凝土沉管预制施工关键技术、钢壳混凝土沉管智能化预制关键装备等方面进行了系统研究。全书共分为

6 章。第 1 章介绍了沉管隧道和钢壳沉管的发展历程及国内外研究进展，并分析了深中通道工程钢壳沉管混凝土面临的施工问题；第 2 章介绍了自密实混凝土性能指标对比和配制技术研究情况，形成了超大钢壳沉管自密实混凝土的制备技术；第 3 章系统研究了钢壳沉管自密实混凝土工作性能智能化检测、自密实混凝土生产质量动态控制、多因素耦合作用下工作性能的敏感性以及泵送过程的流变性等，形成了自密实混凝土的质量控制技术；第 4 章研究了浇筑工艺对钢壳管节预制质量的影响和支撑系统对沉管变形的影响，支撑了深中通道沉管浇筑工艺优化，保障了沉管的预制质量；第 5 章研发并建造了一套钢壳混凝土沉管智能浇筑装备，实现了混凝土浇筑 24h 连续作业且全过程可视化、数字化、自动化，提高了施工功效，保障了钢壳混凝土沉管的浇筑质量；第 6 章根据项目功能需求进行装备系统研究及装备的开发，自主研发并建造了一套由 200 台单车承载力为 400t 的台车组成、用于移运钢壳混凝土沉管的 8 万吨级自行走智能移运台车装备。

通过上述内容的研究，形成了适用于超大钢壳混凝土沉管预制施工的关键工艺参数和核心技术装备，指导了世界首个超大钢壳混凝土沉管的预制施工。

本书可供从事桥梁隧道工程相关研究、设计、施工和管理的工程技术人员、教师和研究生参考。限于作者的水平和经验，书中错误和疏漏在所难免，恳请读者批评指正。

作　者

2023 年 5 月

目　　录

第1章　绪　　论

1.1　工程背景

随着我国经济的持续快速发展和人们环境保护意识的不断增强，大众对交通运输基础设施的建设要求越来越高，采用水下隧道方式跨越江河和海湾（峡）的建设方案，对航运、航空干扰小，同时也可较好地保护原有生态与自然环境，逐渐在工程建设领域得到推广。

目前世界上的越江跨海沉管隧道多采用钢筋混凝土结构，如厄勒海峡隧道、釜山—巨济连接线隧道和港珠澳大桥海底隧道等。混凝土沉管有很多优点，但也存在预制场占地面积大、钢筋布置密、混凝土施工困难及难以适应超宽超大埋深等问题。20 世纪 90 年代，日本开始研究钢壳混凝土组合沉管（“三明治”）结构，陆续建成了新若户钢壳沉管隧道、那霸钢壳沉管隧道等工程。钢壳沉管隧道采用钢壳包夹素混凝土的结构替代钢筋混凝土结构，与钢筋混凝土沉管结构相比具有以下特点：

（1）钢壳制作与混凝土浇筑实现场地分离，选址更加灵活，利于降低预制场建设成本。

（2）采用高流动性自密实混凝土，可大大降低现场的施工难度。

（3）钢壳外包方式可大大提高管节的防水性能。

（4）混凝土浇筑时无模板安装拆除作业，无钢筋绑扎工序，预制工期大大缩短。

（5）可选用先铺碎石基床或者后铺压砂（或压浆），基础形式可选用换填碎石、挤密砂桩、深层水泥搅拌（DCM）桩、钢管桩、预制桩等，地质适应性强。

总之，与钢筋混凝土结构相比，钢壳混凝土结构规模相对较小，承载能力更强，同样的断面尺寸，通过设置钢壳能抵抗较大的荷载作用和不均匀沉降，且抗震适应性更好。同时，由钢板焊接而成的钢壳既可作为施工期混凝土浇筑的模板，也可在运营期起到承载与防水层的双重作用。

在我国已建及在建的沉管隧道中，深中通道（深圳至中山跨海通道）沉管隧道之前仅香港有一座跨港湾单层钢壳双孔沉管隧道，其他均为钢筋混凝土沉管隧道。目前，位于港珠澳大桥上游的深中通道工程，受通航、防洪及航空限高等因素的限制，采用桥-岛-隧的建设方案，隧道采用钢壳混凝土沉管结构，具有超长（管节总长大于 5km）、超宽（宽度 46m）、深埋（埋于海床下深度大于 20m）等特点，双向八车道，单孔跨度超过 18m，沉管规模世界罕见，国内外现有成熟技术难以保证工程质量，工程建设难度高。

1.2　钢壳混凝土沉管技术进展

1.2.1　国内外工程案例

1.2.1.1　国外钢壳沉管隧道概述

沉管隧道的应用最早始于1910年修建的跨越美国和加拿大之间的底特律河的铁路隧道，当时采用的是钢壳混凝土结构。大约在其后的30年内，美国建造了世界上绝大多数的沉管隧道，且大多采用了这一结构形式。美国海湾修建的隧道较多，海湾的水深一般深于内河，出于受力角度的考虑，钢壳沉管多选用圆形或椭圆形钢壳，典型断面见图1-1。

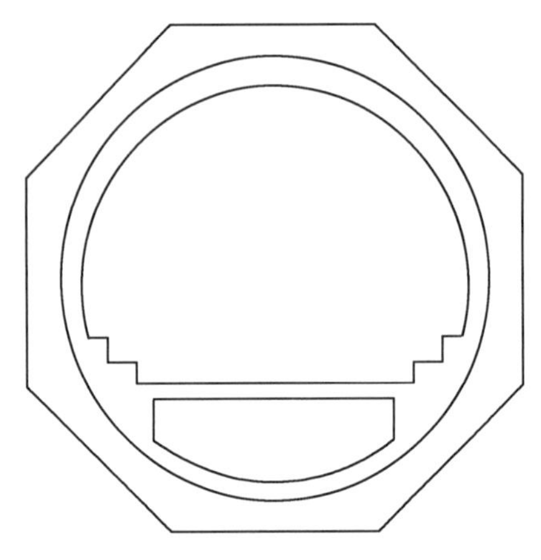

图1-1　底特律—温莎(Detroit-Windsor)沉管隧道横断面

20世纪60年代开始，日本掀起了修建沉管隧道的热潮，基于抵御强地震对隧道损坏以及减少干坞大量用地等因素的考虑，日本最早修建的沉管隧道基本采用了单层或双层钢壳混凝土结构。但与美国不同的是，为适应公路交通的发展，日本的沉管隧道多数采用了断面利用率更高的矩形横断面结构，包括衣浦港隧道、大阪南港隧道、川崎航道隧道、神户港港岛隧道和那霸隧道等。日本钢壳沉管隧道总体规模偏小，例如大阪南港隧道中的沉管隧道总长约1km，由10个长约103m、宽35.2m、高8.6m的沉管构成；神户港港岛隧道由6个管节构成，每个管节的大小为长87.4m、宽34.6m、高9.1m，质量大约为27000t。

1.2.1.2　国内钢壳沉管隧道概述

红磡海底隧道为我国第一座跨海隧道，连接香港岛铜锣湾和九龙红磡，采用钢壳沉管隧道结构。隧道管节为钢壳与混凝土的组合结构，钢壳既是防水层又是主要的承载结构，混凝土衬砌结构主要承受压力，同时又作为压载物。沉管隧道总长1602m，断面形式为单钢壳双圆管。单层钢壳管节采用等间距的横向加劲肋和纵向水平钢材桁架加强。钢壳内衬为457mm厚钢筋混凝土，采用浮态、分区域、平衡浇筑技术填筑混凝土。钢壳外层设置64mm厚的加网喷射混凝土作为锈蚀保护层。

1.2.2　钢壳沉管管节预制施工技术

沉管隧道最终选择何种结构形式由多方面因素决定。通过对既有的工程案例调研分析可知，美国大部分工程更加关注可施工性，日本的则更加关注地震动作用下的变形、内力等结构响应。因此，美国与日本两个钢壳沉管隧道大国对钢壳沉管隧道关键技术的研究也各有侧重。

传统的钢壳沉管隧道结构计算中均不将混凝土作为受力构件考虑,仅当作防腐保护层与压舱抗浮构件。从 1999 年建成的日本神户港港岛海底沉管隧道开始,在双层钢壳沉管隧道设计计算中将混凝土作为受压构件参与承载与变形计算。时至今日,关于钢壳混凝土组合结构的隧道受力性能及作用机理,仍未有全面而系统的研究,仍以工程类比为主要手段进行设计。目前世界上长度超 500m 的部分钢壳混凝土沉管隧道信息见表 1-1。

世界上长度超 500m 的部分钢壳混凝土沉管隧道信息　　表 1-1

编号	隧道名称	国家	完工时间(年)	隧道长度(m)	断面结构	施工方法
1	底特律河隧道	美国	1910	800	双层钢壳、圆形	造船厂制造 + 沉设到位后浇筑内、外部混凝土
2	底特律—温莎隧道	美国	1930	670	双层钢壳、圆形	造船厂制造
3	伊丽莎白河 1 号隧道	美国	1953	638	双层钢壳、圆形	造船台预制钢壳 + 浇筑混凝土
4	贝敦隧道	美国	1953	780	单层钢壳、矩形	造船厂预制钢壳 + 浇筑混凝土
5	巴尔的摩港隧道	美国	1957	1920	双层钢壳、圆形	造船厂制造
6	汉普顿公路跨湾隧道	美国	1957	2091	双层钢壳、圆形	造船厂预制钢壳
7	伊丽莎白河 2 号隧道	美国	1962	1056	双层钢壳、圆形	造船厂预制钢壳 + 浇筑混凝土
8	切萨皮克湾隧道	美国	1964	1750	双层钢壳、圆形	造船厂制造
9	海湾地区快速交通隧道	美国	1970	5825	单层钢壳、圆形	造船厂预制钢壳
10	香港红磡海底隧道	中国	1972	1600	单层钢壳、圆形	造船厂预制钢壳
11	扇岛隧道	日本	1974	664	单层钢壳、矩形	干坞预制钢壳 + 驳船浇筑混凝土
12	汉普顿公路 2 号跨湾隧道	美国	1976	2229	双层钢壳、圆形	造船厂预制钢壳 + 码头浇筑混凝土
13	大场隧道	日本	1980	672	单层钢壳、矩形	造船厂预制钢壳 + 码头浇筑混凝土
14	麦克亨利堡隧道	美国	1987	1646	双层钢壳、圆形	造船厂预制钢壳
15	州际公路 664 隧道	美国	1992	1425	双层钢壳、圆形	造船厂预制钢壳并浇筑部分内衬混凝土 + 码头处浇筑最后混凝土
16	那霸隧道	日本	1994	724	双层钢壳、矩形	造船厂预制钢壳 + 码头浇筑混凝土
17	川崎航道隧道	日本	1994	1187	双层钢壳、矩形	造船厂预制钢壳 + 干坞浇筑混凝土
18	神户港港岛隧道	日本	1999	520	双层钢壳、矩形	造船厂预制钢壳 + 干坞浇筑混凝土

沉管管节预制施工的主要方法有干坞法、工厂法和水上浮态预制法。

1)干坞法

管节在船坞预制完成后,灌水起浮,根据沉管数量及干坞大小,可进行干坞一次预制,也可分批多次预制。国内外的沉管隧道管节预制,绝大多数采用干坞法。

干坞一次预制是在一个大型的干坞内一次性完成管节的预制,它只需一次性放水进坞,无须在坞首设置重复开合的闸门,管节出坞时,拆除坞首围堰即可将管节逐段拖运出坞。这种预制方式所需的干坞规模较大,占地面积大,土地使用费较高。干坞多次预制,则为干坞内分批制造,分批出坞,坞首需设置能重复开合的闸门,以满足坞内多次放排水的要求。

2)工厂法

在专设的厂房内进行管节的工业化(流水线)生产,再分批推入干坞完成后续施工工作,分槽(浅水槽和深水槽)出坞。主要适用于预制工期紧、工程质量要求高、规模大的工程,典型代表工程为厄勒海峡通道、港珠澳大桥海底隧道沉管管节的预制。

3)水上浮态预制法

在船台、船坞或干坞内预制钢壳,不浇筑混凝土或浇筑部分混凝土后,将钢壳沿滑道滑入水中或向坞内注水后使其成为浮体。钢壳不拆卸,利用自身浮力或助浮,在漂浮状态下浇筑混凝土管节。

1.2.3 钢壳沉管自密实混凝土应用现状

神户港港岛隧道是世界上首个使用夹层式钢壳混凝土组合结构管节的隧道。在夹层式构造中,要向密封的钢壳内填充混凝土,因此需要使用自密实混凝土。但是,自密实混凝土的填充性、间隙通过性等拌合物性能,会受集料的品质、温度等环境条件和施工时间等施工条件的影响而相应地发生变化。另外,由于不能依靠外力进行振捣,如果混凝土拌合物性能波动超过了封闭空间填充要求的限度,可能导致构造物产生缺陷。为了稳定地提供满足性能要求的高流动性混凝土,制造过程的品质管理很重要。另外,在夹层式构造中,由于无法确认混凝土的填充状况和形状,所以需要在浇筑混凝土的同时,采取适当的质量过程控制方法。该工程通过小型模型以及实物大模型的浇筑试验,调查和探讨了影响坍落度、混凝土密实性和其他性能的主要因素。

大阪南港隧道是连接大阪市中心和人工岛南港地区的海底隧道,约有 1025m 是钢壳沉管隧道。在工程实施之前,对各种可能进行了讨论,确定了最佳混凝土配合比,使用低热型水泥,还实施了改善养护方法等减少热效应的措施。但是,现在还没有关于这种类型的钢壳混凝土结构温度有效控制的研究成果,外部钢板和各种增强钢材对外部约束度的影响也尚不明确。

我国尚没有双层钢壳混凝土组合沉管的应用案例。根据沉管隧道钢壳混凝土的施工和使用要求可知,混凝土除了满足强度要求外,还必须具有良好的施工性能和体积稳定性,以保证施工过程中混凝土顺利浇筑,混凝土拌合物在钢壳内填充密实,且硬化后混凝土需与钢壳达到协同受力的效果。

1.3 深中通道工程钢壳混凝土沉管预制技术问题分析

深中通道工程隧道总长6845m,其中钢壳沉管段长5035m,是世界首例双向八车道的钢壳混凝土组合沉管隧道。沉管由32节管节组成,包括26个标准管节和6个变宽管节。标准管节长165m、宽46m、高10.6m,分为2255个封闭隔仓,其中纵向每列55个、横向每排41个,单个管节质量达8万t,需浇筑混凝土2.92万m^3。另外,从工期控制角度,要求达到1个月浇筑1个标准管节的工效,远高于日本类似钢壳混凝土施工的工效要求,这对施工混凝土的工作性能稳定性和连续浇筑质量提出很高的要求。为实现预制施工质量和进度的综合要求,需要解决以下关键技术问题:

(1)如何确定钢壳沉管用自密实混凝土的性能指标,以满足隔仓浇筑的填充密实性要求,同时便于施工现场的质量管控。

(2)如何配制满足性能指标要求的自密实混凝土,以适应原材料体系的质量波动和外部环境条件的变化,在施工过程中具有良好的质量稳定性。

(3)自密实混凝土浇筑于封闭隔仓内部,仅能依靠冲击影像法和中子法进行脱空检测,属于隐蔽工程,检测手段少,出现问题的修复难度大,需要充分掌握钢壳沉管自密实混凝土在不同环境、施工条件下的质量变化规律,提出工作性能管控方法,实现施工质量的过程管控。

(4)自密实混凝土硬化后的顶面与钢壳顶板的脱空范围和距离是评价钢壳混凝土施工质量的核心指标,反映了混凝土对钢壳隔仓的最终填充性能,是钢壳混凝土组合结构共同承受荷载的关键要求。除自密实混凝土性能满足要求外,尚需确定合理的浇筑速度、混凝土下落高度、浇筑次序等施工参数和单个隔仓的浇筑孔、排气孔与通气孔等工艺孔的设置要求,以保证混凝土在封闭隔仓内的充分流动和填充,控制钢壳整体变形。

(5)钢壳混凝土的浇筑工效要求高,施工控制要求严。针对钢壳预制施工的工效和质量控制要求,研发智能浇筑装备,实现钢壳沉管混凝土浇筑过程的自动化控制也是提升工程施工质量的关键难题之一。

(6)为充分利用资源,钢壳可以在专业钢结构加工厂制作,然后通过驳船运输至混凝土浇筑现场,在预制场需要经历钢壳卸驳、平移至浇筑区、浇筑完成后纵移至舾装区等,为提升运输效率、保证安全施工,有必要开发一套智能移运系统。

本章参考文献

[1] 王艳宁,熊刚.沉管隧道技术的应用与现状分析[J].现代隧道技术,2007,44(4):1-4.

[2] 林鸣,刘晓东,林巍,等.钢混三明治沉管结构综述[J].中国港湾建设,2016,36(11):

1-4,10.

[3] 林鸣,林巍.沉管隧道结构选型的原理和方法[J].中国港湾建设,2016,36(1):1-5,36.

[4] 林鸣,林巍,刘晓东,等.日本交通沉管隧道的发展与经验[J].水道港口,2017,38(1):1-7.

[5] 杨文武,毛儒,曾楚坚,等.香港海底沉管隧道工程发展概述[J].现代隧道技术,2008,45(S1):41-46.

[6] 林鸣,刘晓东,林巍.高流动性混凝土综述及在沉管隧道中的应用[J].中国港湾建设,2017,37(2):1-8.

第 2 章　钢壳沉管自密实混凝土制备技术

钢壳混凝土管节采用双层钢壳内部填充混凝土的结构形式，混凝土需要在无振捣的条件下依靠自身流动性和填充性填充、封闭钢壳空间形成密实结构，并最终与钢壳共同作用达到协同受力的效果。因此，钢壳沉管自密实混凝土的配制是钢壳混凝土管节制作的一项关键工作。

双层钢壳混凝土沉管在我国尚未有实际工程应用，鲜见有关钢壳沉管自密实混凝土的研究和应用成果。首先，钢壳混凝土管节施工对混凝土性能指标的要求不明确；其次，满足指标要求且适合钢壳混凝土管节特殊结构的钢壳沉管自密实混凝土如何配制需要探索；再次，若考虑浮态浇筑工艺，在外界有扰动的情况下，钢壳沉管自密实混凝土是否会发生分层、强度变化等现象，目前还没有相关研究结果。

本章开展了自密实混凝土性能指标对比、配制技术研究，形成了深中通道钢壳沉管自密实混凝土的制备技术。

2.1　钢壳沉管自密实混凝土性能指标

2.1.1　自密实混凝土施工关键控制指标分析

钢壳沉管自密实混凝土需要具备良好的流动性、间隙通过能力、抗离析性能等工作性能，实现混凝土在钢壳内的流动和密实填充，同时还要有一定的黏性，防止混凝土发生明显分层。作为钢壳隔仓的填充材料，混凝土还要具备一定的强度，满足沉管的受力要求。此外，混凝土是钢壳-混凝土-钢壳结构的中间组分，需要尽量减小混凝土的收缩，发挥“三明治”结构的协调作用。在达到以上主要性能的前提下，还需考虑自密实混凝土的经济性，实现混凝土的高性价比。基于以上考虑，在充分调研相关文献和标准的基础上，以混凝土的工作性能、力学性能和体积稳定性为主要性能指标，开展钢壳沉管自密实混凝土的配制研究，重点攻克自密实混凝土的工作性能需求、高胶凝材料用量和砂率与低收缩性能要求之间的平衡等方面的技术问题，探讨既利于施工又能满足结构设计要求的钢壳沉管自密实混凝土配制技术。

钢壳沉管隧道在日本应用较为广泛，比较典型的工程是神户港港岛隧道和那霸隧道。经对日本沉管使用的钢壳沉管自密实混凝土情况进行调研，对混凝土的性能指标要求进行了总结，混凝土性能要求以及配合比分别如表 2-1 和表 2-2 所示。

日本钢壳沉管自密实混凝土性能指标调研 表 2-1

性能指标	神户港港岛隧道	那霸隧道
设计强度等级(MPa)	30	30
集料最大粒径(mm)	20	20
坍落扩展度(mm)	650±50	650±50
V 形漏斗流出时间(s)	5~15	5~20
含气量(%)	<5	<4
离析率(%)	0(<0.5)	0(<0.5)
密度(kg/m^3)	2300~2350	2300~2400

注:V 形漏斗试验为检验自密实混凝土抗离析性能的一种试验方法。将混凝土拌合物装满 V 形漏斗,从开启出料口底盖开始计时,记录拌合物全部流出出料口所用的时间。本书中,上述时间简称为"V 形漏斗流出时间"。

日本钢壳混凝土沉管工程自密实混凝土配合比(单位:kg/m^3) 表 2-2

工程	水泥	水	矿渣粉	石灰石粉	砂	石	外加剂
神户港港岛隧道	176	176	411	—	768	780	7.6
那霸隧道	345	175	—	230	811	756	7.0

从调研结果来看,日本两个典型工程钢壳沉管自密实混凝土的胶凝材料用量在 $570kg/m^3$ 以上,砂率在 50% 左右。神户港港岛隧道混凝土掺入了 70% 的矿渣粉取代水泥,那霸隧道采用了 40% 的石灰石粉取代水泥,两个工程自密实混凝土的水粉比均为 0.3。

日本钢壳沉管对自密实混凝土指标的要求主要体现在混凝土原材料、混凝土拌合物性能和硬化混凝土的强度三个方面。在混凝土强度方面,设计强度均为 30MPa。由于日本标准中测试混凝土抗压强度的试件尺寸与我国不同,根据尺寸效应换算后的结果,相当于我国标准体系中的混凝土强度等级 C45。

对我国自密实混凝土标准规范中的性能指标进行了分析,具体如表 2-3 ~ 表 2-5 所示。

《自密实混凝土设计与施工指南》(CCES 02—2004)工作性能指标 表 2-3

序号	检测方法	指标要求			检测性能
1	坍落扩展度 SF	Ⅰ级	650mm≤SF≤750mm		填充性
		Ⅱ级	550mm≤SF<650mm		
2	扩展时间 T_{500}	2s≤扩展时间 T_{500}≤5s			填充性
3	L 形仪 H_2/H_1	Ⅰ级	钢筋净距 40mm	$H_2/H_1 \geq 0.8$	间隙通过性 抗离析性
		Ⅱ级	钢筋净距 60mm		
4	U 形箱 Δh	Ⅰ级	钢筋净距 40mm	$\Delta h \leq 30mm$	间隙通过性 抗离析性
		Ⅱ级	钢筋净距 60mm		
5	拌合物稳定性 跳桌试验 f_m	$f_m \leq 10\%$			抗离析性

注:T_{500} 表示混凝土拌合物坍落扩展度达到 500mm 时所需的时间。

《自密实混凝土应用技术规程》(T/CECS 203—2021)工作性能指标　表 2-4

性能指标	SF1	SF2	SF3	重要性
坍落扩展度	500~600mm	600~700mm	700~800mm	控制指标
扩展时间 T_{500}	3~20s			
坍落度	≥240mm			限选指标(至少选择一项)
J 环高度差	≤20mm			
V 形漏斗排空时间	4~20s			
U 形箱填充高度	≥320mm(无障碍)	≥320mm(隔栅型障碍 2 型)	≥320mm(隔栅型障碍 1 型)	

《自密实混凝土应用技术规程》(JGJ/T 283—2012)工作性能指标　表 2-5

自密实性能	性能指标	性能等级	技术要求
填充性	坍落扩展度	SF1	550~655mm
		SF2	660~755mm
		SF3	760~850mm
	扩展时间 T_{500}	VS1	≥2s
		VS2	<2s
间隙通过性	坍落扩展度与 J 环扩展度差值	PA1	25mm<PA1≤50mm
		PA2	0mm≤PA2≤25mm
抗离析性	离析率	SR1	≤20%
		SR2	≤15%
	粗集料振动离析率	f_m	≤10%

分析以上三个国内自密实混凝土标准可知,自密实混凝土的填充性可以通过坍落扩展度和扩展时间 T_{500}来评价,间隙通过性可以通过 L 形仪和 U 形箱试验来评价,抗离析性可以通过 L 形仪、U 形箱、离析率等指标测试来评价。考虑到施工过程中现场测试的适用性和质量控制的需要,本项目采用 L 形仪试验作为混凝土抗离析性能和间隙通过性的基本技术评价指标。在室内研究过程中,也将 U 形箱试验作为自密实混凝土工作性能评价方法之一。

在此基础上,对日本及欧洲的自密实混凝土标准规范中对自密实混凝土工作性能的评价方法进行调查统计,具体如表 2-6 所示。

国外自密实混凝土标准中工作性能评价方法　表 2-6

标准	表征方法
日本标准 JASS 5T-402	坍落扩展度、U 形箱、V 形漏斗、扩展时间 T_{500}
欧洲规程 *Specification and Guidelines for Self-compacting Concrete*	坍落扩展度、U 形箱、V 形漏斗、扩展时间 T_{500}、J 环、Orimet 漏斗、L 形仪、填充箱、旋转压实剪切试验法(GTM 法)
欧洲指南 *European Self-compacting Concrete Guidelines*	坍落扩展度、U 形箱、V 形漏斗、扩展时间 T_{500}、J 环、Orimet 漏斗、L 形仪、方筒箱、筛析法、O 形漏斗、针入度、静态沉降柱

续上表

标　准	表征方法
英国标准 *Additional Rules for Self-compacting Concrete*（BS EN 206-9:2010）	坍落扩展度、L形箱、V形漏斗、扩展时间 T_{500}、J环、筛析法

分析本研究所针对的钢壳沉管的隔仓结构可知，钢壳沉管隔仓没有布筋，但是设置有肋板。综合考虑国外技术调研结果、我国标准规范的相关规定和沉管隔仓结构特征，充分考虑现场施工过程中质量控制的可行性，初步确定钢壳沉管自密实混凝土基本性能指标，见表2-7。

钢壳沉管自密实混凝土基本性能指标　　表2-7

参　数	指标要求
新拌混凝土坍落扩展度（mm）	650±50
V形漏斗流出时间（s）	5~15
L形仪 H_2/H_1	≥0.8
混凝土密度（kg/m^3）	2300~2400
新拌混凝土含气量（%）	≤4
混凝土设计强度（MPa）	满足设计要求
集料最大粒径（mm）	20

2.1.2　自密实混凝土工作性能评价方法优选

依据前期的调研结果，为了保证自密实混凝土良好的填充性能，自密实混凝土的坍落扩展度应控制在600~700mm之间。但有研究表明，坍落扩展度在550mm以上的自密实混凝土，都具备较好的填充性能。本部分主要在低坍落扩展度（550~620mm）自密实混凝土填充性能研究的基础上，结合脱空度的检测结果和自密实混凝土性能测试指标，提出优化的自密实混凝土泵后性能控制指标。

2.1.2.1　低坍落扩展度指标的室内试验

为了研究低坍落扩展度指标混凝土的性能，在室内开展了坍落扩展度为550~620mm的自密实混凝土的填充性能研究。低坍落扩展度指标的自密实混凝土的性能试验结果如表2-8所示。

低坍落扩展度的自密实混凝土的性能试验结果　　表2-8

序号	坍落扩展度范围（mm）	坍落扩展度（mm）	L形仪 H_2/H_1	全量检测	U形箱 Δh（mm）	K形箱填充度（%）
1	600~620	600	0.77	全通过	2	—
2		600	—	全通过	16	—
3		615	0.80	全通过	21	91.7
4	570~600	590	0.68	全通过	34	—
5		580	0.68	全通过	40	—
6		595	0.72	全通过	10	83.5

续上表

序号	坍落扩展度范围（mm）	坍落扩展度（mm）	L形仪 H_2/H_1	全量检测	U形箱 Δh（mm）	K形箱填充度（%）
7	550～570	555	—	全通过	—	—
8		555	0.45	全通过	208	67.8

从表中可知，随着坍落扩展度范围的增大，K形箱的填充度逐渐提高。泵后坍落扩展度范围在550～570mm的自密实混凝土L形仪 H_2/H_1、K形箱填充度均最低，且U形箱的高度差较大，为208mm，已经远超出高填充性能自密实混凝土的控制指标（一般认为U形箱高度差 $\Delta H \leqslant 30$mm的混凝土具有良好的填充性能）。

2.1.2.2 低坍落扩展度混凝土脱空检测分析

开展了坍落扩展度范围为600～620mm、570～600mm和550～570mm的自密实混凝土的性能测试及混凝土的脱空度检测。三个坍落扩展度范围自密实混凝土的性能如表2-9所示。

不同坍落扩展度自密实混凝土性能　　表2-9

隔　仓	混凝土性能						填充度（100% - 脱空面积比）
	扩展时间 T_{500}（s）	泵后坍落扩展度（mm）	V形漏斗流出时间（s）	L形仪 H_2/H_1	含气量（%）	密度（kg/m^3）	
B2-4足尺模型	4.5	620	14.8	0.81	—	—	—
小模型⑥	3.5	590	8.8	0.87	2.5	2330	90%
B7-1足尺模型	3.7	560	8.1	0.71	1.4	2360	—
B7-2足尺模型	2.8	555	4.6	0.63	1.0	2350	—

注：现场做了10个单仓模型，小模型⑥是指第6个模型。

在脱空检测的基础上，对三个坍落扩展度范围的隔仓进行了开仓验证。脱空检测及验证结果的对比如图2-1～图2-4所示。

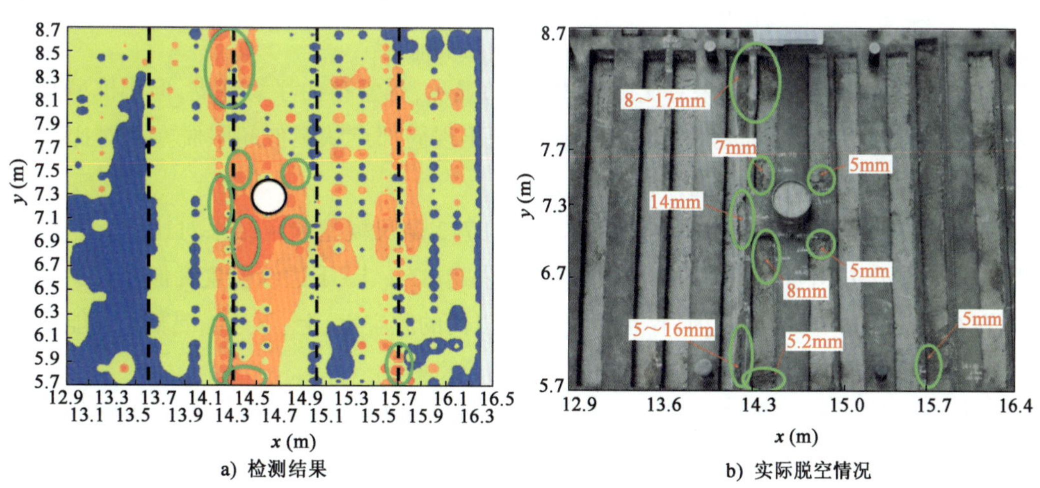

图2-1 底板B2-4隔仓（SF＝620mm）

图2-1为E300管节足尺模型B2-4隔仓开盖验证对比图。由检测结果可以看出,除隔仓左下角约0.6m×1.5m部分密实外,该隔仓混凝土与顶板整体呈剥离状态,特别是浇筑孔周围出现连片的疑似超限脱空区。检测结果还显示,14.3m处的加劲肋两侧,沿加劲肋分布条状及点状疑似超限脱空。图2-1b)为打开部分钢板后所见混凝土表面状况以及测量结果。钢板下方混凝土存在较为严重的浮浆乳皮和蜂窝麻面缺陷,测量发现9个超限脱空,最大脱空高度达17mm,这些缺陷与检测结果对应良好,准确率达到了100%,验证说明冲击映像法有较好的检测精度。底板B2-4隔仓开盖发现脱空大于5mm区域主要集中在注浆孔周围、加劲肋、厚薄钢板焊缝及排气孔周围,尤其是厚薄钢板焊缝处脱空较严重,脱空高度大于或等于5mm的区域共有9处,这9处区域与检测结果一一对应,位置、高度均能对应。

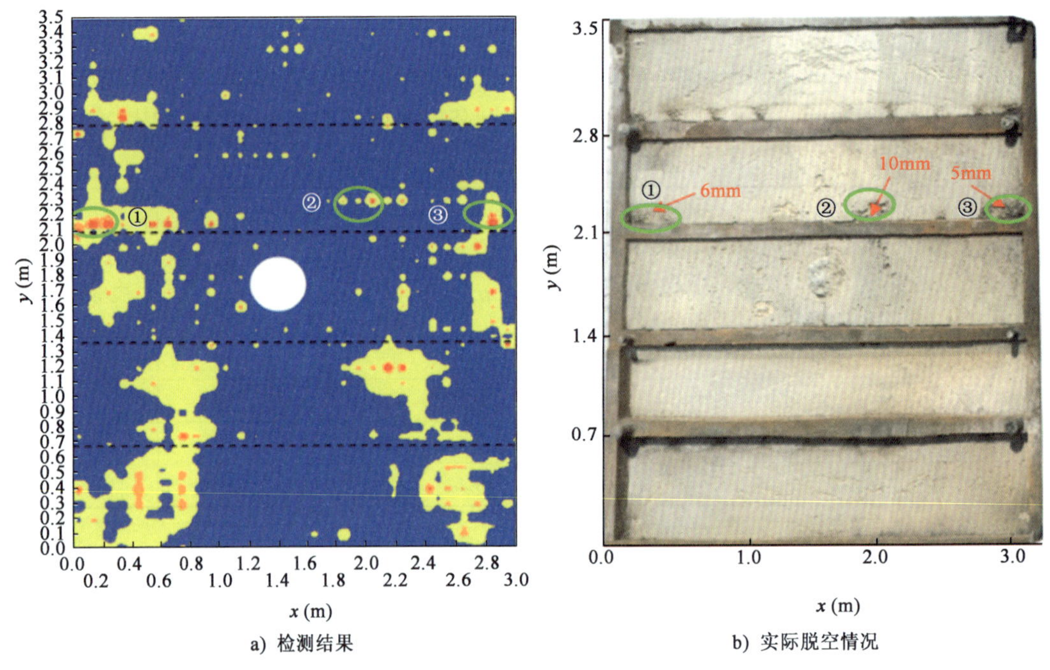

图2-2　小模型⑥(SF=590mm)

图2-2为小模型⑥验证结果对比图。图2-2b)显示,尽管存在浮浆乳皮,但小模型⑥整体为密实状态,仅在2.1m处加劲肋远离浇筑孔一侧出现局部点状疑似超限脱空。对比检测结果图和实际脱空状况图可以发现,两者吻合良好。

图2-3和图2-4为E300管节中廊道B7-1和B7-2足尺模型验证结果对比图。照片及测量结果显示,隔仓B7-1、B7-2中间部分较为密实,隔仓B7-1上、下边缘位置疑似存在少量脱空点;隔仓B7-2纵向2~3m范围内,存在少量5mm以内的脱空点,上、下边缘混凝土可能存在孔洞。总体来看,冲击映像法和实际开仓检测结果吻合良好。

混凝土的脱空检测只能检测混凝土表面的脱空情况,无法准确判断混凝土内部的密实情况。因此,对疑似脱空的部位进行抽芯取样,并结合混凝土的硬化性能进行分析判断,以进一步确定低坍落扩展度指标的自密实混凝土的填充性能。

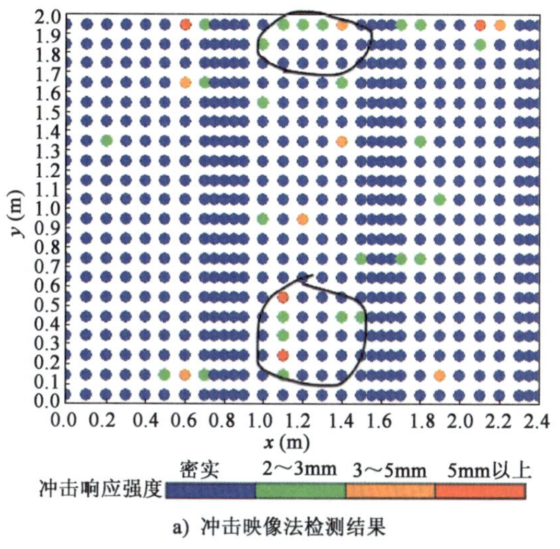

a) 冲击映像法检测结果

b) 实际脱空情况

图 2-3　中廊道 B7-1(SF = 560mm)

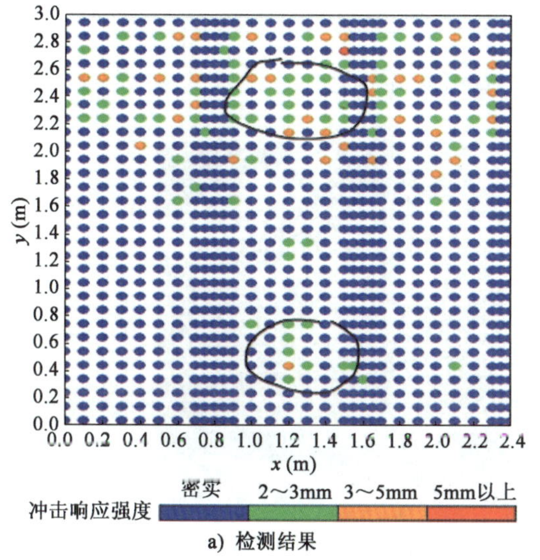

a) 检测结果

b) 实际脱空情况

图 2-4　中廊道 B7-2(SF = 555mm)

2.1.2.3　低坍落扩展度混凝土芯样性能研究

采用入仓坍落扩展度分别为 550 ~ 570mm(560mm、555mm)、570 ~ 600mm(小模型⑥590mm)和 600 ~ 620mm(E300 足尺模型 B2-4 隔仓 620mm)的混凝土进行浇筑,待混凝土硬化且完成脱空检测后,打开钢壳顶板,对疑似脱空较大的区域进行钻芯取样(取芯位置分别见图 2-5 ~ 图 2-8),通过测试芯样混凝土的抗压强度、干密度和吸水率,反映自密实混凝土的密实情况。具体测试方法如下:

(1)抗压强度测试。选取打开顶盖后隔仓的下料口、T 肋下表面、隔仓四角等易脱空部位,钻取直径为 100mm 的芯样,按照《水运工程混凝土结构实体检测技术规程》(JTS 239—2015)测试混凝土的抗压强度。

(2)干密度测试。将混凝土芯样加工成直径100mm、高100mm的圆柱体试件,按照*Testing hardened concrete Part 7:Density of hardened concrete*(BS EN 12390-7:2019)中的排水法测量硬化混凝土密度。

(3)真空饱和吸水率测试。将混凝土芯样加工成直径100mm、高100mm的圆柱体试件,采用智能真空饱水试验机饱水,按照*Testing concrete Part 122:Method for determination of water absorption*(BS 1881-122:2011)测试混凝土的真空饱和吸水率。

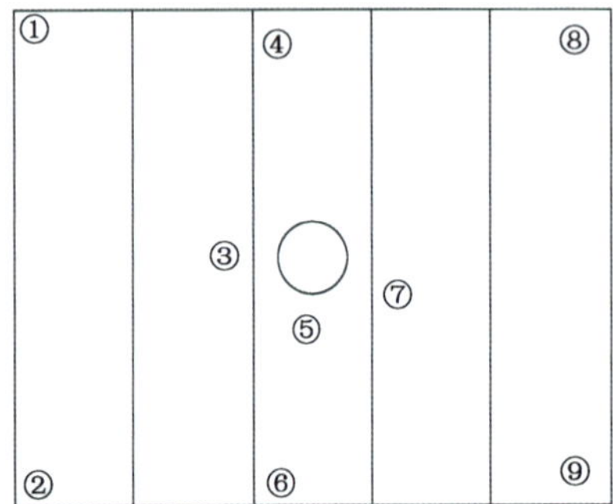

图2-5 E300模型B2-4隔仓取芯位置(SF=620mm)

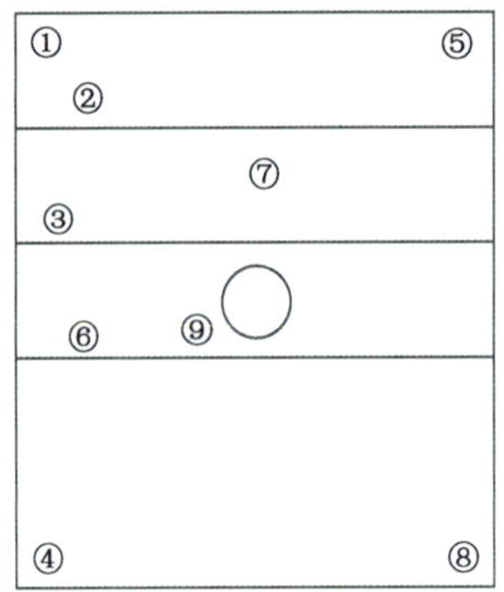

图2-6 小模型⑥取芯位置(SF=590mm)

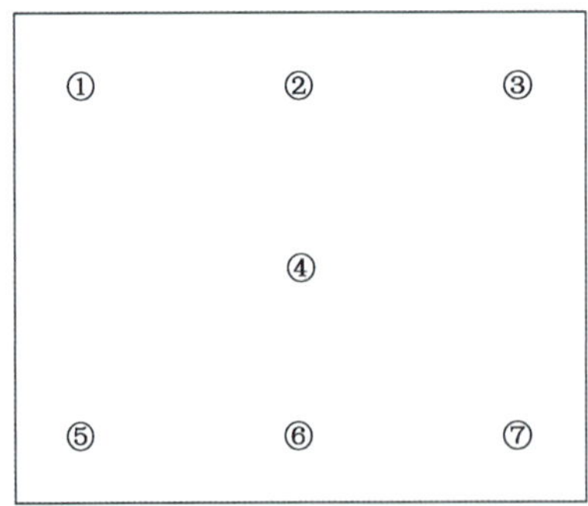

图2-7 B7-1取芯位置(SF=560mm)

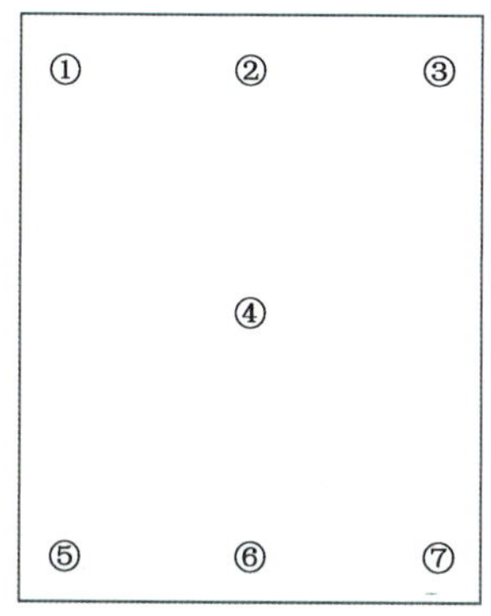

图 2-8　B7-2 取芯位置(SF = 555mm)

足尺模型 B2-4、小模型⑥和中廊道 B7-1、B7-2 足尺模型各隔仓混凝土芯样的抗压强度、干密度和饱和吸水率分别如表 2-10 ~ 表 2-12 所示。

各部位芯样的抗压强度(单位:MPa)　　表 2-10

模型	①	②	③	④	⑤	⑥	⑦	⑧	⑨
B2-4	50.2	54.6	53.9	55.4	57.7	—	61.9	51.3	—
小模型⑥	54.1	55.8	51.7	59.6	51.2	—	54.3	57.0	54.8
B7-1	69.5	69.9	74.8	78.5	71.7	70.7	68.6	—	—
B7-2	—	63.3	57.8	74.1	68.5	71.6	54.2	—	—

各部位芯样的干密度(单位:kg/m³)　　表 2-11

模型	①	②	③	④	⑤	⑥	⑦	⑧	⑨
B2-4	2245	2262	2293	2292	2279	—	2321	2223	—
小模型⑥	2275	2258	2263	2308	2233	2254	2288	2277	2284
B7-1	2287	2313	2308	2369	2298	2311	2306	—	—
B7-2	2263	2301	2264	2348	2265	2287	2257	—	—

各部位芯样的吸水率(单位:%)　　表 2-12

模型	①	②	③	④	⑤	⑥	⑦	⑧	⑨
B2-4	1.57	1.46	1.51	1.48	1.52	—	1.43	1.58	—
小模型⑥	1.74	1.69	1.74	1.54	1.76	1.75	1.61	1.66	1.56
B7-1	1.61	1.32	1.25	1.06	1.48	1.35	1.29	—	—
B7-2	1.48	1.41	1.56	1.07	1.48	1.41	1.52	—	—

(1)硬化混凝土抗压强度。

一般情况下,混凝土的抗压强度越大,混凝土的密实度越大。从表 2-10 可知,E300 管节足尺模型 B2-4 隔仓的最大强度出现在⑦位置,最小强度出现在①位置;小模型⑥的最大强度出现在④位置,最小强度出现在⑤位置;足尺模型中廊道 B7-1 隔仓的各位置的芯样抗压强度相差不大,足尺模型中廊道 B7-2 隔仓的最大强度出现在④位置,最小强度出现在⑦位置。不同坍落扩展度指标混凝土内部的密实情况如图 2-9 所示。

a) B7-2③(SF=555mm)

b) 小模型(SF=590mm)

c) B2-4(SF=620mm)

图 2-9 混凝土芯样内部情况

可见,混凝土抗压强度最小的位置均出现在隔仓的边缘或者角部,抗压强度最大的位置基本均出现在下料孔附近;坍落扩展度为 555mm 时,混凝土内部密实度不好,而坍落扩展度为 590mm 和 620mm 时,内部密实度均较好。

(2)硬化混凝土干密度。

一般情况下,干密度越大,混凝土的密实程度越高。从表 2-11 中可知,混凝土的干密度在 2223 ~ 2369kg/m^{3}之间。从表 2-11 中可知,E300 管节足尺模型 B2-4 隔仓的最大干密度出现在⑦位置,最小干密度出现在⑧位置;小模型⑥的最大干密度出现在④位置,最小干密度出现在⑤位置;足尺模型中廊道 B7-1 隔仓的最大干密度出现在④位置,最小干密度出现在①位置,足尺模型中廊道 B7-2 隔仓的最大干密度出现在④位置,最小干密度出现在⑦位置。

可见,混凝土干密度的极值分布规律与抗压强度极值的分布规律基本一致,即:在下料孔附近干密度最大,在边缘和角部位置干密度最小。

(3)硬化混凝土饱和吸水率。

真空饱和吸水率可反映混凝土内部的孔隙情况。一般而言,混凝土的密实程度越好,其真空饱和吸水率越小。从表 2-12 中可知,E300 管节足尺模型 B2-4 隔仓的最小真空饱和吸水率出现在⑦位置,最大值出现在⑧位置;小模型⑥的最小真空饱和吸水率出现在④位置,最大值出现在⑤位置;足尺模型中廊道 B7-1 隔仓的最小真空饱和吸水率出现在④位置,最大值出现在①位置,足尺模型中廊道 B7-2 隔仓的最小真空饱和吸水率出现在④位置,最大值出现在③位置。

可见,真空饱和吸水率的变化规律与干密度的变化规律刚好相反:干密度越大,真空饱和吸水率越小;反之亦然。

综上可知:

(1)混凝土性能与隔仓部位的关系为:在隔仓的四个角,大部分混凝土的强度低于其他部位,且边角部位的吸水率大于下料口附近混凝土的吸水率,干密度整体上低于下料口附近的干密度。

(2)入仓坍落扩展度在550~570mm的混凝土满足强度等级设计要求,脱空不明显,但是混凝土内部密实情况较差。

(3)入仓坍落扩展度在570~600mm时,存在表面部分区域脱空、边角部位的混凝土抗压强度偏低的情况。

2.1.3　自密实混凝土工作性能指标优化

考虑到目前选定的工作性能评价指标中尚无评价自密实混凝土的抗离析性能的定量指标,而且流动性和间隙通过性评价指标在操作上、准确性上是否合适未知,因此,在室内从填充性、间隙通过性和抗离析性方面进一步系统开展了自密实混凝土工作性能指标的优化研究。

目前,自密实混凝土的工作性能评价方法基本是围绕着混凝土的填充性(流动性)、间隙通过性和抗离析性(稳定性)这三个方面开展的。反映流动性的工作性能指标主要有坍落扩展度、扩展时间 T_{500},反映间隙通过性的工作性能指标主要有坍落扩展度和J环扩展度差值等,反映自密实混凝土抗离析性的工作性能指标主要有离析率等。本部分围绕自密实混凝土的填充性、间隙通过性以及抗离析性进行试验,为优化混凝土工作性能的检测指标操供参考,并提出建议。

2.1.3.1　填充性(流动性)

自密实混凝土的填充能力也称流动性,是自密实混凝土的主要特点,即在没有振捣的情况下,填充到模板的各个角落,在水平和垂直方向流淌且在混凝土内部和表面不会引入多余气泡的能力。自密实混凝土填充的动力主要来自混凝土的自重和浇筑时的能量。反映自密实混凝土填充性的指标有坍落扩展度、扩展时间 T_{500}、V形漏斗流出时间、Orimet仪流动时间,以及L形仪流动至20cm、40cm和60cm的时间 t_{L20}、t_{L40}、t_{L60},对应的试验方法如图2-10所示。

调配坍落扩展度范围为550~850mm的混凝土,分别对不同坍落扩展度区间的自密实混凝土的填充性能进行检测。自密实混凝土坍落扩展度及对应的扩展时间 T_{500}、V形漏斗流出时间、L形仪在不同流动距离下的流动时间和Orimet仪流动时间测试结果见表2-13。

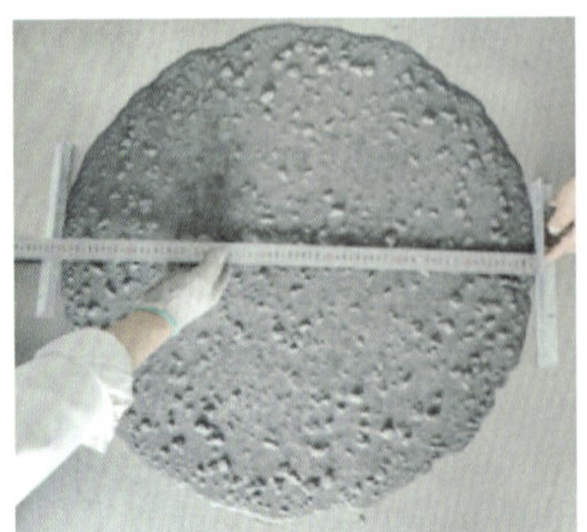

a) 坍落扩展度试验

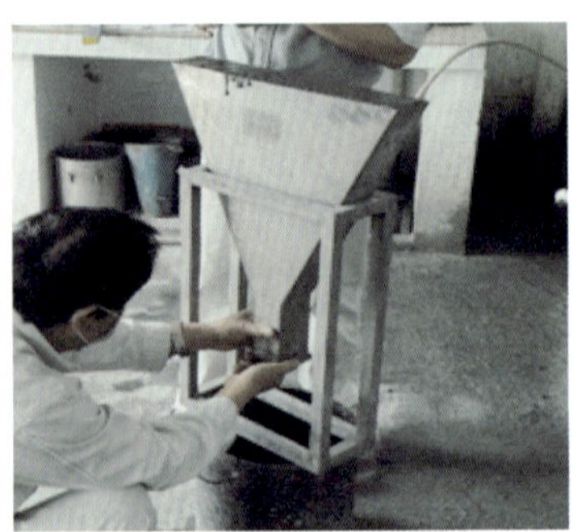

b) V形漏斗流出时间试验

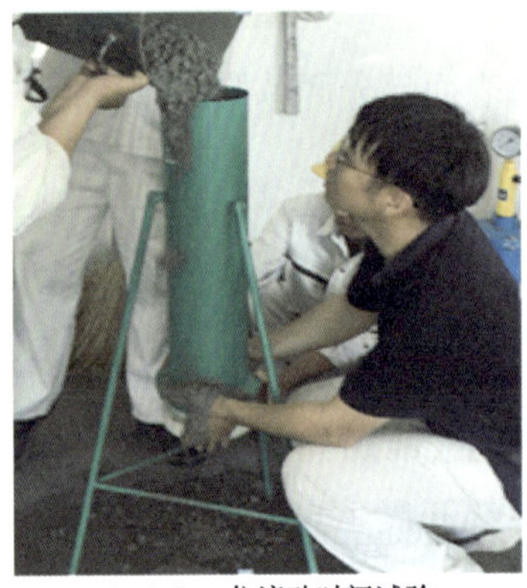

c) Orimet仪流动时间试验

d) L形仪试验

图 2-10 自密实混凝土填充性能试验

不同坍落扩展度自密实混凝土流动性测试结果　表 2-13

序号	坍落扩展度范围(mm)	坍落扩展度(mm)	扩展时间 T_{500} (s)	V形漏斗流出时间(s)	L形仪在不同流动距离下的流动时间(s)			Orimet仪流动时间(s)
					t_{L20}	t_{L40}	t_{L60}	
1	500 ~ 550	510	4.8	13.7	1.45	2.33	2.60	1.0
2		520	3.9	9.4	1.14	2.32	4.41	2.2
3	550 ~ 600	555	3.0	29.0	4.10	7.12	12.37	4.1
4		580	4.6	8.9	1.70	4.49	8.03	2.1
5		590	4.0	9.2	1.40	3.50	6.01	1.8
6	600 ~ 650	600	2.5	12.2	2.46	4.79	9.02	1.8
7		615	4.8	11.6	2.30	4.04	5.93	—
8		640	4.9	11.3	1.33	3.90	7.25	2.0
9	650 ~ 700	665	3.6	11.3	1.70	3.89	6.59	1.9
10		680	3.5	20.6	2.44	4.40	6.58	—
11		690	4.1	12.8	3.06	6.20	9.41	1.8
12	700 ~ 750	720	4.4	17.9	1.20	3.50	5.10	—
13		730	3.8	10.0	1.31	2.97	5.24	2.1
14		750	4.0	17.2	1.50	4.00	6.20	6.9

续上表

序号	坍落扩展度范围(mm)	坍落扩展度(mm)	扩展时间 T_{500} (s)	V 形漏斗流出时间(s)	L 形仪在不同流动距离下的流动时间(s)			Orimet 仪流动时间(s)
					t_{L20}	t_{L40}	t_{L60}	
15	750~800	770	3.6	18.9	1.02	1.90	4.35	1.4
16		775	2.8	10.3	1.07	2.21	4.11	—
17		780	1.8	7.3	0.85	1.78	2.61	1.8
18	800~850	810	2.1	20.6	1.50	2.50	4.20	5.7

混凝土坍落流动试验中,坍落扩展度、扩展时间 T_{500}、V 形漏斗流出时间、L 形仪在不同流动距离下的流动时间和 Orimet 仪流动时间等数据,在一定程度上反映了混凝土的流动性和黏度。坍落扩展度试验可获得自密实混凝土的坍落扩展度和扩展时间 T_{500},能较好地评价自密实混凝土的流动性,且操作简便。V 形漏斗流出时间也可用于评价混凝土的流动性,但一般需要测试 2~3 次,且需要多人配合,操作稍烦琐。L 形仪通过测试流经不同距离所用的时间评价自密实混凝土的流动速率,但主要用于评价自密实混凝土的间隙通过性,且清洗仪器较为麻烦。Orimet 仪通过测试混凝土在直管中下落的时间,用于评价混凝土的流速,但当自密实混凝土流动时间过短时,其测试误差会偏大。从试验操作性和评价效果综合比较,采用坍落扩展度和扩展时间 T_{500} 即可评价混凝土填充(流动)性,不需要进行额外的验证。

2.1.3.2 间隙通过性

受限条件下的填充是自密实混凝土穿越狭窄截面或密集钢筋间隙的过程,混凝土拌合物通过狭窄间隙而不发生阻塞和离析的能力称作间隙通过性。良好的间隙通过性对于保证无法振捣情况下自密实混凝土在复杂截面和密筋等工程结构中的成功应用具有重要意义,因此,间隙通过能力对混凝土的工作性能提出了更高的要求。自密实混凝土的间隙通过性可以通过 J 环、L 形仪、U 形箱、全量检测仪和 K 形箱试验方法进行评价,试验方法如图 2-11 所示。

a) 全量检测仪试验

b) K形箱试验

图 2-11

c) J环试验

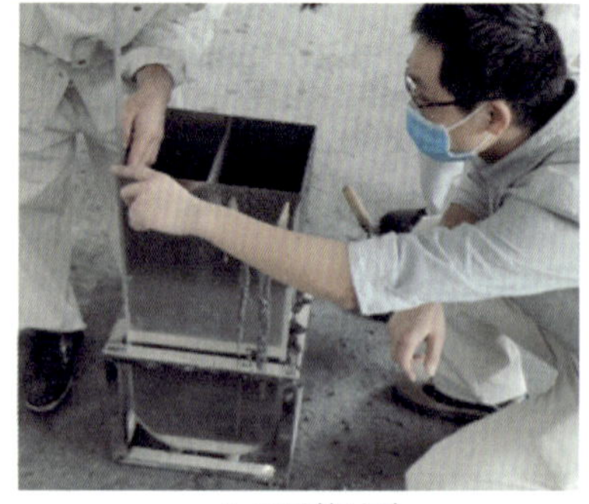

d) U形箱试验

图 2-11　自密实混凝土间隙通过性试验

J 环、U 形箱、L 形仪和 K 形箱所测得的数据如表 2-14 所示。

不同坍落扩展度自密实混凝土间隙通过性试验结果　　表 2-14

序号	坍落扩展度（mm）		J 环				U 形箱 Δh（mm）	L 形仪 H_2/H_1	K 形箱填充度（%）	全量检测仪
			坍落扩展度（mm）	扩展时间（s）	阻塞高度（mm）	坍落扩展度差（mm）				
1	500 ~ 550	510	455	11.1	37.5	55	313	0.49	—	未全部通过
2		520	500	13.1	24.3	20	10	0.74	—	全通过
3	550 ~ 600	555	460	—	32.5	95	208	0.45	67.8	—
4		580	535	6.9	36.0	45	402	0.48	—	全通过
5		590	595	6.2	27.5	-5	101	0.69	—	全通过
6	600 ~ 650	600	585	7.5	34.8	15	166	0.38	—	全通过
7		615	595	8.9	24.8	20	208	0.62	83.5	全通过
8		640	595	7.4	24.0	45	252	0.71	—	全通过
9	650 ~ 700	665	645	9.6	14.0	20	24	0.86	—	全通过
10		680	640	11.0	9.0	40	45	0.82	94.5	全通过
11		690	680	7.1	11.5	0	110	0.99	94.9	—
12	700 ~ 750	720	755	8.7	3.8	-35	217	1.35	—	全通过
13		730	740	6.3	11.0	-10	80	0.87	—	全通过
14		750	700	13.2	11.8	50	139	0.92	97.5	全通过
15	750 ~ 800	770	750	3.9	9.5	20	473	1.05	—	全通过
16		775	775	7.2	13.5	0	41	0.83	—	全通过
17		780	800	4.7	6.5	-20	139	0.90	93.6	全通过
18	800 ~ 850	810	825	3.6	9.0	-15	375	0.97	—	未全部通过

J 环可测试的指标有 J 环阻塞高度、坍落扩展度与 J 环扩展度差值，检测参数较多；K 形箱可以直观地表现出混凝土的间隙通过性，但是试验需要混凝土量较大，设备清洗困难；U 形箱测试结果波动较大，即使是流动性和匀质性较好的混凝土，也可能得出较差的测试结果，并且与

其他试验方法的关联性较差。根据试验操作性和评价效果,采用L形仪可满足自密实混凝土间隙通过性能的检测需求。

2.1.3.3　抗离析性

自密实混凝土的抗离析性是指从搅拌出机后直至入模、硬化成型期间,内部各组分始终保持均匀的能力。它不仅与自密实混凝土拌合物本身稳定性有关,也与施工方法、混凝土流动路径以及从出机到入模的时间有关。混凝土的抗离析性能可以通过离析率筛析试验、静态抗离析试验、振动离析率筒以及视觉法四种试验方法实现,此外,也可采用压力泌水法评价大体积高压情况下混凝土内部匀质性状况。不同试验方法及所用仪器如图2-12所示。

a) 离析率筛析试验(GTM筛)

b) 静态抗离析试验

c) 振动离析率筒试验

d) 压力泌水试验

图2-12　自密实混凝土抗离析性试验

不同坍落扩展度自密实混凝土抗离析性测试结果见表2-15。

不同坍落扩展度自密实混凝土抗离析性测试结果　　表2-15

序号	坍落扩展度范围(mm)	坍落扩展度(mm)	振动离析率(%)	离析率筛析试验筛析率(%)	压力泌水率(%)	静态离析率(%)	视觉法(VSI)
1	500~550	510	16.5	4.9	—	17.4	0(稳定性好)
2		520	23.5	0.9	—	4.2	0(稳定性好)
3	550~600	555	26.2	0.13	43.0	32.2	0(稳定性好)
4		580	12.0	0.6	—	17.5	0(稳定性好)
5		590	22.5	0.3	—	—	0(稳定性好)

续上表

序号	坍落扩展度范围(mm)	坍落扩展度(mm)	振动离析率(%)	离析率筛析试验筛析率(%)	压力泌水率(%)	静态离析率(%)	视觉法(VSI)
6	600~650	600	34.5	1.7	—	11.0	0(稳定性好)
7		615	11.4	0.3	—	13.5	0(稳定性好)
8		640	28.9	3.9	—	—	0(稳定性好)
9	650~700	665	46.8	6.4	—	2.4	0(稳定性好)
10		680	25.1	—	—	38.1	1(稳定性一般)
11		690	52.8	2.8	7.7	—	0(稳定性好)
12	700~750	720	55.3	4.3	9.5	3.3	0(稳定性好)
13		730	60.6	8.3	—	2.5	0(稳定性好)
14		750	35.3	7.4	—	3.0	0(稳定性好)
15	750~800	770	96.9	4.4	—	12.9	3(稳定性极差)
16		775	65.4	20.5	54.5	4.7	3(稳定性极差)
17		780	89.5	8.9	—	39.1	0(稳定性好)
18	800~850	810	71.6	18.8	68.4	—	3(稳定性极差)

根据试验结果,视觉法可以直观地评价混凝土是否离析,但不可以量化,稳定性检测(跳桌)试验和静态抗离析试验均不能反映真实情况,离析率筛析试验和压力泌水试验可有效反映和量化混凝土抗离析性。结合试验操作性,采用离析率筛析试验作为检测新拌自密实混凝土抗离析性的方法。

通过对自密实混凝土性能试验得出的结果进行分析,总结如下:

(1)自密实混凝土的流动性,即填充性能,除坍落扩展度、扩展时间 T_{500} 和 V 形漏斗流出时间外,也可通过 L 形仪流经不同距离(20cm、40cm、60cm)所需的时间(t_{L20}、t_{L40}、t_{L60})进行分析判断。综合现场可操作性,评价混凝土填充(流动)性采用坍落扩展度和扩展时间 T_{500} 即可。

(2)自密实混凝土的间隙通过性可以通过 J 环、L 形仪、U 形箱、全量检测仪和 K 形箱试验方法进行评价。根据试验操作性和评价效果,采用 L 形仪即可满足自密实混凝土间隙通过性的测试需求。

(3)为保障良好自密实混凝土的工作性能和质量,除了检测流动性和间隙通过性外,还应注重测试其抗离析性。在进行坍落扩展度试验时,可以通过视觉法对自密实混凝土是否离析进行初步判断,必要时通过离析率筛析试验进行定量分析。

综合国内外相关标准关于自密实混凝土工作性能检测指标、低坍落扩展度模型试验和工作性能指标的优化过程,最终确定钢壳沉管自密实混凝土拌合物性能的控制指标,结果见表 2-16。

钢壳沉管自密实混凝土拌合物性能指标　　表2-16

参　数	指标要求	参　数	指标要求
新拌混凝土坍落扩展度	600～720mm	混凝土密度	2300～2370kg/m^3
扩展时间 T_{500}	2～5s	新拌混凝土含气量	≤4%
V形漏斗流出时间	5～15s	温度	出机≤30℃;入仓≤32℃
L形仪 H_2/H_1	≥0.8		

注:测试混凝土坍落扩展度过程中,若对混凝土的抗离析性存疑,应补做离析率筛析试验;钢壳沉管自密实混凝土的离析率应满足SR≤15%。

2.2　钢壳沉管自密实混凝土配制技术

钢壳沉管自密实混凝土的配制研究分为钢壳沉管自密实混凝土初步设计、不同体积稳定性自密实混凝土配制和适用于钢壳沉管的自密实混凝土研究三个阶段。考虑混凝土的胶凝材料用量、砂率、胶凝材料组成、水胶比、膨胀剂的使用、减水剂等,从新拌混凝土工作性能、硬化混凝土力学性能、体积稳定性等方面进行了系统研究。

2.2.1　原材料

选用P-Ⅱ42.5型普通硅酸盐水泥,水泥性能见表2-17;粉煤灰为Ⅰ级粉煤灰;矿粉为S95级矿渣粉;此外,胶凝材料体系还使用了石灰石粉、偏高岭土和硅灰开展对比试验,水泥、粉煤灰、矿粉、石灰石粉、偏高岭土和硅灰的化学组成、烧失量及比表面积见表2-18。选用西江中粗砂,砂的细度模数为2.7,含泥量低于1.5%,泥块含量低于0.5%;选用白水带石场反击破碎石,粒径分为5～10mm和10～20mm两个级配,含泥量低于0.5%,泥块含量低于0.25%,针片状颗粒含量低于5%。为了研究膨胀剂在钢壳沉管自密实混凝土中的作用效果,使用钙矾石类和复合类两种类型的膨胀剂进行混凝土配制研究。

水泥性能　　表2-17

标准稠度用水量(%)	凝结时间(min)		抗压强度(MPa)		抗折强度(MPa)		密度(g/cm^3)
	初凝	终凝	3d	28d	3d	28d	
25	142	232	24.6	56.5	5.6	8.4	3.09

水泥、粉煤灰、矿粉、石灰石粉、偏高岭土和硅灰化学组成、烧失量及比表面积　　表2-18

掺合料	化学组成(%)						烧失量(%)	比表面积(m^2/kg)
	SiO_2	Al_2O_3	CaO	SO_3	MgO	Fe_2O_3		
水泥	17.65	4.30	63.49	4.57	1.08	4.33	3.33	360
粉煤灰	49.10	38.03	3.01	0.65	0.35	3.62	1.15	355
矿粉	33.65	15.28	35.42	2.07	10.21	0.46	0.15	446

续上表

掺 合 料	化学组成(%)						烧失量(%)	比表面积(m^2/kg)
	SiO_2	Al_2O_3	CaO	SO_3	MgO	Fe_2O_3		
石灰石粉	0.82	0.12	51.33	0.02	5.04	0.05	42.6	705
偏高岭土	53.00	42.67	0.04	0.14	0.08	0.73	1.35	15238
硅灰	88.49	0.24	0.49	1.08	1.71	0.27	5.78	20879

2.2.2 配合比参数对自密实混凝土性能影响

2.2.2.1 水胶比

研究了水胶比为0.30、0.32、0.34和0.36的自密实混凝土的工作性能和抗压强度、收缩率,结果见图2-13～图2-15和表2-19。

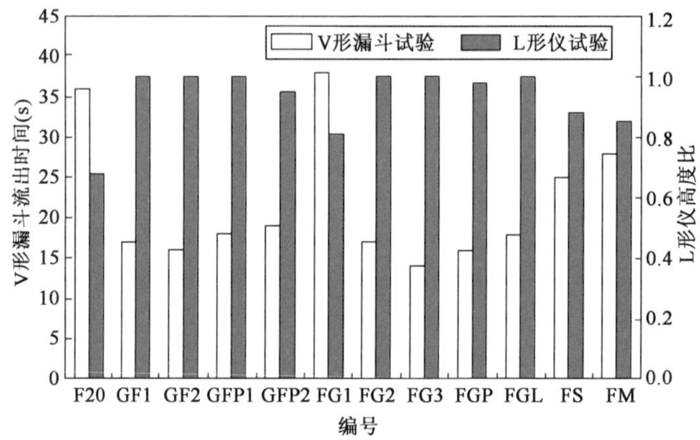

图2-13 不同胶凝材料体系自密实混凝土V形漏斗试验和L形仪试验结果

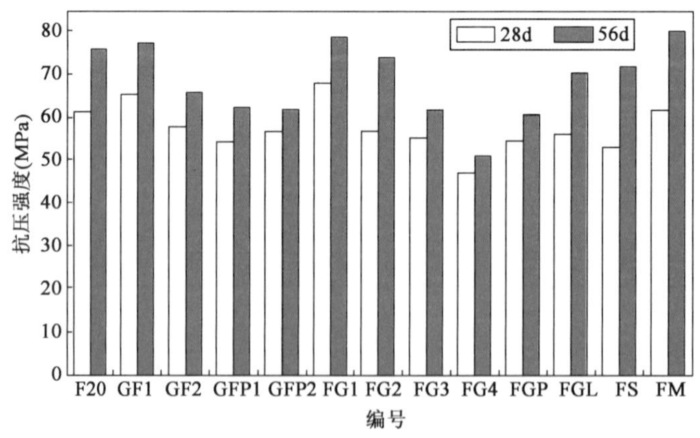

图2-14 不同胶凝材料体系自密实混凝土抗压强度

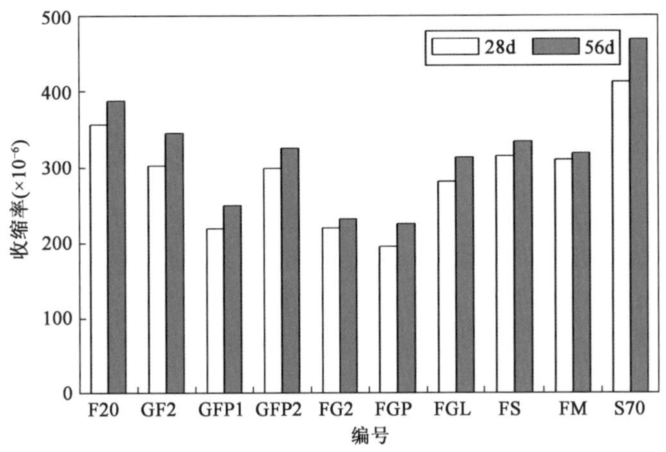

图 2-15 不同胶凝材料体系自密实混凝土收缩率

不同胶凝材料体系的混凝土试验结果 表 2-19

编号	水胶比	水泥占比(%)	粉煤灰占比(%)	矿粉占比(%)	V形漏斗流出时间(s)	L形仪 H_2/H_1	28d抗压强度	56d抗压强度	28d收缩率($\times10^{-6}$)
FG1	0.30	50	35	15	37	0.8	65	78	—
FG2	0.32	50	35	15	15	1.0	55	75	219.9
FG3	0.34	50	35	15	12	1.0	54	62	—
FG4	0.36	50	35	15	—	—	48	50	—

综合考虑强度、工作性能和体积稳定性能,选择的水胶比范围为0.32~0.34。

2.2.2.2 胶凝材料用量

胶凝材料用量对自密实混凝土工作性能影响的试验结果见表2-20。可知,当胶凝材料用量为490kg/m³时,U形箱高度差均大于30mm,增加胶凝材料用量能降低高度差。

胶凝材料用量对自密实混凝土工作性能影响的试验结果 表 2-20

胶凝材料用量(kg/m³)	坍落扩展度(mm)	L形仪 H_2/H_1	U形箱 Δh(mm)	V形漏斗流出时间(s)	状态观察
490	630	0.65	46	28	混凝土较黏,流动速度较慢,包裹性一般
520	680	1	9	17	混凝土流动性较好,包裹性良好
550	685	1	5	14	混凝土流动性和和易性较好

增大胶凝材料用量时,混凝土的工作性能有明显改善,胶凝材料用量增加到520kg/m³时,L形仪的 H_2/H_1 为1,V形漏斗流出时间小于20s,继续增加胶凝材料用量,V形漏斗流出时间进一步减小。根据不同胶凝材料用量自密实混凝土的工作性能测试结果,建议的胶凝材料用量范围为520~550kg/m³。

2.2.2.3 胶凝材料体系

分析试验结果有以下发现：单掺20%粉煤灰时，混凝土流动性较差，具体表现为L形仪和U形箱测试过程中混凝土难以流平，V形漏斗流出时间较长；采用粉煤灰和矿粉复掺时，混凝土的工作性能得到改善，相对于15%粉煤灰和30%矿粉复掺，采用35%粉煤灰与15%矿粉复掺的混凝土工作性能更优，混凝土黏性降低，流动速度加快，L形仪和U形箱试验过程中混凝土均能流平，V形漏斗流出时间小于20s。采用15%石灰石粉、30%粉煤灰和15%矿粉复掺时，混凝土工作性能改善并不明显。采用35%的粉煤灰分别与2%的硅灰或偏高岭土复掺时，混凝土工作性能相对于粉煤灰和矿粉复掺的混凝土略有降低。采用70%的矿粉单掺时，混凝土可以在L形仪和U形箱内流平，但是流动速度略慢。掺入不同掺量膨胀剂时，混凝土的工作性能变化不明显，表明所采用的膨胀剂对自密实混凝土的工作性能影响不大。混凝土水胶比由0.3增大至0.36时，工作性能不断提高，具体表现为流动性提高、流动速度变大、填充性较好。

从以上结果可知，以大掺量粉煤灰和小掺量矿粉复掺为主要特征的胶凝材料体系，所配制的混凝土工作性能较好。分析其原因，粉煤灰中含有大量球状颗粒，其在混凝土中可以起到一定的滚珠轴承作用，因此新拌混凝土的工作性能得到明显改善，混凝土的流动性变好。矿粉的颗粒较小，形状不规则，且早期火山灰活性相对较高，因此掺入后可能增大了混凝土胶材颗粒之间的摩擦力，进而增加了混凝土的黏性。然而，作为自密实混凝土，既需要有足够的流动性来保证在免振捣情况下的密实填充，又需要有一定的黏性来保证混凝土的匀质性，避免集料下沉。因此，根据工作性能测试结果，初步考虑大掺量粉煤灰和小掺量矿粉的胶材体系。不同胶凝材料体系自密实混凝土V形漏斗试验和L形仪试验结果见图2-16。

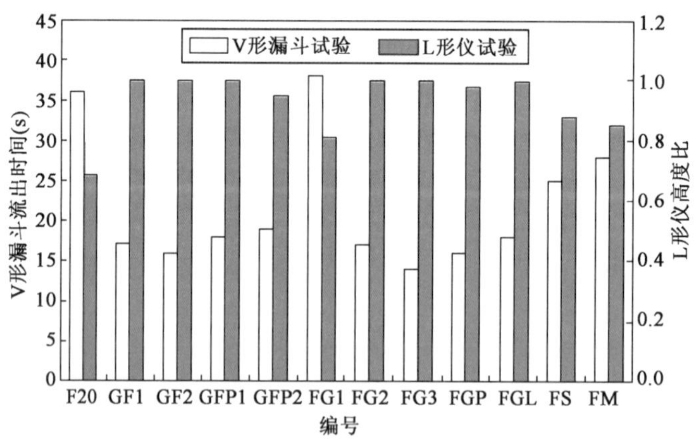

图2-16 不同胶凝材料体系自密实混凝土V形漏斗试验和L形仪试验结果

2.2.2.4 砂率

砂率对自密实混凝土工作性能影响的试验结果见表2-21。从试验结果可以看出，当砂率为46%时，U形箱高度差均大于30mm，提高砂率能降低高度差。

砂率对自密实混凝土工作性能影响的试验结果　　表 2-21

砂率（%）	坍落扩展度（mm）	L形仪 H_2/H_1	U形箱 Δh（mm）	V形漏斗流出时间（s）	状态观察
46	650	0.71	52	38	混凝土流动速度低，包裹性较差
48	680	1	9	17	混凝土流动性较好，包裹性良好
50	689	1	7	16	流动性和包裹性良好，没有离析等现象
52	690	1	2	15	流动性和包裹性良好，没有离析等现象，余浆略多

从不同砂率混凝土的工作性能测试结果来看，适当提高砂率也有利于改善自密实混凝土的工作性能。根据不同砂率自密实混凝土工作性能的测试结果，自密实混凝土砂率宜不低于50%。

综上，通过室内配合比试验，初步确定了自密实混凝土的配制参数范围：水胶比为0.32～0.34，胶凝材料用量为520～550kg/m^3，粉煤灰掺量为35%，矿粉掺量为15%，砂率为49%～55%，减水剂掺量为1.0%。

2.2.3　自密实混凝土配合比优化

2.2.3.1　基于颗粒密实堆积的集料用量计算

在自密实混凝土中，砂填充完石子空隙后，应有富余量。设砂体积富余系数为 X_s'，则砂松散堆积体积用量 V_s' 为：

$$V_s' = \frac{X_s' P_g V_g'}{100} \tag{2-1}$$

$$X_s' = 1 + \bar{d}\,\frac{\bar{A}_g \rho_g'}{10 P_g} \tag{2-2}$$

式中：V_s'——砂的松散堆积体积，m^3；

X_s'——砂的松散体积富余系数；

P_g——石子松散堆积状态下的空隙率，%；

V_g'——石子的松散堆积体积，m^3；

$\bar{d}$——石子表面的砂层平均厚度，mm；

$\bar{A}_g$——石子的表征比表面积，m^2/kg；

ρ_g'——石子的松散堆积密度，kg/m^3。

X_s' 计算式的含义是：砂填充完石子空隙后，仍有富余的砂子包裹石子表面，其平均厚度为 $\bar{d}$（富余砂浆系数取值为0.9～1.3），根据下式可得砂的绝对堆积体积用量 V_s。

$$V_s = X_s' \frac{\rho_s' \rho_g}{\rho_s \rho_g'} \frac{P_g}{100} V_g' = \frac{X_s P_g V_g}{100} \tag{2-3}$$

式中：V_s——砂的绝对堆积体积，m^3；

ρ_s'——砂的松散堆积密度，kg/m^3；

ρ_s——砂的表观密度，kg/m^3；

ρ_g——石子的表观密度，kg/m^3；

X_s——砂的绝对体积富余系数；

V_g——石子的绝对体积，m^3。

设自密实混凝土中需净浆包裹集料颗粒平均厚度为 $\bar{t}$，则净浆体积 V_p 可表示为：

$$V_p = 10^{-3} \bar{t} (S\bar{A}_s + G\bar{A}_g) \tag{2-4}$$

式中：V_p——净浆体积，m^3；

$\bar{t}$——净浆包裹集料颗粒平均厚度，mm；

S——每 m^3 混凝土中砂的质量，kg；

G——每 m^3 混凝土中石子的质量，kg；

$\bar{A}_s$——砂的表征比表面积，m^2/kg。

体积相加性是指体积存在 1 +1 =2 的情况，不会出现大于 2 或小于 2 的情况。根据各组成的体积相加性，有：

$$V_p + V_s + V_g = 1 \tag{2-5}$$

于是，联合式(2-3)～式(2-5)可分别得到：

$$V_s = \frac{1000 X_s P_g}{100000 + 100 \rho_g \bar{t} \bar{A}_g + X_s (1000 + \rho_s \bar{t} \bar{A}_s) P_g} \tag{2-6}$$

$$V_g = \frac{1000}{100000 + 100 V_g \bar{t} \bar{A}_g + X_s (1000 + V_s \bar{t} \bar{A}_s) P_g} \tag{2-7}$$

根据资料，$\bar{t}$ 取值为 0.11～0.15mm。经计算可得，砂的体积用量为 0.29～0.35m^3，质量用量为 755～912kg；石子的体积用量为 0.27～0.33m^3，质量用量为 699～854kg。

2.2.3.2 钢壳与混凝土结合状态试验研究

上述研究获得了满足工作性能和抗压强度要求的自密实混凝土。本部分研究进一步通过小尺寸构件受力试验来对比不同收缩性能的自密实混凝土与钢壳之间的结合状态，以间接反映钢壳与混凝土之间的协同作用效果，并综合以上研究对钢壳沉管自密实混凝土的配合比关键参数进行优选。

小尺寸构件受力试验包括抗拉拔受力试验和抗滑移受力试验，图 2-17 为试验示意图。试验过程中,如果混凝土与钢壳之间的抗拉拔能力和抗滑移能力较好,可在一定程度上说明混凝土的收缩变形较小,与钢壳之间具有良好的协同作用。

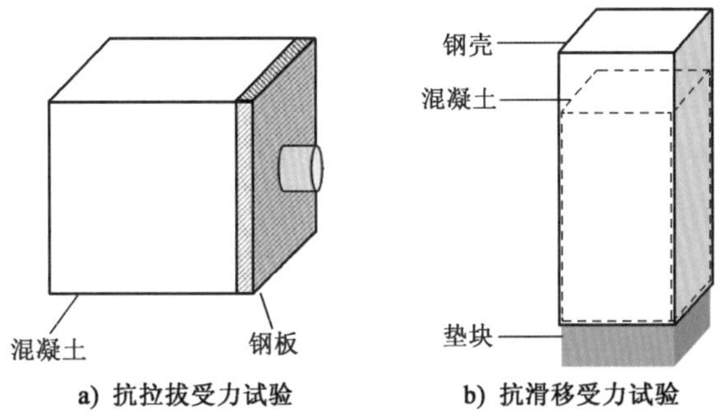

图 2-17　钢壳沉管自密实混凝土小尺寸构件受力试验

采用表 2-22 所示的 3 种不同体积变形性能的自密实混凝土在室内开展小尺寸构件力学性能试验。其中,SCC1 为大掺量粉煤灰(35%)和小掺量矿粉(15%)复掺的自密实混凝土,SCC2 为在 SCC1 的基础上掺加膨胀剂的混凝土,SCC3 为日本某工程钢壳沉管自密实混凝土配合比(该配合比的特征为单掺 70% 的矿粉)。

小尺寸构件力学试验混凝土配合比　　表 2-22

混凝土编号	水泥(胶凝材料质量百分含量,%)	粉煤灰(胶凝材料质量百分含量,%)	矿粉(胶凝材料质量百分含量,%)	膨胀剂(胶凝材料质量百分含量,%)	水胶比	减水剂(胶凝材料质量百分含量,%)
SCC1	50	35	15	—	0.32	1
SCC2	45	30	15	10	0.32	1
SCC3	30	—	70	—	0.30	1.1

每个配合比分别成型 3 组抗拉拔模型试件和 3 组抗滑移模型试件。抗拉拔小尺寸构件的尺寸为 150mm × 150mm × 150mm,抗滑移小尺寸构件的尺寸为 150mm × 150mm × 400mm,模具均采用钢板制作。为了保障试验过程中模型尺寸稳定,提高试验的准确性,模具制作中采用了 10mm 厚的钢板。自密实混凝土浇筑到模具后进行密封处理,并在 28d 龄期时进行测试。图 2-18所示为小尺寸构件成型过程。

图 2-18　钢壳沉管自密实混凝土小尺寸构件成型

小尺寸构件力学性能试验结果见表2-23。试验结果表明,采用本研究设计的自密实混凝土材料体系,混凝土与钢壳之间的抗拉拔能力达到451N,抗滑移能力达到51.8kN,与日本某工程采用的混凝土材料体系相比具有明显的优势。膨胀剂的掺入对构件的抗滑移和抗拉拔能力有一定程度的改善。小尺寸构件受力试验结果与前述研究中的混凝土收缩测试结果具有良好的一致性。综合以上结果可知,当自密实混凝土具有较小的收缩值时,混凝土与钢壳之间的结合状态更好,其协同受力效果更佳。

小尺寸构件力学性能试验结果 表2-23

混凝土编号	抗拉拔能力(N)	抗滑移能力(kN)
SCC1	451	51.8
SCC2	483	62.8
SCC3	0	9.5

小尺寸构件拆模后的外观如图2-19所示。观察外观可发现,混凝土构件的外观完整,边角部位填充密实,混凝土表面没有明显缺陷,初步验证了钢壳沉管自密实混凝土胶凝材料体系的适用性。

图2-19 钢壳沉管自密实混凝土小尺寸构件外观

通过系统的自密实混凝土工作性能研究、抗压强度试验以及体积稳定性研究,提出钢壳沉管自密实混凝土的初步推荐配合比(表2-24)。

钢壳沉管自密实混凝土初步推荐配合比 表2-24

参数	水泥(胶凝材料质量百分含量,%)	粉煤灰(胶凝材料质量百分含量,%)	矿粉(胶凝材料质量百分含量,%)	水胶比	砂率(%)	减水剂(胶凝材料质量百分含量,%)
数值	50	35	15	0.32	50	1

对推荐配合比的钢壳沉管自密实混凝土进行了工作性能、含气量、密度、抗压强度、弹性模量、收缩等测试,结果见表2-25。对比分析可知,所配制的混凝土满足钢壳沉管自密实混凝土性能指标要求,表现出良好的性能。

钢壳沉管自密实混凝土性能　　表 2-25

参　数	指标要求	测试结果	参　数	指标要求	测试结果
新拌混凝土坍落扩展度(mm)	650 ± 50	680	新拌混凝土含气量(%)	≤4	2.8
V 形漏斗流出时间(s)	5 ~ 15	8 ~ 15	混凝土抗压强度(MPa)	>50	56.9
L 形仪 H_2/H_1	≥0.8	0.9 ~ 1.0	弹性模量(GPa)	—	38.8
混凝土密度(kg/m^3)	2300 ~ 2400	2300 ~ 2350	绝湿状态混凝土 28d 收缩率($\times 10^{-6}$)	—	219.9

2.3　自密实混凝土配合比的现场验证试验

为进一步研究自密实混凝土配合比的现场施工性能，采用所提出的推荐配合比，开展泵送施工对混凝土拌合物施工性能影响的研究。在拌和楼进行混凝土搅拌，针对拌和楼生产的钢壳沉管自密实混凝土，测试出机混凝土拌合物的坍落扩展度、V 形漏斗流出时间、L 形仪 H_2/H_1、含气量，选择不同泵送距离(50 ~ 120m)，分别对混凝土进行泵送，进一步测试泵后混凝土拌合物的坍落扩展度、V 形漏斗流出时间、L 形仪 H_2/H_1、含气量，对比泵送前后混凝土拌合物性能变化情况。

本部分研究主要针对已有的自密实混凝土配合比，验证实际施工过程中泵送距离以及在运输车中等待时间的影响下，自密实混凝土的施工性能是否能满足要求。

2.3.1　第一次自密实混凝土现场泵送试验

2.3.1.1　原材料及试验方案

采用 P·O 42.5 普通硅酸盐水泥，粉煤灰为黄埔电厂Ⅰ级粉煤灰。当采用前述外加剂进行自密实混凝土试配时，混凝土拌合物的性能难以满足设计指标要求，因此对外加剂的功能组分进行了初步调整。

首先采用试验现场的原材料进行室内试配，其目的是调整外加剂的组成和掺量。在确定合适的外加剂及其掺量后，在拌和楼上进行自密实混凝土生产，并在实际施工现场开展施工工艺对自密实混凝土性能的影响试验研究。

现场试验过程中，混凝土出机后，测试混凝土拌合物出机性能。采用混凝土运输车进行运输，运至试验现场后，分别进行不同等待时间混凝土拌合物工作性能测试和不同泵送距离对拌合物工作性能的影响研究，具体等待时间为 40min、60min、90min 和 120min，泵送距离选择 60m、80m 和 100m。

2.3.1.2　现场室内试配(图 2-20)

在进行现场拌和楼生产前，采用实际生产的原材料，在现场开展了室内试配试验，每次试拌25L混凝土。考虑到本次现场试验采用了普通硅酸盐水泥，因此自密实混凝土配合比中适当降低了粉煤灰的掺量。具体试验配合比见表2-26。

图2-20　现场室内混凝土试配及性能测试

现场试验前室内试配钢壳沉管自密实混凝土配合比　　表2-26

参数	水泥(胶凝材料质量百分含量,%)	粉煤灰(胶凝材料质量百分含量,%)	矿粉(胶凝材料质量百分含量,%)	水胶比	砂率(%)	减水剂(胶凝材料质量百分含量,%)
数值	55	30	15	0.32	53	1

在试验过程中，根据原材料的情况，改变外加剂的功能组分和掺量，通过测试自密实混凝土拌合物的工作性能，如坍落扩展度、L形仪 H_2/H_1、V形漏斗流出时间、含气量、密度、泌水率等，对外加剂的组成和掺量进行优化。

在试配过程中，针对混凝土拌合物含气量经时增加的问题，采用不同种类和掺量的消泡剂对外加剂进行优化，最终确保混凝土拌合物在出机1.5h内含气量保持在4%以内。采用表2-26所示配合比配制的自密实混凝土，其7d抗压强度为40MPa。经过室内试配试验，确定了现场试验的外加剂组成及掺量，其掺量为1.1%时，混凝土工作性能良好，具体混凝土拌合物性能指标见表2-27。从室内试配的结果来看，自密实混凝土在1.5h内坍落扩展度几乎没有损失，流动速度略微加快，含气量略有上升。

现场试验前室内试配混凝土拌合物性能　　表2-27

参　数	出机	1.5h	参　数	出机	1.5h
坍落扩展度(mm)	650	640	混凝土密度(kg/m^3)	2380	2370
V形漏斗流出时间(s)	14.5	13	新拌混凝土含气量(%)	2.2	2.6
L形仪 H_2/H_1	1	1			

2.3.1.3　施工工艺对自密实混凝土施工的影响

在室内试配的基础上，确定了表2-26所示的混凝土配合比为现场试验配合比，其中外加剂的掺量为1.1%。在正式生产前，在拌和楼进行了混凝土试拌，每次试拌混凝土2m^3，测试混凝土出机拌合物的工作性能指标，确认现场试验的生产配合比。本次现场试验共生产自密实混凝土 32m^3,现场试验过程中环境温度为 30 ~ 32℃,天气晴朗,见图 2-21。

图 2-21　现场钢壳沉管自密实混凝土拌和楼试拌及生产

现场试验中,混凝土投料顺序依次为碎石、砂、胶凝材料,在干料搅拌 15s 后加入水和外加剂,搅拌 180s 后出机。对出机混凝土拌合物的工作性能进行测试,完成后用混凝土运输车将自密实混凝土运输至试验现场,运输时间为 40min。在试验现场,测试混凝土在运输车中等待不同时间时的混凝土工作性能,并先后开展 100m、80m、60m 距离的泵送试验,测试泵送前后自密实混凝土的工作性能,研究运输车等待时间和不同泵送距离对自密实混凝土施工性能的影响。

表 2-28 所示为出机混凝土及在运输车内等待不同时间混凝土拌合物的工作性能测试结果。从该结果看,在试验当天的环境条件下,混凝土在运输车内等待过程中,其坍落扩展度有下降趋势,表明自密实混凝土的流动距离下降,但是在 2h 内,混凝土坍落扩展度仍满足设计指标要求。从 V 形漏斗测试结果来看,随着等待时间的延长,V 形漏斗流出时间先缩短后延长,这表明自密实混凝土的流动速度先变快,1.5h 至 2h 期间略微变慢。由此可知,所配制的钢壳沉管自密实混凝土在运输车内等待 2h 时,其工作性能仍满足施工要求。

混凝土在运输车内等待时间对拌合物性能的影响　　表 2-28

参　数	出机	40min	90min	120min
坍落扩展度(mm)	670	640	600	600
V 形漏斗流出时间(s)	9	7	6.8	7.8
L 形仪 H_2/H_1	1	1	0.84	0.85
混凝土密度(kg/m^3)	2360	2350	2330	2340
新拌混凝土含气量(%)	2.1	2.6	3.0	2.8

图 2-22 所示为现场试验泵管连接情况,实际泵送试验采用地泵的形式,从 100m 开始,依次为 80m 和 60m。混凝土泵送情况如图 2-23 所示。采用斗车分别在运输车和泵管后面装取混凝土,进行泵前和泵后性能测试。

分别对泵前和泵后的自密实混凝土工作性能进行了测试,表 2-29 所示为不同泵送距离泵送前后自密实混凝土工作性能测试结果。从该结果来看,经过 60 ~ 100m 的泵送后,所生产的钢壳沉管自密实混凝土工作性能有一定程度的下降。具体表现为,经过 3 种不同距离泵送后,自密实混凝土坍落扩展度下降较为显著,说明混凝土的流动距离下降较明显,且混凝土坍落扩展度下降受泵送距离影响不明显;泵送前后,混凝土 V 形漏斗流出时间没有明显变化,表示混凝土泵送过程及泵送距离对混凝土流动速度影响不明显;经过泵送后,混凝土 L 形仪测试结果有明显下降，表示混凝土拌合物经泵送后，其匀质性有所降低，但当泵送距离从 60m 增加到 100m 时，L 形仪测试结果变化不大；从密度和含气量测试结果来看，泵送过程会增加混凝土的含气量，且随泵送距离的增加，含气量也略有提高，但是经 100m 距离泵送后，所生产的自密实混凝土含气量仍低于 4%，满足设计指标要求。

图 2-22　现场试验不同距离泵管安装连接

图 2-23　现场试验过程中混凝土泵送

不同泵送距离泵送前后自密实混凝土工作性能测试结果　　表 2-29

参　数	100m		80m		60m	
	泵前	泵后	泵前	泵后	泵前	泵后
坍落扩展度(mm)	640	480	600	470	600	480
V 形漏斗流出时间(s)	7	5.5	6.8	7	6.8	7.6
L 形仪 H_2/H_1	1	0.45	0.84	0.48	0.84	0.42
混凝土密度(kg/m^3)	2360	2320	2340	2330	2340	2330
新拌混凝土含气量(%)	2.6	3.7	3.0	3.4	3.0	3.2

从本次现场试验结果来看，当自密实混凝土在运输车内等待时，混凝土工作性能略有降低，2h 内混凝土工作性能仍满足施工要求。经过 60 ~ 100m 的泵送后，混凝土工作性能有一定程度下降，具体表现为坍落扩展度的减小和 L 形仪测试结果的降低，但是泵送距离的变化对

混凝土工作性能影响不大。

需要指出的是，本次现场试验所采用的水泥、粉煤灰等原材料与前期配合比研究有所差别，且外加剂为现场试验前在实验室内通过试配试验进行调整。受研究周期所限，外加剂与混凝土原材料之间的适应性并没有调整至最佳状态，因此所配制的自密实混凝土工作性能的稳定性稍差。另外，试验当天气温较高，最高温度达 32℃，混凝土经过长途运输后进行泵送试验，出机混凝土温度达 31℃，泵送后混凝土最高温度达 34℃，较高的环境温度下，自密实混凝土在泵送过程中的工作性能也会受到一定程度的影响。

2.3.1.4　第一次现场试验小结

开展了不同现场等待时间和不同泵送距离对自密实混凝土工作性能影响的研究。试验过程中气温为 30～32℃，试验采用的原材料中水泥、粉煤灰、外加剂与前期研究有所不同。现场试验共生产自密实混凝土 32m^3。从试验结果看，在所采用的试验原材料和施工环境条件下，运输车的等待时间对钢壳沉管自密实混凝土的工作性能有一定程度的影响，在出机后的 2h 等待时间内，自密实混凝土工作性能有一定程度下降，具体表现为流动距离的降低，但 2h 内的自密实混凝土仍能满足工作性能各项指标要求，具备泵送施工的条件。

从不同泵送距离前后测试结果来看，经过 60m 以上距离的泵送后，自密实混凝土的工作性能有所降低，具体表现为流动距离的降低和匀质性的下降，泵送距离从 60m 增加到 100m 时，泵后混凝土的工作性能变化不明显，只有含气量略有提高，但仍在设计指标要求范围内。

泵送对钢壳沉管自密实混凝土工作性能的影响可能与混凝土材料体系相关，即外加剂与原材料的适应性问题等。因此，需要在进一步提升外加剂与原材料适应性的基础上，继续开展施工工艺对钢壳沉管自密实混凝土工作性能的影响研究，以确定工程可用的自密实混凝土配合比。

2.3.2　第二次自密实混凝土现场泵送试验

在第一次现场泵送试验结果分析基础上，开展了第二次泵送试验。本次试验现场泵送前，在室内对自密实混凝土外加剂进行了调整优化，同时对配合比进行了微调，并进行了室内试配。通过室内试配，确定了现场试验采用的材料组成及相应配合比，并在拌和楼进行了试拌，根据试拌的情况进一步调整施工配合比，进而开展现场泵送试验。

本次试验主要环境条件：环境气温为 15～17℃，天气情况为小雨。

2.3.2.1　原材料及试验方案

第二次现场泵送试验所采用的原材料与第一次现场试验基本相同，所采用的外加剂在第一次试验的基础上进行了调整，使外加剂与其他原材料之间的适应性更强，同时根据碎石级配的波动，对配合比中的砂率进行了适当调整。

本次试验分为三个步骤：首先是在室内开展试配试验，进一步优化外加剂组成和砂率，得出现场试验配合比；在拌和楼进行实际生产试拌，调整外加剂用量，确定最终的施工配合比；现场混凝土拌合物生产，开展不同泵送距离泵送试验及相关的性能测试试验。

2.3.2.2　施工工艺对自密实混凝土施工的影响

图 2-24 所示为泵管安装。泵送试验中，分别开展 100m、80m、60m 距离泵送试验，试验过程如图 2-25 所示。

图 2-24　泵管安装

图 2-25　混凝土泵送试验

在每次泵送试验前，对泵前的自密实混凝土拌合物性能进行测试，然后相应测试泵送后混凝土拌和的性能，并进行对比分析，得出不同泵送距离对钢壳沉管自密实混凝土施工性能的影响。

表 2-30 所示为经不同泵送距离泵送前后自密实混凝土拌合物性能测试结果。从该结果来看，泵送距离为 100m 时，钢壳沉管自密实混凝土的坍落扩展度有所下降，但仍在指标要求范围之内；V 形漏斗流出时间略有延长，L 形仪高度比也有所下降，但变化并不显著；混凝土拌合物的含气量经过泵送后上升较为明显，但测试值仍然低于 4%。从 80m 和 60m 泵送前后测试结果来看，混凝土拌合物工作性能变化较小，所有测试指标值均在设计指标要求范围内，泵送距离对拌合物工作性能的影响较小。综合来看，经过 60m 以上泵送后，混凝土的含气量会有不同程度的提高，但仍在控制指标值以内。

泵送距离对钢壳沉管自密实混凝土拌合物工作性能的影响　　表 2-30

参　数	100m		80m		60m	
	泵前	泵后	泵前	泵后	泵前	泵后
坍落扩展度(mm)	700	610	700	690	700	700
V 形漏斗流出时间(s)	7.6	8.6	9.4	7.3	9.4	8.9
L 形仪 H_2/H_1	1	0.88	1	0.9	1	1
新拌混凝土含气量(%)	1.5	3.8	1.5	3.3	1.5	2.6

分析以上测试结果，自密实混凝土经长距离泵送后，由于泵管与混凝土之间的摩擦以及泵管内空气的进入，混凝土含气量会上升。另外，混凝土的匀质性可能会受到一定程度的影响。含气量的上升在一定程度上可能引起坍落扩展度的下降，特别是在混凝土流动性有一定损失的情况下，流动距离会发生下降，因此经100m泵送时，混凝土坍落扩展度有一定下降。从现场试验总体来看，泵送距离对钢壳沉管自密实混凝土工作性能有一定程度影响，在距离为80m及以下时，影响不明显，在距离为100m时，有一定影响，且主要体现为坍落扩展度的下降。由此可见，在进行自密实混凝土长距离泵送时，可通过对混凝土的含气量进行有效控制，降低泵送对自密实混凝土施工性能的影响。

本次现场试验与第一次现场试验的气温环境也有所不同，第一次试验环境温度最高为32℃，本次试验环境温度最高为17℃，环境温度的变化对混凝土的施工性能也会产生一定程度的影响，这正如前面温度对自密实混凝土性能影响的结果所示。因此，在进行钢壳沉管自密实混凝土实际施工时，一方面需要对混凝土的入模温度进行控制，另一方面需要对外加剂等配合比关键组成进行调整，以满足不同环境温度的需求。

本阶段主要围绕原材料、环境温度、现场施工工艺等因素对钢壳沉管自密实混凝土性能的影响开展了系列研究工作，其中针对现场施工工艺进行了两次泵送试验。试验采用的水泥、粉煤灰、外加剂等原材料与前期研究有一定差别。在进行第一次现场试验之后，对自密实混凝土外加剂进行了优化，对配合比进行了微调，进而开展了第二次现场试验。对现有室内和现场试验研究结果进行分析，总结如下：

(1)在不同环境温度试验条件下，钢壳沉管自密实混凝土工作性能随运输车等待时间的延长有所下降，主要表现为坍落扩展度的减小，但在等待2h时，所生产的钢壳沉管自密实混凝土工作性能指标仍能满足设计要求。

(2)在进行泵送工艺对自密实混凝土性能影响研究中发现，当混凝土外加剂与原材料适应性不足时，泵送工艺对混凝土的工作性能影响较大，混凝土不能满足施工指标要求。对混凝土原材料与外加剂之间的适应性进行优化后，混凝土在80m及以下的泵送距离下，其工作性能基本没有变化；在100m泵送距离下，混凝土工作性能有所下降，需要通过进一步控制混凝土含气量等改善施工性能。

2.4 自密实混凝土的有机玻璃模型试验

利用有机玻璃的可视性，通过有机玻璃管节小尺寸模型试验，实现对自密实混凝土工作性能的检验，观察混凝土的流动性和顶部脱空的形成过程，并对缺陷形成原因进行分析。

2.4.1 有机玻璃模型结构

有机玻璃模型结构选取在顶、底板存在倒角的位置，有机玻璃管节小尺寸模型选取示意图如图2-26所示，模型制作情况如图2-27所示。

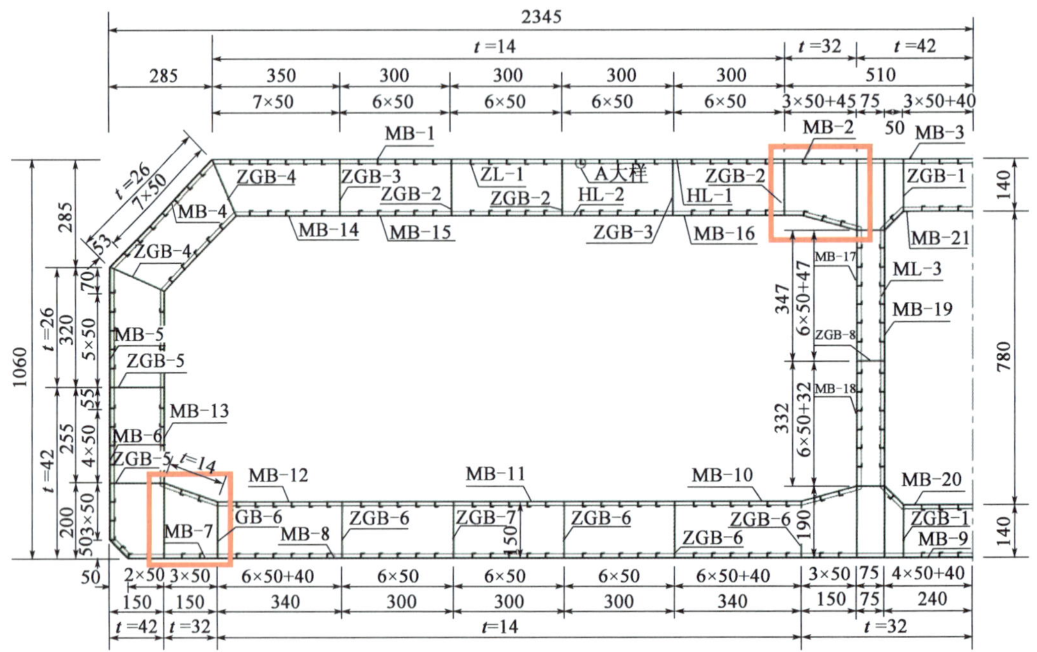

图 2-26　有机玻璃管节小尺寸模型选取示意(尺寸单位:cm)

图 2-27　有机玻璃管节小尺寸模型制作情况

2.4.2　混凝土性能

本次玻璃模型试验的混凝土配合比见表 2-31。

钢壳沉管自密实混凝土小尺寸模型试验混凝土配合比　　表 2-31

参数	水泥(胶凝材料质量百分含量,%)	粉煤灰(胶凝材料质量百分含量,%)	矿粉(胶凝材料质量百分含量,%)	水胶比	砂率(%)	减水剂(胶凝材料质量百分含量,%)
数值	50	35	15	0.32	50	1

所采用的混凝土原材料包括水泥、粉煤灰、矿粉、砂、碎石和减水剂等,原材料性能见表 2-32。

钢壳混凝土管节玻璃模型试验混凝土原材料情况　　表 2-32

材料名称	规格型号	主要性能指标要求
水泥	P·Ⅱ42.5	—
粉煤灰	Ⅰ级	细度不大于12%,需水量比不大于100%,烧失量不大于3%的F类
矿粉	S95级	比表面积400~440m^2/kg,烧失量不大于1%
碎石	5~10mm	反击破碎石,含泥量低于0.5%,泥块含量低于0.25%,针片状颗粒含量低于5%
	10~20mm	
河砂	中粗砂	细度模数2.6,含泥量低于1.5%,泥块含量低于0.5%
减水剂	聚羧酸系高效减水剂	具有引气、增黏、保坍等功能组分,减水率30%,28d收缩率比不大于100%的聚羧酸减水剂

在现场拌和楼混凝土生产前,先采用现场原材料在现场试验室进行混凝土试配,根据试配确定拌和楼生产时使用的减水剂掺量,并确定施工配合比。室内试拌结果表明,当减水剂掺量控制在1.2%时,所配制的混凝土表现出良好的工作性能,混凝土坍落扩展度为600~700mm,扩展时间T_{500}为4s,V形漏斗流出时间为8~15s,L形仪高度比为1,含气量为3%,密度为2320kg/m^3,混凝土没有出现离析和泌水等不良现象,自密实混凝土各项性能满足设计指标要求。

在室内试拌的基础上,开展了拌和楼混凝土试拌,每盘拌制1m^3混凝土,测试试拌混凝土的坍落扩展度、扩展时间T_{500}、含气量、密度、V形漏斗流出时间和L形仪高度比等拌合物性能参数,确定正式生产过程中的精确用水量。在室内试配和拌和楼试拌的基础上,进行钢壳沉管自密实混凝土生产,每次搅拌混凝土3m^3,每3m^3装一辆罐车,混凝土搅拌时间为150s。在混凝土浇筑前进行拌合物坍落扩展度、含气量、V形漏斗流出时间、L形仪高度比等性能检测,采用经过检测并满足钢壳沉管自密实混凝土性能指标要求的混凝土进行玻璃模型浇筑。现场混凝土拌合物性能测试如图2-28所示。

a) 坍落扩展度和T_{500}测试

b) V形漏斗试验

c) 含气量测试

图2-28　玻璃模型试验现场混凝土拌合物性能测试

表2-33所示为浇筑前钢壳沉管自密实混凝土拌合物性能检测结果。从该结果来看,在实际施工过程中,混凝土各项性能指标基本满足本研究所提出的钢壳沉管自密实混凝土性能指标要求。现场混凝土生产过程显示,自密实混凝土的生产过程流畅,质量可控,有利于提高钢壳管节的浇筑效率。

玻璃模型试验浇筑前自密实混凝土拌合物性能检测结果　　表 2-33

车次	坍落扩展度(mm)	扩展时间 T_{500}(s)	V 形漏斗流出时间(s)	含气量(%)	L 形仪 H_2/H_1
1	690	4.6	8.5	3.0	1
2	650	3.8	12.5	3.0	1
3	670	4.5	8.9	3.1	1
4	680	4.8	7.0	3.2	0.92
5	600	3.3	13.5	5.0	1
6	620	3.6	9.0	4.0	1
7	650	3.7	8.1	5.1	1
8	680	3.0	6.2	3.9	1

在模型试验混凝土浇筑过程中，对拌和楼生产的钢壳沉管自密实混凝土进行现场留样，每次留样成型 3 组 150mm×150mm×150mm 的混凝土抗压强度试件，每个玻璃模型试验留样一次。试件成型过程中试模分两次浇筑，每次间隔 30s。试件在 24h 后拆模，并放入标准养护室进行养护，测试混凝土试件的 7d、28d 和 56d 抗压强度。从已有的测试结果来看，第一次玻璃模型试验混凝土 7d 抗压强度为 46.5MPa，28d 抗压强度为 55.3MPa；第二次玻璃模型试验混凝土 7d 抗压强度为 47.1MPa，28d 抗压强度为 59.7MPa。

观察钢壳沉管自密实混凝土玻璃模型现场浇筑过程可知，所生产的钢壳沉管自密实混凝土在玻璃隔仓内流动性和填充性良好，在浇筑过程中混凝土面基本保持水平，未见明显的中部凸起现象。隔仓内的 L 形肋、边角部位混凝土填充性良好，这也直观表明本研究所开发的钢壳沉管自密实混凝土对于本项目设计提出的隔仓结构具有良好的适用性。

2.4.3　浇筑质量分析

从局部足尺的有机玻璃模型外表来看，混凝土侧表面外观平滑，气泡缺陷较少，混凝土顶面存在气泡和部分位置的脱空等缺陷，如图 2-29 和图 2-30 所示。

图 2-29　玻璃模型—侧板混凝土外观情况

图 2-30　有机玻璃模型—顶板混凝土外观情况

对有机玻璃模型一的顶部某一区块(500mm×527mm)内脱空高度大于5mm的范围进行标识,并对其进行垂直拍照,采用数值描点方法,统计其大于5mm的脱空面积为7620mm^2,即该区域内的脱空面积率为2.89%,如图2-31所示。

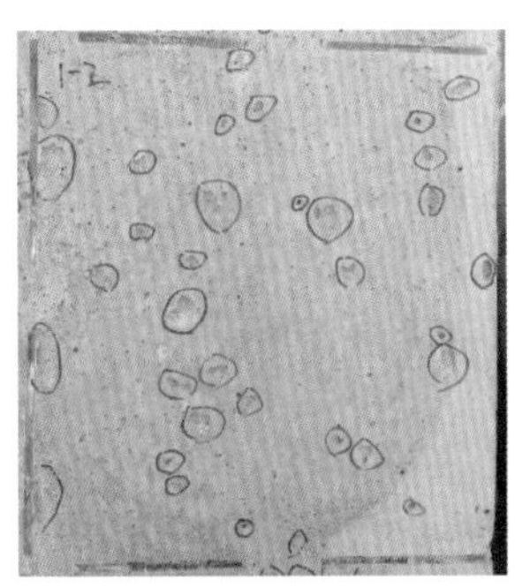

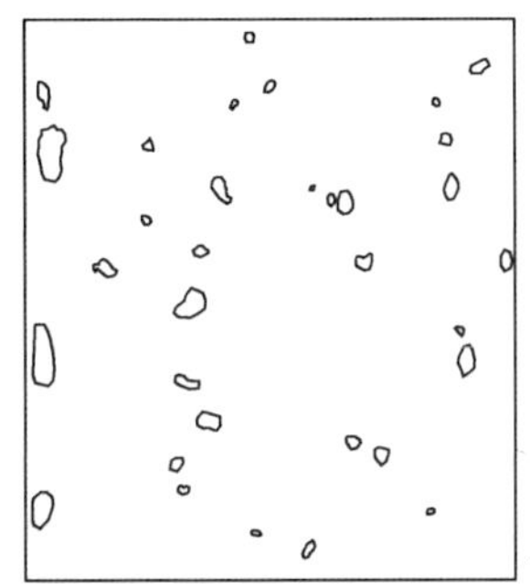

图2-31　有机玻璃模型一顶部某一区块大于5mm脱空拍照及描点图

同时,有机玻璃模型二的顶部某一区块(500mm×500mm)内脱空高度大于5mm的脱空面积为12589mm^2,即该区域内的脱空面积率为5.04%,如图2-32所示。

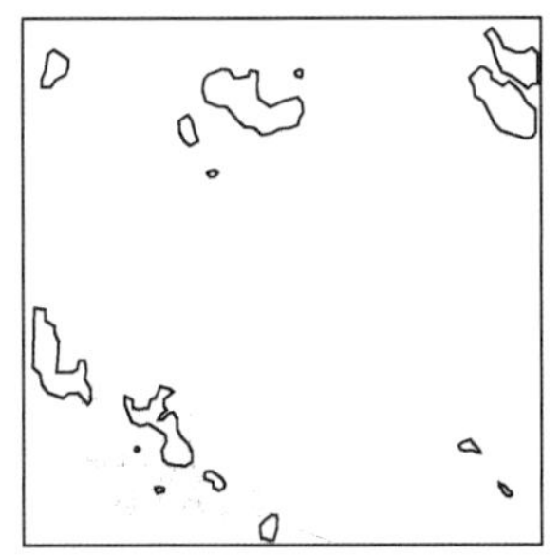

图2-32　有机玻璃模型二顶部某一区块大于5mm脱空拍照及描点图

通过开展局部足尺有机玻璃管节模型试验,利用有机玻璃的可视性,实现了对自密实混凝土工作性能的检验,观察混凝土的流动性和顶部脱空的形成过程。从试验实施的效果来看,玻璃模型试验中钢壳沉管自密实混凝土生产过程流畅,混凝土质量稳定可控,混凝土性能满足钢壳沉管自密实混凝土指标要求。现场浇筑过程显示,混凝土在玻璃模型隔仓内保持良好的流动性和填充性,模型L形肋和边角部位的填充情况良好。由于本次模型试验主要验证自密实混凝土的工作性能和填充情况,没有针对排气孔进行专门研究和合理设置,也没有对浇筑速度等工艺参数进行严格控制,实际脱空较多,后续将继续开展模型试验,研究浇筑工艺参数对脱空控制的影响。

本章参考文献

[1] 龙广成,谢友均. 自密实混凝土[M]. 北京:科学出版社,2013:245-246.

[2] FEYS D, ASGHARI A, GHAFARI E, et al. Influence of mixing procedure on robustness of self-

consolidating concrete[R]. Rolla, Missouri: Missouri University of Science and Technology,2014.

[3] HEMALATHA T, SUNDAR K, MURTHY A R, et al. Influence of mixing protocol on fresh and hardened properties of self-compacting concrete[J]. Construction and Building Materials, 2015,98(15):119-127.

[4] YAMADA K. Basics of analytical methods used for the investigation of interaction mechanism between cements and superplasticizers[J]. Cement and Concrete Research, 2011,41(7): 793-798.

[5] 赵悟,王博,赵利军,等. 改善搅拌过程提高混凝土强度[J]. 长安大学学报(自然科学版), 2015,35(1):148-153.

[6] SCHMIDT W, BROUWERS H J H, KÜHNE H C, et al. Influences of superplasticizer modification and mixture composition on the performance of self-compacting concrete at varied ambient temperatures[J]. Cement and Concrete Composites, 2014,49:111-126.

[7] 孙义. 长距离泵送混凝土控制技术[J]. 市政技术, 2019,37(4):243-246.

[8] 吕卫清, 王胜年, 吕黄,等. 钢壳沉管自密实混凝土配制技术研究[J]. 硅酸盐通报, 2016,35(12):3952-3958.

[9] 苏慈, 李宏斌, 丁庆军. 钢壳沉管自密实混凝土制备及其收缩调控技术[J]. 武汉理工大学学报, 2018,40(6):22-28.

[10] 冷艺, 曾俊杰, 吕黄,等. 钢壳沉管自密实混凝土质量控制研究[J]. 中国港湾建设, 2018,38(9):50-54.

[11] 张学治, 许宝龙, 孟磊,等. 钢壳沉管自密实混凝土配合比设计[J]. 水运工程, 2019(S1):77-81.

第3章　钢壳沉管自密实混凝土工作性能管控技术

本章基于自密实混凝土技术调研，从原材料质量动态控制、多因素耦合作用下工作性能的敏感性以及泵送过程的流变性研究等方面，开展自密实混凝土的质量控制研究，形成了一套钢壳沉管自密实混凝土工作性能管控技术，可用于指导现场自密实混凝土的生产、施工和质量控制。

3.1　钢壳沉管自密实混凝土生产质量控制

由于钢壳沉管的特殊结构形式，混凝土浇筑后的成品质量难以测量表征，因此施工过程的质量控制是保障工程品质的关键环节，而自密实混凝土工作性能要求高，对生产和施工过程中的各个内外部因素的变化较为敏感，有必要针对混凝土生产浇筑过程的质量管理开展专项研究，以保证钢壳混凝土沉管预制质量。

3.1.1　原材料指标对自密实混凝土性能影响分析研究

关于自密实混凝土的质量控制技术，国内外学者进行了许多研究。混凝土质量的不均匀性是客观存在的，其质量的稳定性主要与原材料品质、生产工艺等有关。生产自密实混凝土的原材料主要包括水泥、粉煤灰、矿渣粉、集料和外加剂。混凝土原材料品质的稳定性将直接影响自密实混凝土质量的稳定性。

研究发现，高 C_3A 含量、高比表面积、高碱含量、低 SO_3 含量的水泥会降低混凝土的工作性能。水泥的化学组成（C_3A、C_3S 和 SO_3 含量、碱含量、烧失量等）和物理性质（细度、需水量和比表面积等）对混凝土流变性能有很大的影响。其中，C_3A 和 SO_3 对混凝土工作性能产生影响，主要是由于水泥水化初期的流动性由 C_3A 活性与液相中的 SO_4^{2-} 数量控制，而 SO_4^{2-} 数量主要是由水泥中的 SO_3 含量和石膏的数量和形态决定的。在水泥水化初期，如果 C_3A 的数量和活性与 SO_4^{2-} 数量相匹配，加水后几分钟便可产生极细小的近似球形的钙矾石晶粒覆盖在水泥颗粒表面，这一覆盖层很薄，没有侵入或仅少量侵入颗粒间隙区，对颗粒的相对运动性能和水泥浆的稠度没有或仅产生有限的干扰，水泥浆不会变稠失去流动性。但是，当液相中的 SO_4^{2-} 数量超过一定限度，可能会形成次生石膏，降低水泥浆体的流动性，从而影响自密实混凝土的工作性能。而水泥的碱含量过高则会影响减水剂等外加剂的作用效果，容易使水泥中的石膏溶解度发生变化，水泥矿物成分 C_3A 水化速度加快，从而影响混凝土的和易性。同时，水泥颗粒的比表面积、形状、密度及级配等对浆体的流动性影响也很大。水泥的比表面积越小,颗粒形状越接近球形,比重越大,水泥浆的流动性将越大。要满足自密实混凝土流动性的要求,提高水泥细度是有效的方法之一。但水泥过细,表面积增加,需水量同时亦会增大,更加降低了液相中残留外加剂浓度,增加了液体黏度;并且塑化效果变差,混凝土坍落度损失更快,同时水泥细度过小会导致水化速度快,水化温过快,均会对自密实混凝土流变性能产生影响。

粉煤灰的种类、细度或粒径分布也与混凝土的流变性能有很大的关联。研究发现,粉煤灰品质对拌合物的流动性与稳定性有显著的影响,影响拌合物流动性的主要因素为粉煤灰的细度,影响稳定性的主要因素为密度。高品质粉煤灰具有良好的减水效应,其减水机制有形态效应和微集料效应两种,其中,粉煤灰形态效应是指粉煤灰由其颗粒外观形态、表面性质、内部结构、颗粒级配等物理性状所产生的效应。粉煤灰含有球状玻璃微珠颗粒,可以起到滚珠轴承的作用,降低用水量;粗大、疏松、多孔、形状不规则的颗粒,则可吸附更多的水分,增加用水量。粉煤灰微集料效应则取决于固体颗粒的堆积状态,合理的颗粒级配可减少体系中的填充水量。因此,控制粉煤灰的细度及粒径分布,可充分发挥其形态效应和微集料效应,起到良好的减水作用,从而改善自密实混凝土的流动性、通过性以及黏度。

矿渣粉是目前应用较为广泛的活性掺合料,可以改善混凝土的流动性,增加拌合物黏聚性,并且有利于混凝土强度发展。但不同细度、流动度比、SO_3含量、烧失量等的矿渣粉,对混凝土的作用规律有所差别。研究结果表明,矿渣粉细度对混凝土工作性能和抗压强度的影响较掺量大得多,当矿渣粉掺量在40%以上,细度控制在450~550m^2/kg之间,可获得较大的混凝土坍落度与强度。

混凝土拌合物的黏度受集料的体积分数和堆积密度的影响,另外,级配、粒径分布、粒形、表面形状和洁净程度等都对混凝土的流变性能有很显著的影响。良好的集料级配和粒径分布能使自密实混凝土体系颗粒比表面积大大减少,降低体系所需的浆体量。另外,由于集料堆积间的相互作用,粒径较小的集料通常在外力作用下不易发生沉降,并较为稳定地悬浮在混凝土体系。当混凝土发生流动时,粒径较大的集料由于惯性作用会对周围集料产生更大的作用力,从而在宏观上改变混凝土的流动性。

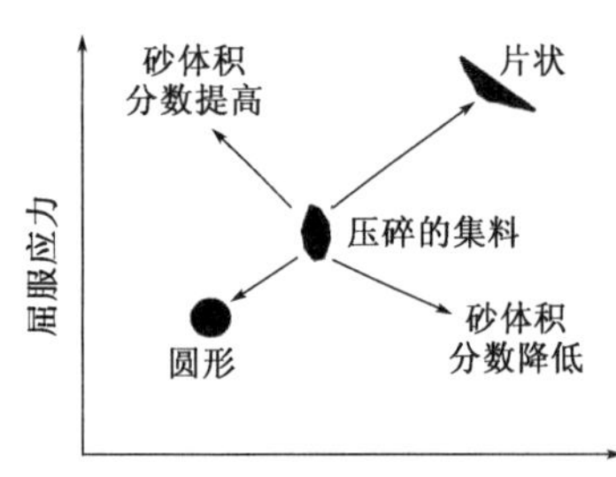

图3-1 集料形状和砂体积分数对流变参数的影响

集料的形状和砂体积分数对自密实混凝土流变参数的影响如图3-1所示。研究表明,多棱角集料一般具有无定型形状和粗糙表面,一方面增大了比表面积,降低了自由水量;另一方面,棱角形状不利于颗粒流动,增加了颗粒间的摩擦阻力,从而降低了拌合物的流动性能。同时,集料的洁净程度也是影响混凝土流变性能的重要因素。因此,选择合理参数范围内的粗集料对提高新拌混凝土的工作性具有重要意义。

随着高性能混凝土的广泛应用，化学外加剂已成为混凝土中不可缺少的一部分，且外加剂对新拌混凝土的流变性能有很大的影响。减水剂分子能够吸附在水泥颗粒表面，增强水泥颗粒的分散性，减少成核基体的数目，增加颗粒间的桥接距离，从而改善新拌混凝土的流变性能。但是由于减水剂和水泥的各方面性能不同，水泥与减水剂相互作用时可能会出现许多问题，主要表现为：减水效果低下或增加流动性的效果不好，凝结速度太快或缓凝，坍落度损失快，甚至降低混凝土强度等。因此，为了保证新拌自密实混凝土的流变性能，需对减水剂的含固量、硫酸钠含量、含碱量和减水率等指标进行测试。

综上，确定了对自密实混凝土性能影响较大的原材料指标，见表3-1。

对自密实混凝土性能影响较大的原材料指标　　表3-1

原　材　料	原材料指标
水泥	C_3A 含量、C_3S 含量、SO_3 含量、碱含量、烧失量、细度、需水量比、比表面积等
粉煤灰	细度、需水量比、烧失量等
矿渣粉	比表面积、流动度比、SO_3 含量、烧失量等
河砂	细度模数、含泥量、泥块含量、吸水率等
碎石	级配、粒形、含泥量、泥块含量、吸水率等
减水剂	含固量、硫酸钠含量、碱含量、减水率等

3.1.2　自密实混凝土原材料关键控制指标

水泥、粉煤灰、矿粉、砂石和减水剂等原材料性能的波动都会导致自密实混凝土性能的变化。为掌握混凝土原材料质量波动对自密实混凝土性能的影响，结合深中通道工程施工数据，分析了108批次水泥、100批次粉煤灰、51批次矿粉、208批次细集料、196批次粗集料和15批次减水剂等各关键检测指标的波动情况。

3.1.2.1　原材料波动对自密实混凝土砂浆流动度和流变性的影响

选取了质量波动相对较大的水泥、粉煤灰、矿渣粉和减水剂等原材料，固定其他材料不变，改变其中一种材料，研究原材料质量的波动对砂浆流动度和流变性的影响。其中，水泥选择了8种，粉煤灰选择了56种，矿粉选择了17种，减水剂选择了12种。不同种原材料的流变性能的变化如图3-2和图3-3所示。

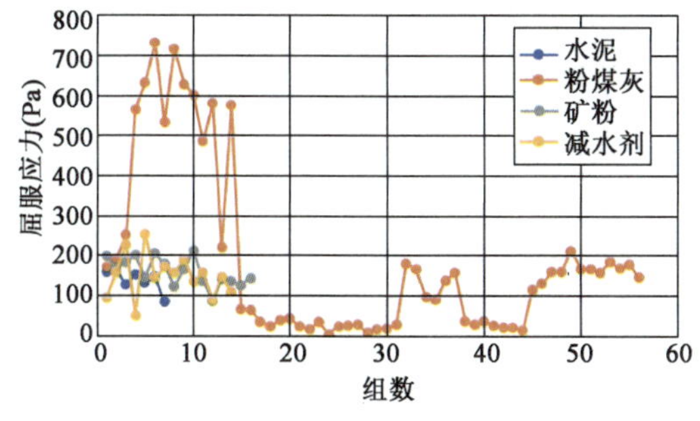

图3-2　不同种原材料砂浆的屈服应力

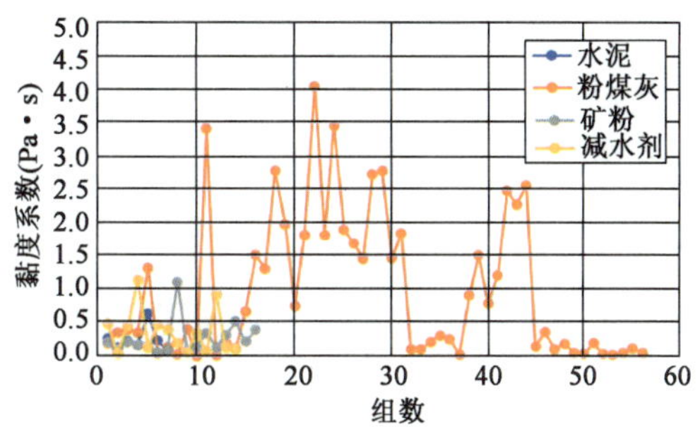

图3-3　不同种原材料砂浆的黏度系数

从图中可见,固定其他材料,改变一种材料情况下,水泥、矿粉和减水剂的波动,对砂浆流变性能(屈服应力、黏度系数)的影响不大;而粉煤灰的质量波动对砂浆的流变性能(屈服应力、黏度系数)影响最大。

3.1.2.2 原材料关键指标分析

(1)水泥。

分析了108批次水泥的标准稠度用水量、比表面积、抗压强度、凝结时间以及安定性的检测结果,初步评价了水泥质量的稳定性,结果如图3-4所示。

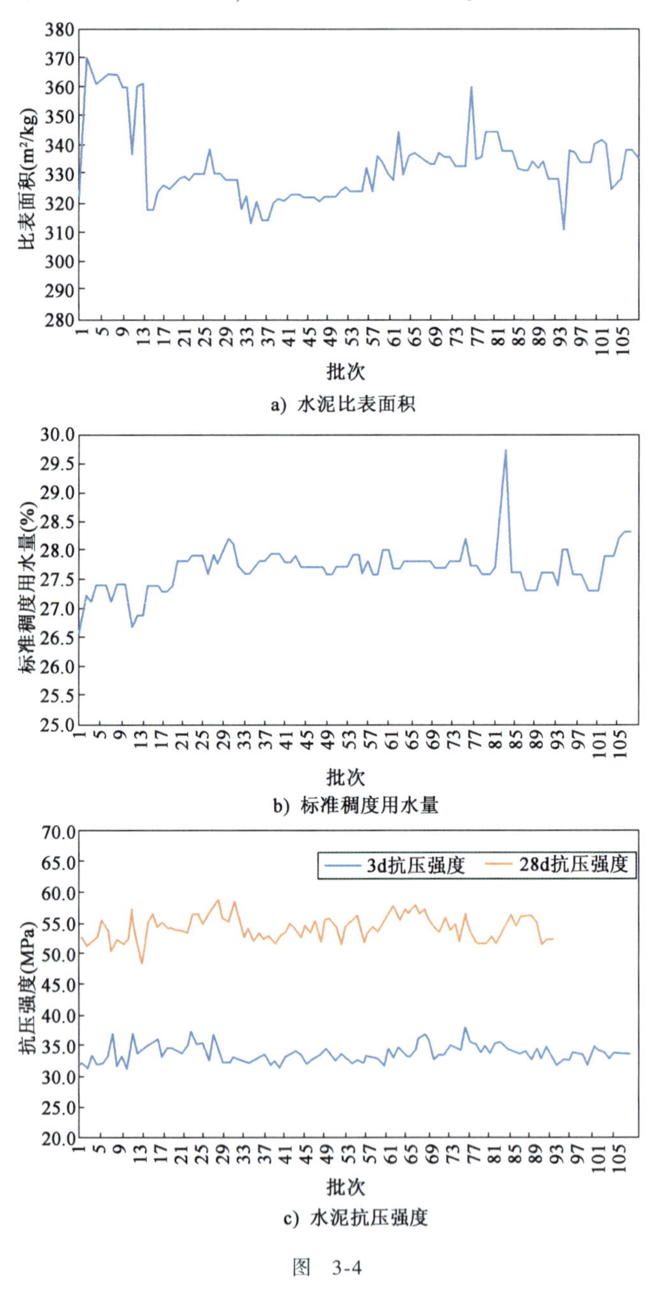

a) 水泥比表面积

b) 标准稠度用水量

c) 水泥抗压强度

图 3-4

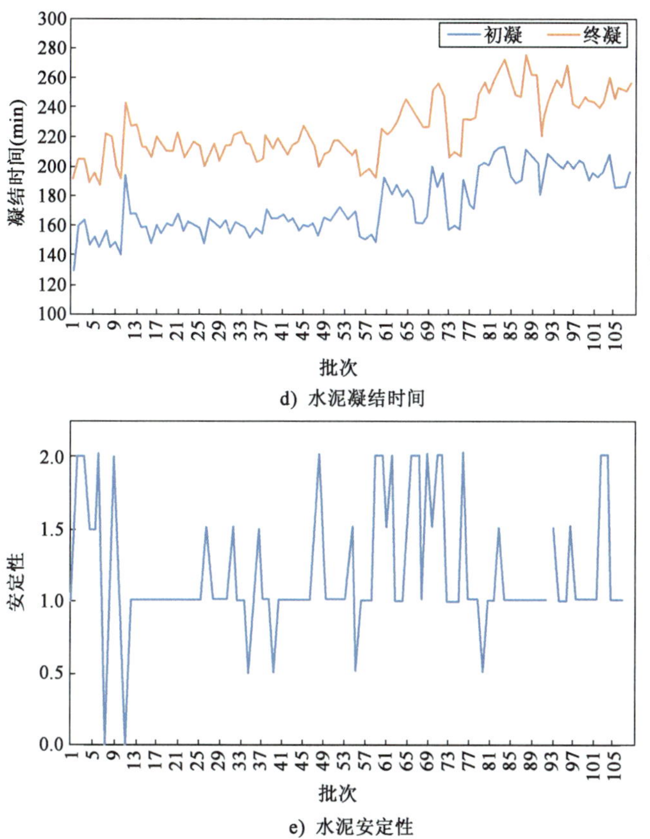

图 3-4　不同批次水泥的检测结果

从图中可知，水泥的比表面积为 311～370m^2/kg，标准差为 12.68。从水泥检测结果来看，比表面积和凝结时间（初凝时间、终凝时间）存在一定的波动，而标准稠度用水量、抗压强度（3d 和 28d 抗压强度）和安定性波动不大。

混凝土早期工作性能与水泥的 C_3A、石膏和 C_3S 含量相关。为此，选取了 8 批次水泥，采用 X 射线衍射（XRD）全谱分析方法分析了其矿物成分的波动，检测结果见表 3-2。

水泥 X 射线 Rietveld 全谱拟合定量结果（单位：%）　　表 3-2

定量分析	C1	C2	C3	C4	C5	C6	C7	C8	C9
C_3S 总量	58.6	59.7	59.9	60.3	60.0	58.8	60.8	61.0	61.2
M3 型 C_3S	24.1	28.7	24.0	30.0	26.3	30.4	29.6	28.8	29.7
M1 型 C_3S	34.5	31.0	35.9	30.3	33.7	28.4	31.2	32.3	31.5
β-C_2S	13.9	12.3	12.0	12.3	12.9	14.0	12.8	12.2	12.1
C_3A 总量	2.8	3.2	2.8	2.9	2.8	2.8	2.5	2.5	2.9
立方 C_3A	2.3	2.9	2.7	2.9	2.5	2.4	2.4	2.3	2.3
斜方 C_3A	0.4	0.3	0.2	0.0	0.3	0.3	0.1	0.3	0.7
C_4AF	11.4	11.8	11.6	12.3	11.8	12.8	12.2	12.3	11.7

续上表

定量分析	C1	C2	C3	C4	C5	C6	C7	C8	C9
石灰	0.2	0.1	0.1	0.1	0.1	0.1	0.1	0.1	0.1
氢氧化钙	1.6	1.9	1.9	1.8	2.0	1.5	1.7	2.1	2.0
方镁石	0.1	0.3	0.4	0.3	0.4	0.5	0.2	0.5	0.3
石英	0.6	0.4	0.4	0.2	0.3	0.3	0.4	0.3	0.2
硫酸钾	0.8	1.0	0.8	1.1	1.1	1.1	0.8	1.0	1.1
硫酸镁钾	0.1	0.1	0.1	0.1	0.2	0.0	0.0	0.1	0.0
硫酸钠钾	0.2	0.1	0.1	0.1	0.1	0.1	0.2	0.1	0.1
石膏	4.1	4.3	4.8	3.2	3.4	3.5	3.6	3.1	4.1
烧石膏	0.7	0.3	0.3	0.6	0.4	0.4	0.6	0.4	0.3
硬石膏	0.1	0.1	0.1	0.0	0.1	0.1	0.1	0.2	0.1
方解石	4.6	4.1	4.2	4.5	4.0	3.4	3.6	3.6	3.4
白云石	0.2	0.4	0.4	0.2	0.3	0.4	0.4	0.4	0.3

从表3-2中可见，水泥的主要矿粉组分 C_3S 的含量为58.6%~61.2%，C_2S 的含量为12.0%~14.0%，C_3A 的含量为2.5%~3.2%，石膏含量为3.1%~4.8%。水泥中可能影响混凝土工作性能的 C_3A、石膏和 C_3S 的含量波动都较小，水泥的质量较稳定。

(2)粉煤灰。

不同批次粉煤灰的细度、烧失量、SO_3 含量、含水率和需水量比的检测结果如图3-5所示。

从图3-5中可以看出，需水量比和细度两个指标的波动较大，其次为烧失量，然后为 SO_3 含量。为此，进一步分析了粉煤灰的指标(烧失量、需水量比、细度、SO_3 含量和含水率等)对砂浆流动度和流变性能的影响，结果如图3-6~图3-15所示。

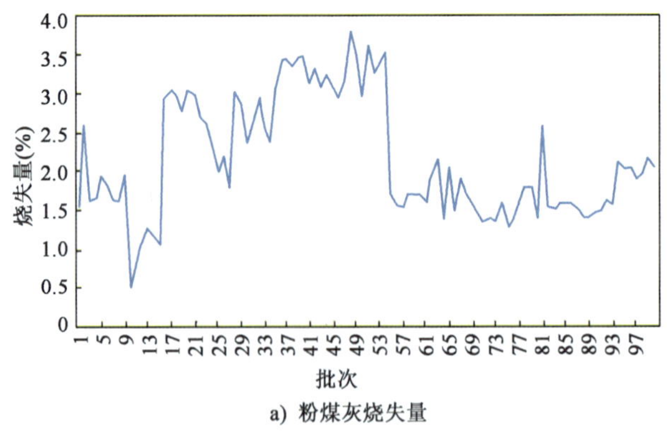

a) 粉煤灰烧失量

图 3-5

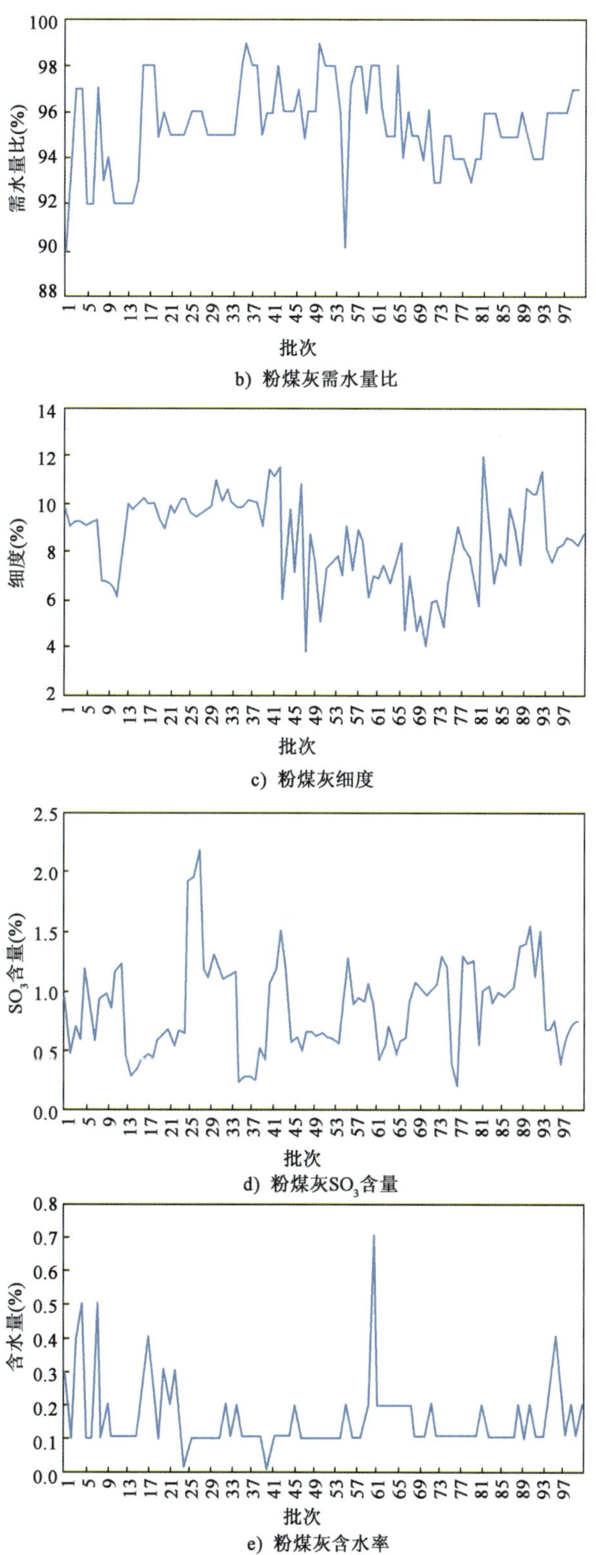

b) 粉煤灰需水量比

c) 粉煤灰细度

d) 粉煤灰SO_3含量

e) 粉煤灰含水率

图3-5　不同组粉煤灰的检测结果

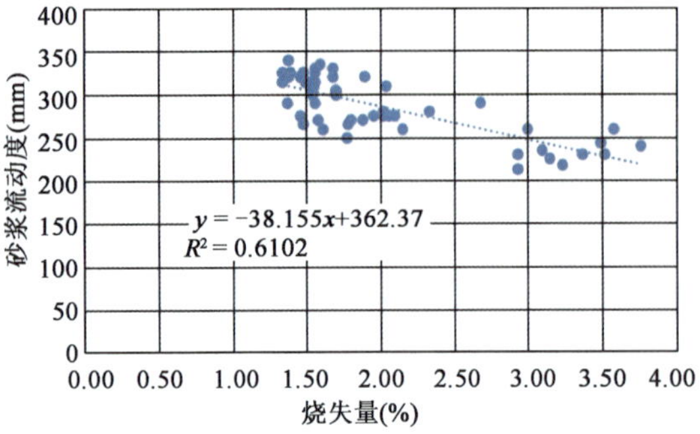

砂浆流动度(mm)
烧失量(%)
y = −38.155x+362.37
R² = 0.6102

图 3-6　烧失量与砂浆流动度的关系

砂浆流动度(mm)
需水量比(%)
y = −4.7277x+733.17
R² = 0.0454

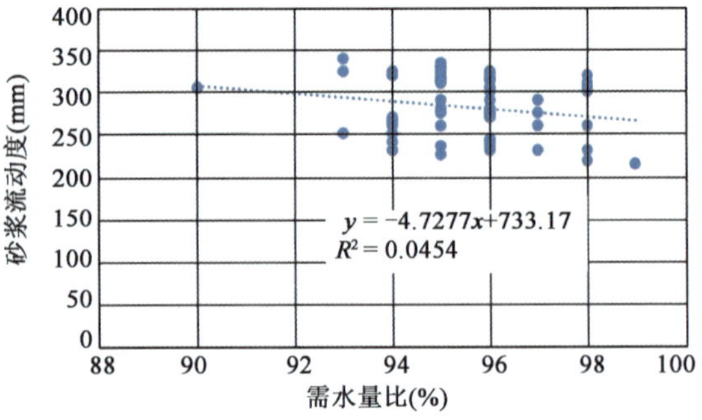

图 3-7　需水量比与砂浆流动度的关系

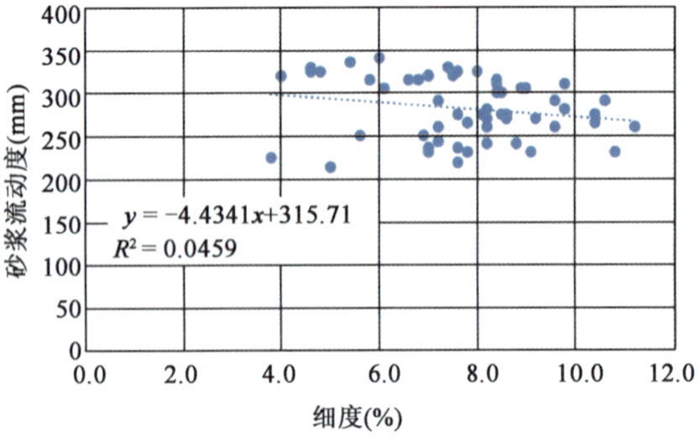

砂浆流动度(mm)
细度(%)
y = −4.4341x+315.71
R² = 0.0459

图 3-8　细度与砂浆流动度的关系

砂浆流动度(mm)
SO3含量(%)
y = 0.023x + 0.7094
R² =0.0127

图 3-9　SO_3 含量与砂浆流动度的关系

砂浆流动度(mm)
含水率(%)
y = −0.0019x + 0.1577
R² =0.0011

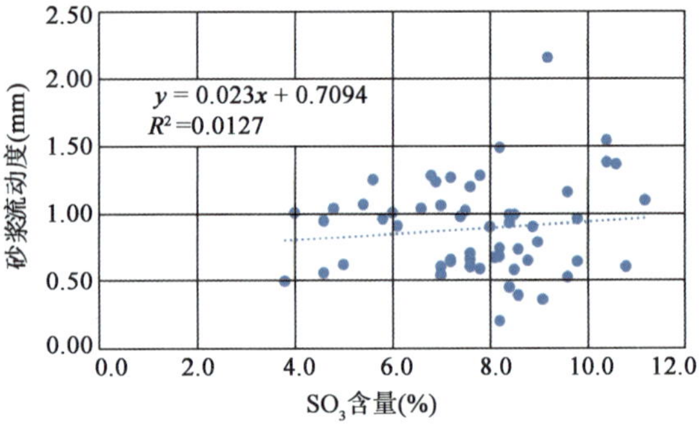

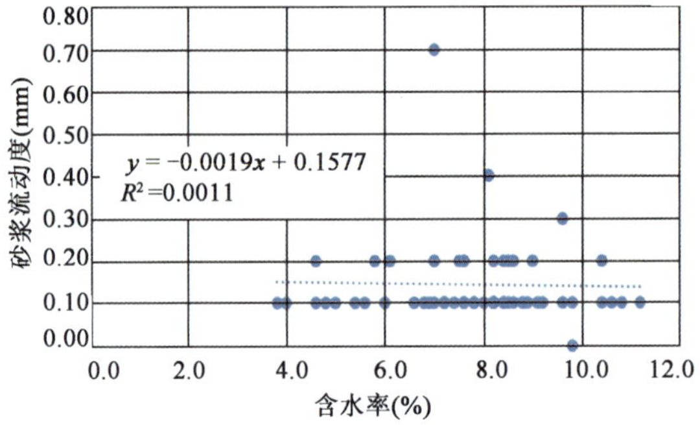

图 3-10　含水率与砂浆流动度的关系

屈服应力(Pa)
烧失量(%)
y = 260.67x − 330.42
R² =0.7627
塑性黏度(Pa·s)
烧失量(%)
y = −0.3716x + 1.7269
R² =0.0586

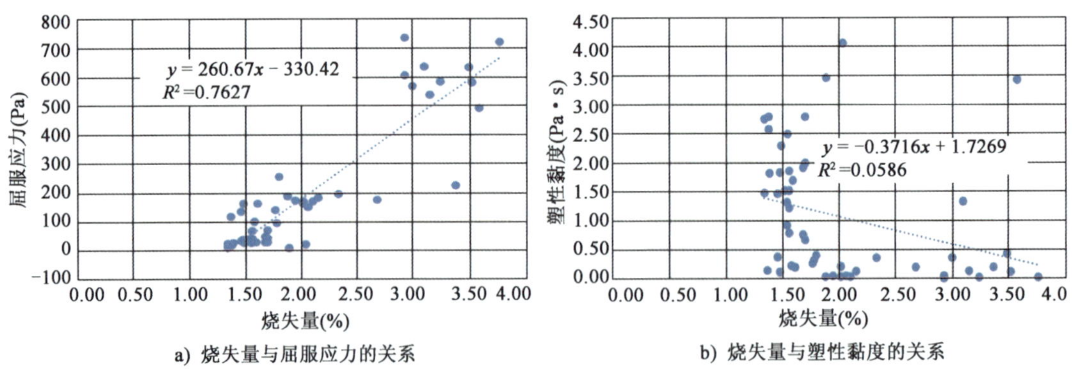

a) 烧失量与屈服应力的关系　　b) 烧失量与塑性黏度的关系

图 3-11　粉煤灰烧失量与砂浆流变性能的关系

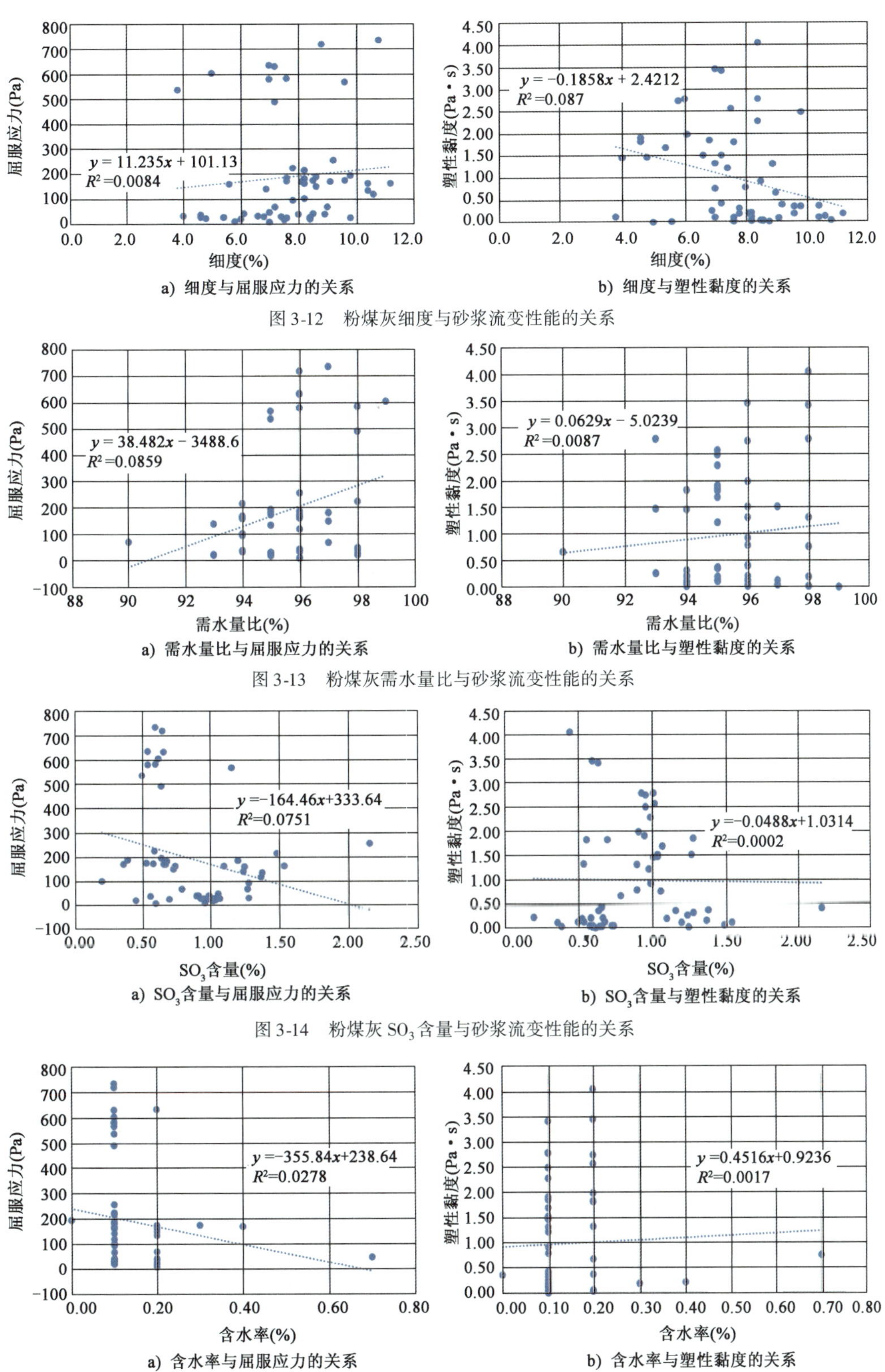

图 3-12　粉煤灰细度与砂浆流变性能的关系

图 3-13　粉煤灰需水量比与砂浆流变性能的关系

图 3-14　粉煤灰 SO_3 含量与砂浆流变性能的关系

图 3-15　粉煤灰含水率与砂浆流变性能的关系

粉煤灰的质量波动较大,主要为细度和需水量比的波动。粉煤灰烧失量与砂浆流动度和屈服应力具有很好的相关性,而细度、需水量比、SO_3含量和含水率等指标与砂浆流动度和屈服应力的相关性很差。因此,粉煤灰的烧失量应格外关注。

(3)矿渣粉。

对51批次矿粉的密度、含水率、烧失量和SO_3含量等指标进行了检测,结果如图3-16所示。

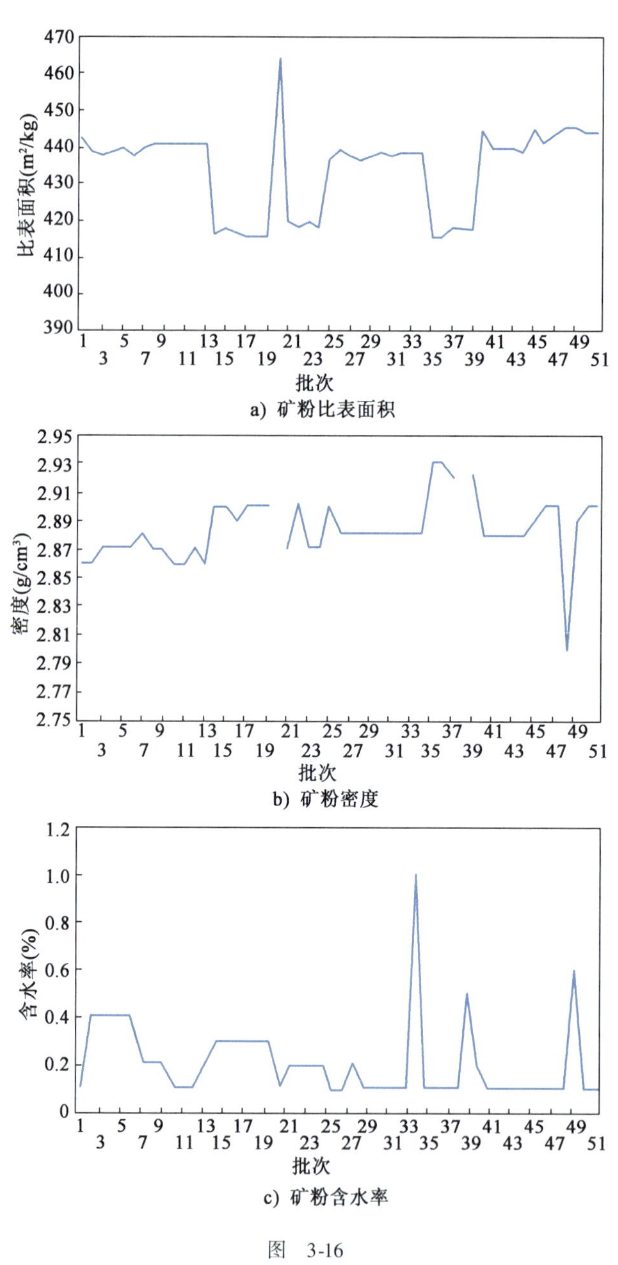

a) 矿粉比表面积

b) 矿粉密度

c) 矿粉含水率

图 3-16

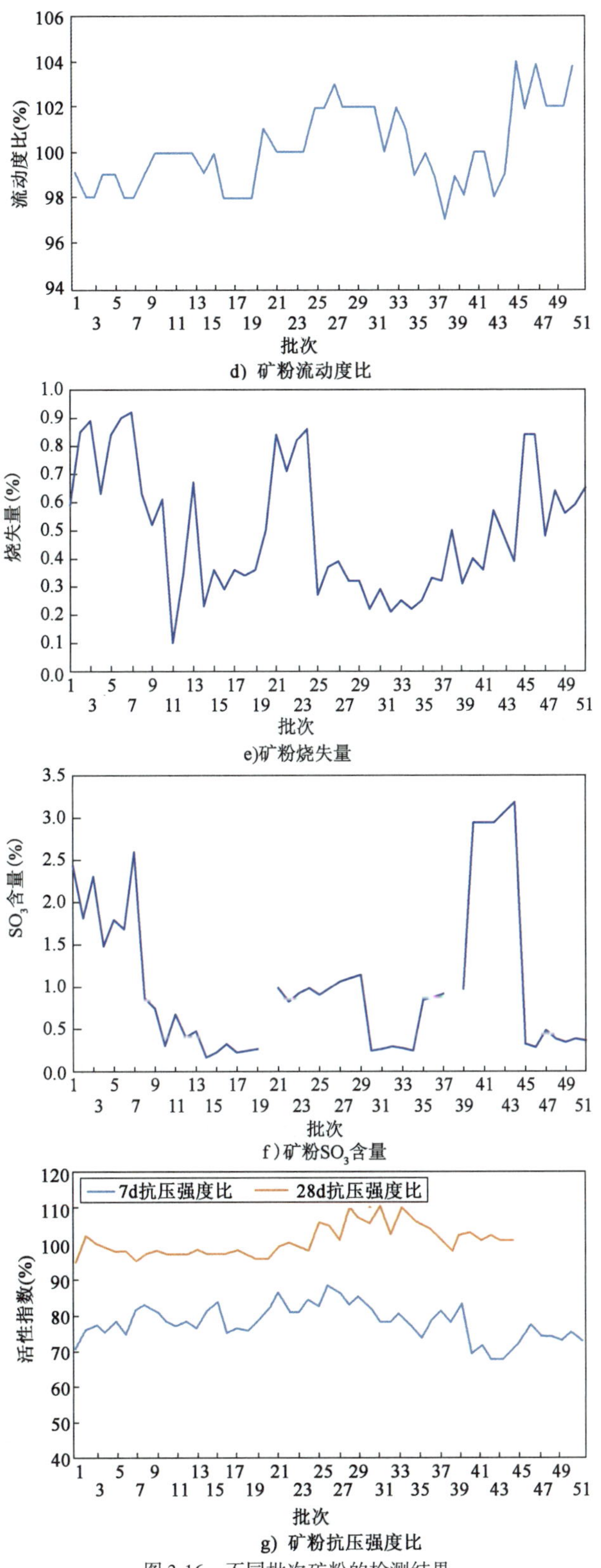

d) 矿粉流动度比

e)矿粉烧失量

f)矿粉SO_3含量

g) 矿粉抗压强度比

图 3-16　不同批次矿粉的检测结果

从图 3-16 中可知，矿渣粉的各指标中波动较大的是比表面积和 SO_3 含量。为此，分析了不同批次矿渣粉的比表面积和 SO_3 含量对砂浆流动度的影响，结果如图 3-17、图 3-18 所示。

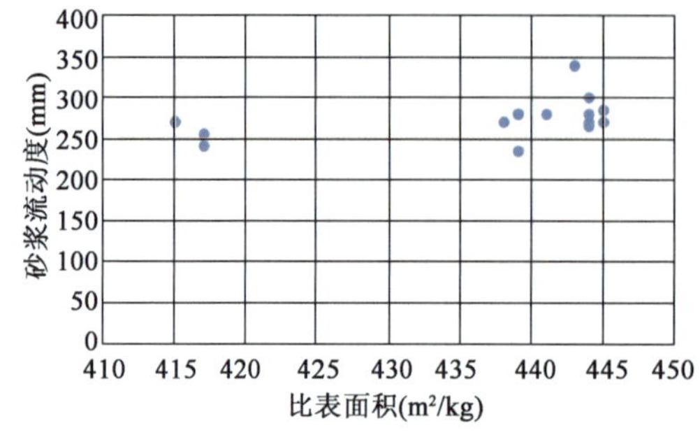

图 3-17　矿渣粉比表面积与砂浆流动度的关系

图 3-18　矿渣粉 SO_3 含量与砂浆流动度的关系

从图 3-17 和图 3-18 中可知，随着矿渣粉的比表面积、SO_3 含量的增大，砂浆流动度基本无变化。说明矿渣粉比表面积、SO_3 含量等指标的波动对自密实混凝土工作性能的影响不明显。

(4)集料。

对 208 批次细集料的表观密度、松散堆积密度、含泥量、泥块含量、细度模数和 196 批次粗集料的表观密度、松散堆积密度、含泥量、泥块含量、针片状颗粒含量和压碎指标等进行了统计分析，结果如图 3-19 和图 3-20 所示。

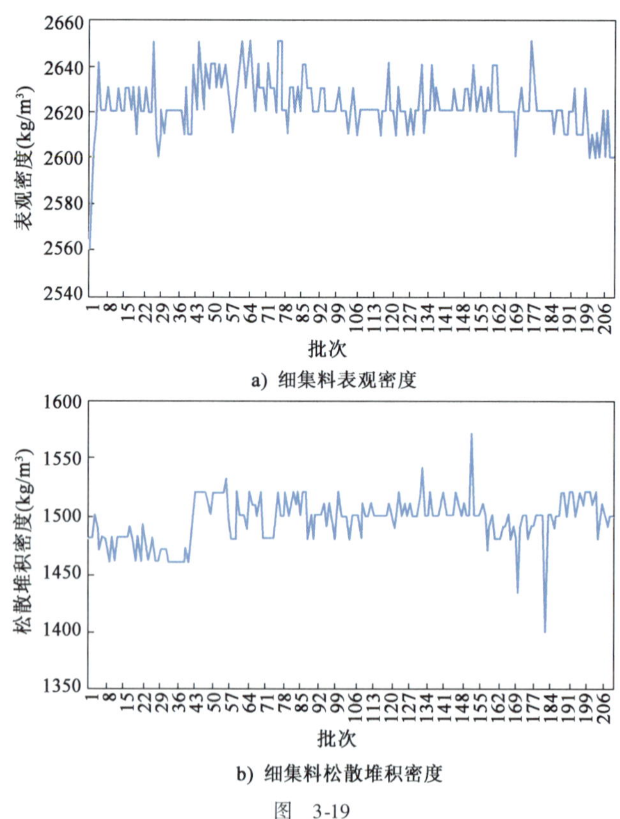

a) 细集料表观密度

b) 细集料松散堆积密度

图　3-19

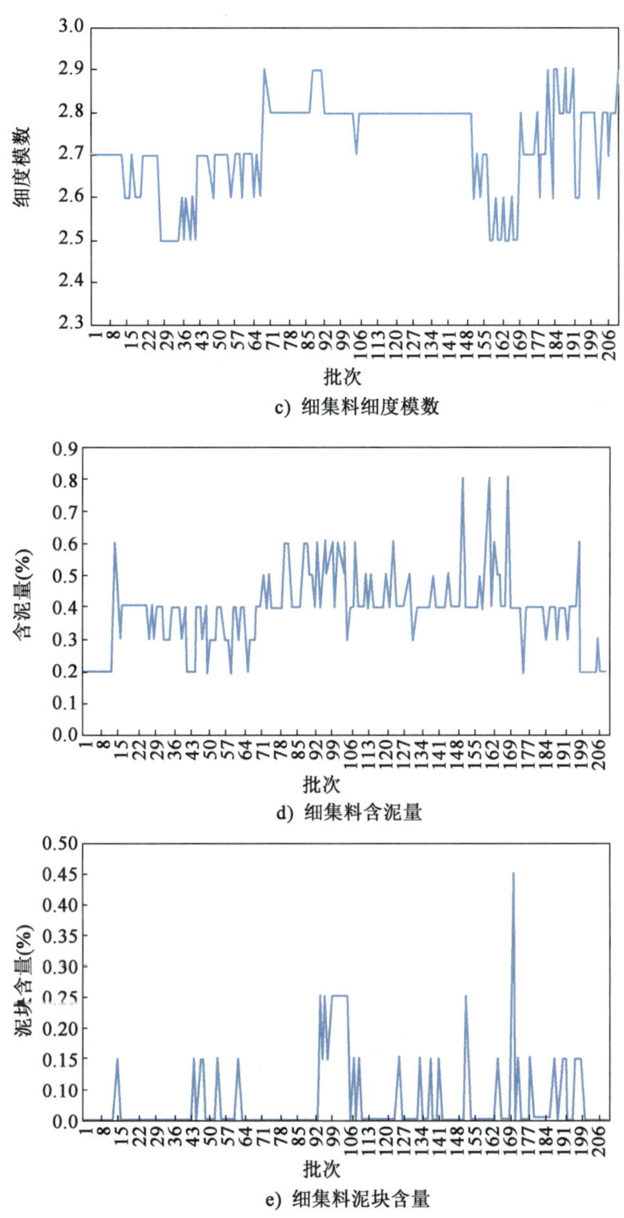

图 3-19　不同批次细集料的检测结果

从图 3-19 和图 3-20 中可知，细集料的各项指标均相对稳定；粗集料的压碎指标和针片状颗粒含量稍有波动，其他各指标均较为稳定。

(5)减水剂。

对 15 批次减水剂的含固量、含气量、pH 值、减水率、7d 抗压强度比和 28d 抗压强度比进行了统计分析，分析了其质量的波动情况，结果如图 3-21 所示。

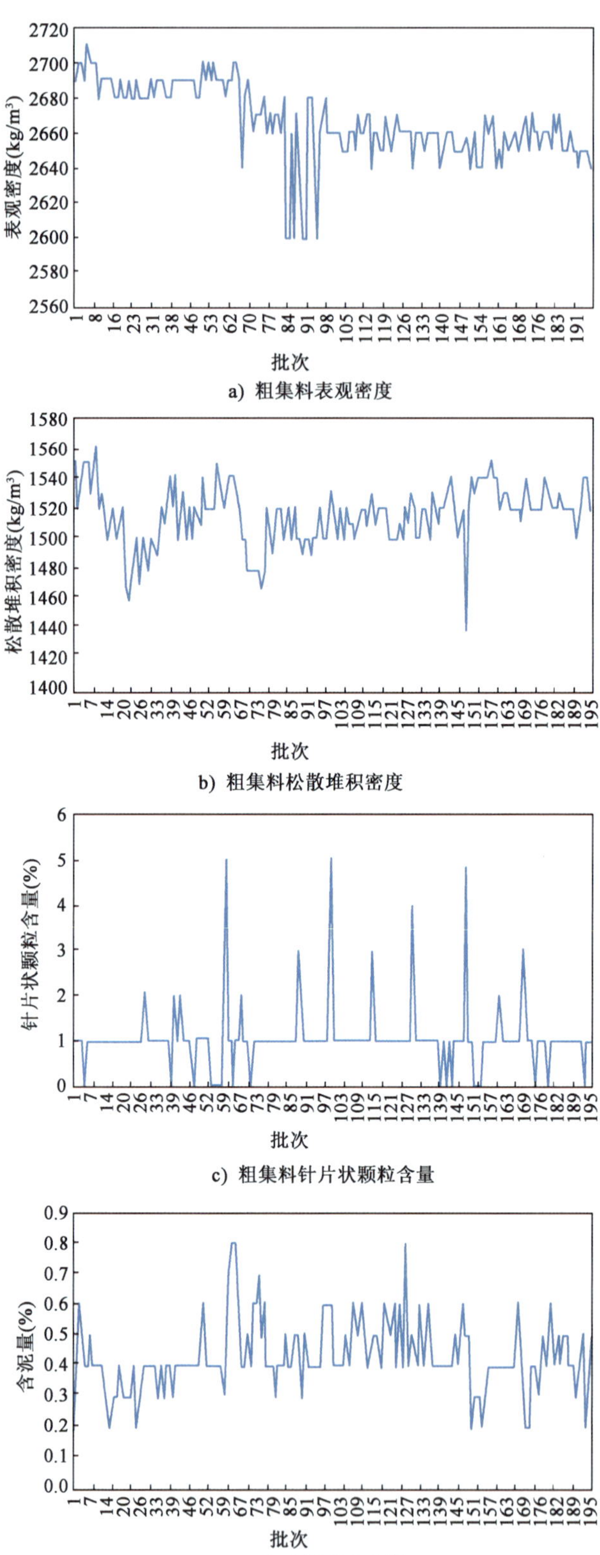

a) 粗集料表观密度

b) 粗集料松散堆积密度

c) 粗集料针片状颗粒含量

d) 粗集料含泥料

图 3-20

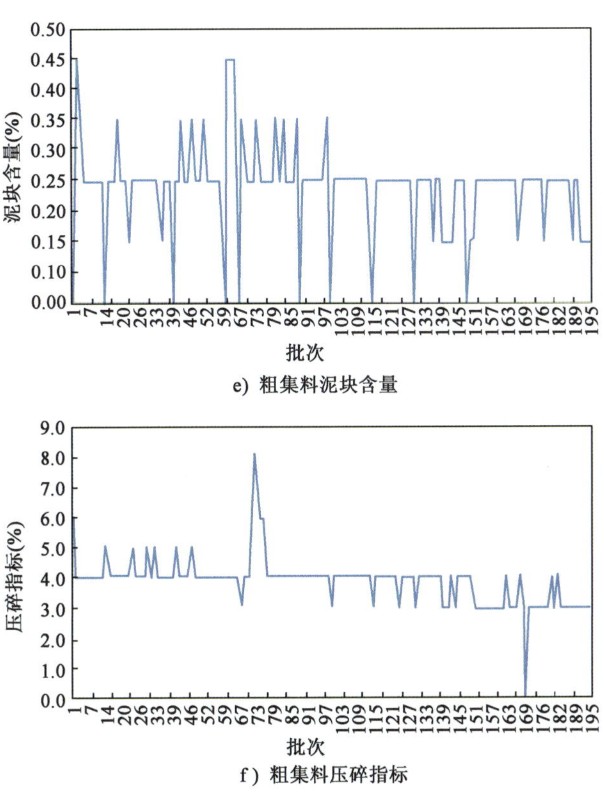

e) 粗集料泥块含量

f) 粗集料压碎指标

图 3-20　不同批次粗集料的检测结果

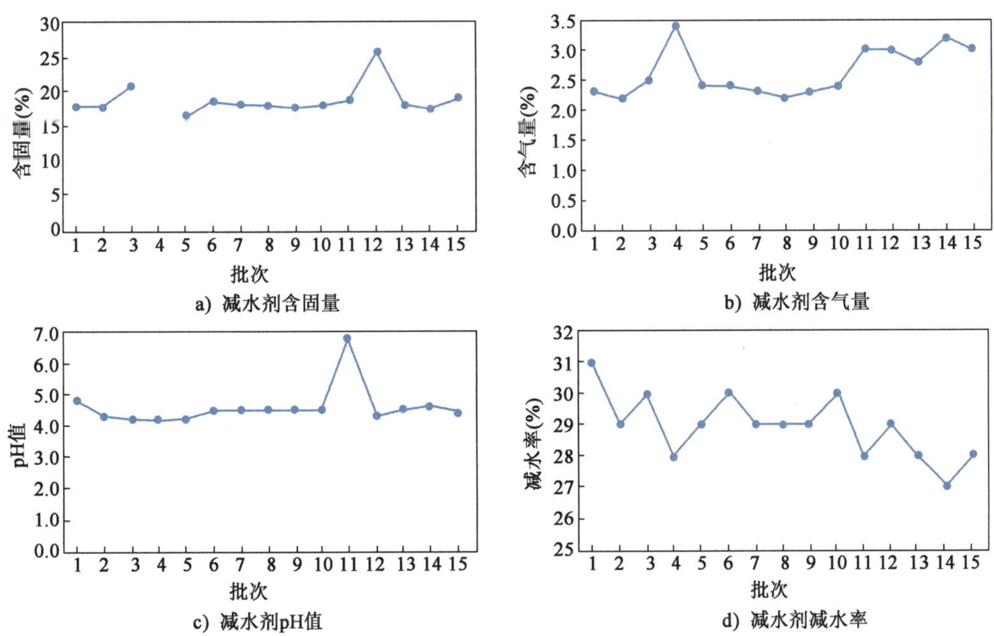

a) 减水剂含固量

b) 减水剂含气量

c) 减水剂pH值

d) 减水剂减水率

图　3-21

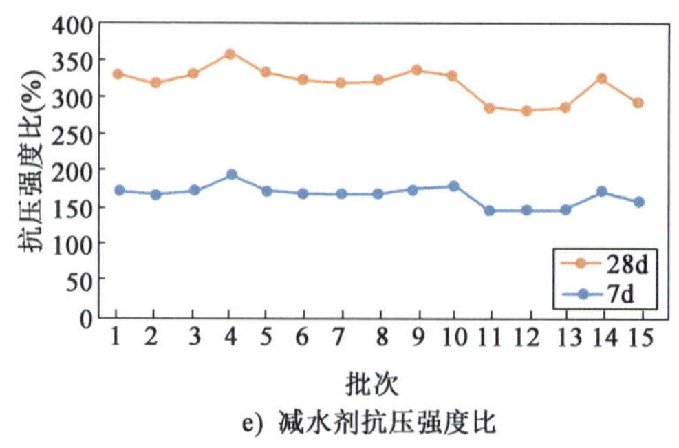

e) 减水剂抗压强度比

图 3-21 不同批次减水剂的检测结果

从图 3-21 中可知,减水剂的含固量、含气量、pH 值、减水率、7d 抗压强度比和 28d 抗压强度比比较稳定。

综上可知:水泥、细集料和减水剂的各项检测指标较为稳定,对自密实混凝土的工作性能无明显影响;虽然矿渣粉的比表面积、SO_3 含量波动稍大,粗集料的压碎指标和针片状颗粒含量波动稍大,但矿渣粉和粗集料对自密实混凝土的工作性能无明显影响;胶凝材料中粉煤灰的用量较大,且粉煤灰的细度、需水量比波动较大,烧失量波动稍大,粉煤灰质量的波动对自密实混凝土工作性能的影响显著。

3.1.3 自密实混凝土质量控制框图

根据现场施工混凝土性能数据及原材料数据,建立混凝土原材料成分组成和硬化后混凝土工作性能(扩展时间 T_{500}、坍落扩展度、V 形漏斗流出时间、L 形仪 H_2/H_1、含气量)的对应关系,并根据不同原材料性能指标对混凝土性能影响程度的强弱,针对性开展原材料质量管控,以实现现场施工的混凝土工作性能的稳定。

主要使用质量控制图、Pearson 和 Spearman 相关性分析方法,量化室内标准养护混凝土的性能与各种原材料的关键技术指标的相关性,实现对混凝土原材料和混凝土工作性能质量动态控制。本次分析以扩展时间 T_{500}、坍落扩展度、V 形漏斗流出时间、L 形仪 H_2/H_1、含气量为质量控制目标。

3.1.3.1 质量指标统计分析方法

使用针对质量指标的质量控制图来进行指标量值的分析。质量控制图(管理图)是以质量特征值为纵坐标,时间或取样顺序为横坐标,且标有中心线及上、下控制线,能够动态地反映结构性能变化的一种链条状图形。中心线为所考察数据的平均值,上、下控制线分别位于中心线两侧的 3σ 距离处。中心线及上、下控制线分别用 CL(Central Line)、UCL (Upper Control Line)、LCL(Lower Control Line)表示,如图 3-22 所示。中心线两侧 2σ 距离处的控制线称为警戒线,分别用 U′CL 和 L′CL 表示。

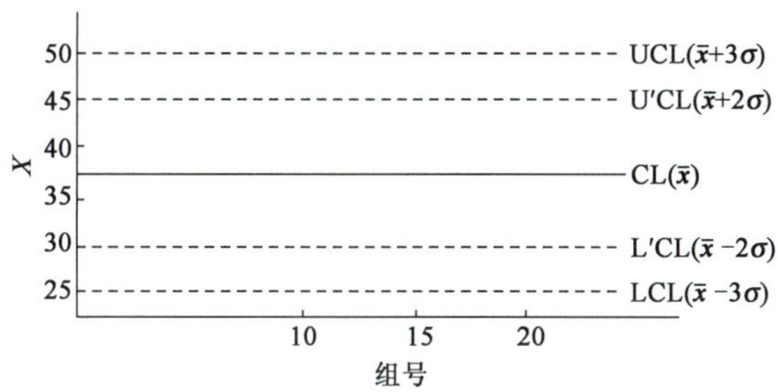

图 3-22　质量控制图

对于上面的质量控制图，使用统计学中的 Pearson 相关系数和 Spearman 相关系数进行质量控制指标和基本影响因素之间的相关性研究。Pearson 相关系数，通常用 ρ 表示，用来度量两个变量 X 和 Y 之间的线性相关程度。

$$\rho_{XY} = \frac{E(XY) - E(X)E(Y)}{\sqrt{E(X^2) - E^2(X)}\ \sqrt{E(Y^2) - E^2(Y)}} \tag{3-1}$$

取值范围在[−1, 1]之间，不同的系数取值对应质量控制指标和影响因素之间相关关系的强弱，如表 3-3 所示。

Pearson 相关系数取值对应的相关性强弱　　表 3-3

相　关　性	负　　值	正　　值	相　关　性	负　　值	正　　值
不相关	−0.09 ~ 0.0	0.0 ~ 0.09	中等相关	−0.5 ~ −0.3	0.3 ~ 0.5
低相关	−0.3 ~ −0.1	0.1 ~ 0.3	显著相关	−1.0 ~ −0.5	0.5 ~ 1.0

不同 Pearson 相关系数对应的 X、Y 数据分布图示意如图 3-23 所示。

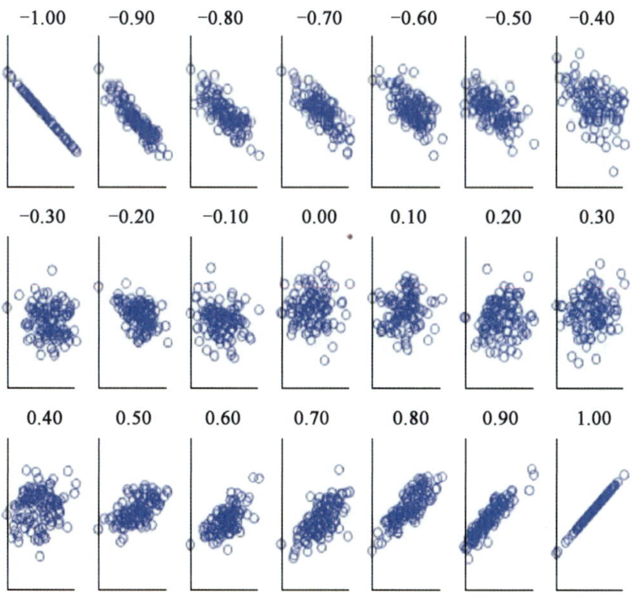

图 3-23　不同 Pearson 相关系数对应的 X、Y 数据分布图

Spearman 相关系数是一个非参数性质(与分布无关)的统计参数,由 Spearman 于 1904 年提出,用来度量两个变量之间联系的强弱。Spearman 相关系数可以用于 R 检验,如公式(3-2)所示:

$$\rho_s = 1 - \frac{6\sum d_i^2}{n(n^2-1)} \tag{3-2}$$

式中:d_i——第 i 个数据对的位次值之差;

n——总观测样本数。

Spearman 相关系数区间也在[-1, 1]之间,Spearman 相关系数的正值对应 X、Y 之间单调增加的变化趋势,负值对应 X、Y 之间单调减小的变化趋势。Spearman 相关系数作为变量之间单调联系强弱的度量,是对 Pearson 线性相关系数的补充。图 3-24 表示了对不同 X、Y 数据分布的 Pearson/Spearman 相关系数的取值。

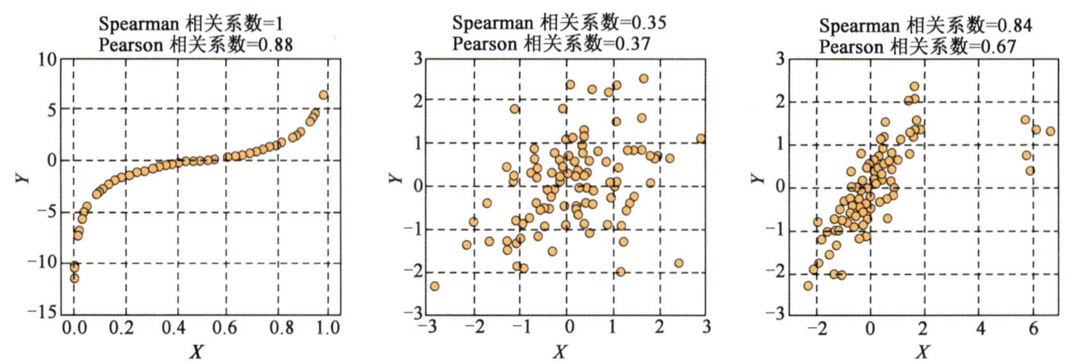

图 3-24　不同 X、Y 数据分布的 Pearson/Spearman 相关系数取值

3.1.3.2　工作性质量指标控制分析

将扩展时间 T_{500}、坍落扩展度、V 形漏斗流出时间、L 形仪 H_2/H_1、含气量作为混凝土工作性能质量控制的指标,分析各种影响因素与实验室测试值之间的相关性。选用的扩展时间 T_{500}、坍落扩展度、V 形漏斗流出时间、L 形仪 H_2/H_1、含气量来自钢壳沉管隧道 E1 ~ E4 节段,原材料的技术指标共 37 个,包括:

(1)水泥:标准稠度用水量、比表面积、3d 抗压强度、28d 抗压强度、初凝时间、终凝时间、安定性检测结果;

(2)粉煤灰:细度、需水量比、烧失量、SO_3 含量、含水率等检测结果;

(3)矿粉:比表面积、密度、含水率、流动度比、烧失量、SO_3 含量、7d 抗压强度比、28d 抗压强度比检测结果;

(4)细集料:表观密度、松散堆积密度、紧密堆积密度、含泥量(按质量计)、细度模数检测结果;

(5)粗集料:表观密度、松散堆积密度、含泥量(按质量计)、泥块含量(按质量计)、针片状颗粒含量、压碎指标检测结果;

(6)减水剂:含固量、含气量、pH 值、减水率、7d 抗压强度比、28d 抗压强度比检测结果。

根据扩展时间 T_{500}、坍落扩展度、V 形漏斗流出时间、L 形仪 H_2/H_1、含气量检测数据,画出横坐标为节段号,纵坐标为扩展时间 T_{500}、坍落扩展度、V 形漏斗流出时间、L 形仪 H_2/H_1、含气量单值控制图,如图 3-25 ~ 图 3-29 所示。

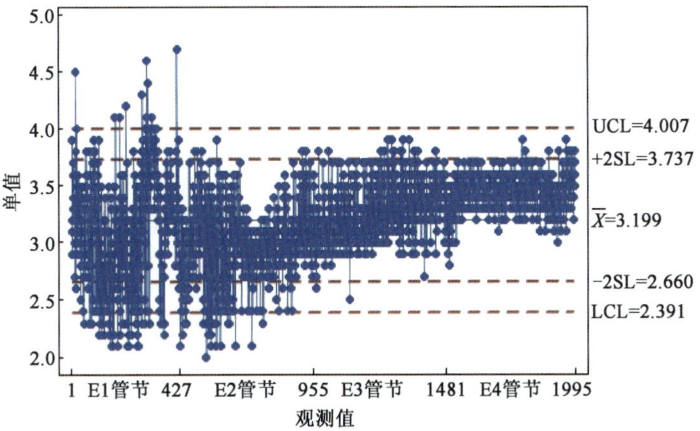

图 3-25　自密实混凝土扩展时间 T_{500} 单值控制图

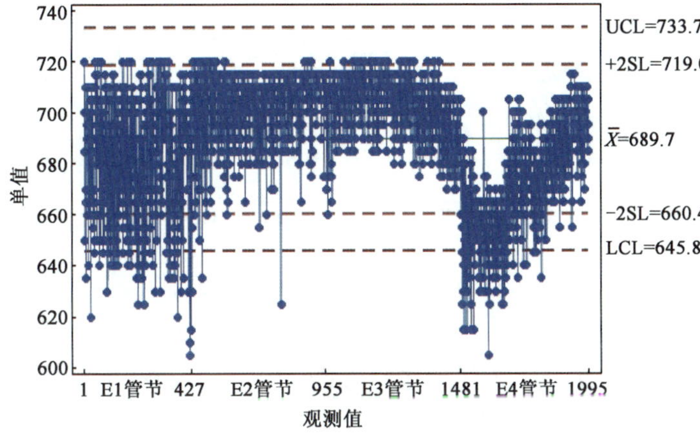

图 3-26　自密实混凝土坍落扩展度单值控制图

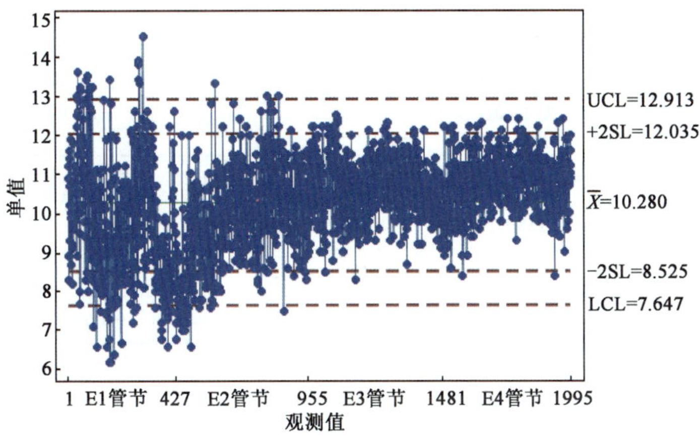

图 3-27　自密实混凝土 V 形漏斗流出时间单值控制图

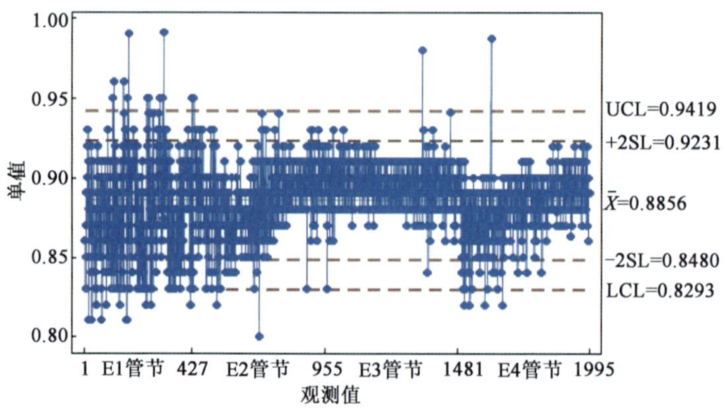

图 3-28　自密实混凝土 L 形仪 H_2/H_1 单值控制图

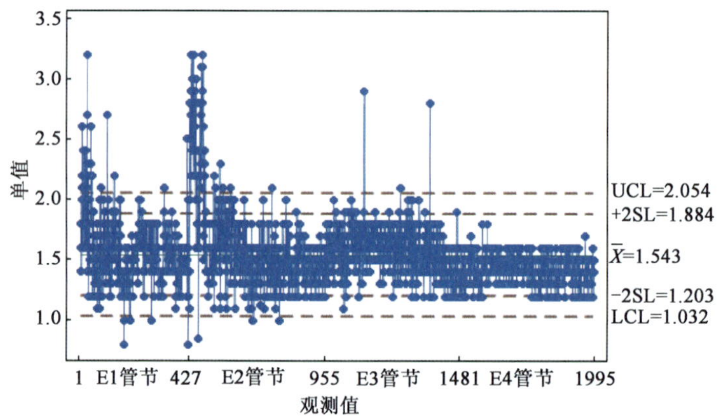

图 3-29　自密实混凝土含气量单值控制图

根据现场检测数据，使用 Pearson 和 Spearman 统计原理，计算扩展时间 T_{500}、坍落扩展度、V 形漏斗流出时间、L 形仪 H_2/H_1、含气量与原材料（水泥、粉煤灰、矿粉、细集料、粗集料以及减水剂）的技术指标的相关系数，见表 3-4 ~ 表 3-9。

混凝土性能与水泥检测指标的相关系数　　表 3-4

水　泥	Pearson 相关系数					Spearman 相关系数				
	扩展时间 T_{500}	坍落扩展度	V 形漏斗流出时间	L 形仪 H_2/H_1	含气量	扩展时间 T_{500}	坍落扩展度	V 形漏斗流出时间	L 形仪 H_2/H_1	含气量
标准稠度用水量	-0.316	-0.023	-0.103	0.074	0.081	-0.357	0.224	-0.184	0.220	0.129
比表面积	0.352	-0.158	0.260	-0.135	-0.314	0.373	-0.263	0.385	-0.191	-0.412
3d 抗压强度	0.232	-0.226	0.236	-0.178	-0.211	0.198	-0.283	0.264	-0.169	-0.231
28d 抗压强度	-0.186	0.035	-0.012	-0.044	0.055	-0.193	0.060	0.007	-0.027	0.046
初凝时间	0.038	-0.353	0.157	-0.058	-0.412	0.016	-0.171	0.163	0.009	-0.415
终凝时间	0.014	-0.365	0.160	-0.055	-0.314	-0.001	-0.193	0.141	0.039	-0.300
安定性	0.022	0.169	0.161	0.030	-0.220	0.000	0.127	0.172	-0.004	-0.169

混凝土性能与粉煤灰检测指标的相关系数 表 3-5

粉煤灰	Pearson 相关系数					Spearman 相关系数				
	扩展时间 T_{500}	坍落扩展度	V 形漏斗流出时间	L 形仪 H_2/H_1	含气量	扩展时间 T_{500}	坍落扩展度	V 形漏斗流出时间	L 形仪 H_2/H_1	含气量
细度	0.050	-0.235	-0.289	-0.165	0.308	0.016	-0.236	-0.289	-0.142	0.337
需水量比	-0.117	0.058	-0.260	0.107	0.135	-0.145	0.077	-0.260	0.072	0.094
烧失量	-0.292	0.195	-0.583	0.160	0.559	-0.247	0.168	-0.583	0.144	0.485
SO_3 含量	0.025	-0.196	0.017	-0.064	-0.044	0.059	-0.116	0.017	-0.006	-0.110
含水率	0.198	0.063	0.109	-0.027	-0.141	0.143	0.006	0.109	-0.026	-0.125

混凝土性能与矿粉检测指标的相关系数 表 3-6

矿粉	Pearson 相关系数					Spearman 相关系数				
	扩展时间 T_{500}	坍落扩展度	V 形漏斗流出时间	L 形仪 H_2/H_1	含气量	扩展时间 T_{500}	坍落扩展度	V 形漏斗流出时间	L 形仪 H_2/H_1	含气量
比表面积	0.487	-0.100	0.478	-0.120	-0.379	0.393	-0.064	0.295	-0.080	-0.139
密度	0.059	-0.058	0.077	-0.006	0.006	-0.137	-0.035	0.030	0.027	-0.106
含水率	-0.133	0.044	-0.280	-0.285	0.146	-0.196	-0.035	-0.427	-0.285	0.451
流动度比	-0.003	0.240	0.281	0.210	-0.300	-0.065	0.265	0.246	0.245	-0.293
烧失量	0.209	-0.207	0.048	-0.083	0.359	0.143	-0.151	-0.053	-0.037	0.326
SO_3 含量	0.277	-0.233	0.231	-0.079	-0.284	0.254	-0.141	0.239	-0.033	-0.275
7d 抗压强度比	-0.044	0.229	0.102	0.184	0.160	-0.079	0.237	0.127	0.274	0.067
28d 抗压强度比	0.108	0.226	0.271	0.064	-0.496	0.081	0.212	0.234	0.093	-0.580

混凝土性能与细集料检测指标的相关系数 表 3-7

细集料	Pearson 相关系数					Spearman 相关系数				
	扩展时间 T_{500}	坍落扩展度	V 形漏斗流出时间	L 形仪 H_2/H_1	含气量	扩展时间 T_{500}	坍落扩展度	V 形漏斗流出时间	L 形仪 H_2/H_1	含气量
表观密度	-0.022	-0.119	-0.234	0.177	0.037	-0.079	-0.157	-0.319	0.131	0.096
松散堆积密度	-0.148	-0.250	-0.203	-0.113	0.122	-0.231	-0.150	-0.276	-0.190	0.286
紧密堆积密度	-0.124	-0.023	-0.198	0.106	0.256	-0.103	0.070	-0.224	0.182	0.263
含泥量(按质量计)	-0.396	0.260	-0.163	0.373	-0.030	-0.348	0.272	-0.128	0.407	-0.171
细度模数	0.060	-0.153	-0.139	0.003	0.132	0.121	-0.064	-0.190	-0.025	0.190

混凝土性能与粗集料检测指标的相关系数 表 3-8

粗集料	Pearson 相关系数					Spearman 相关系数				
	扩展时间 T_{500}	坍落扩展度	V 形漏斗流出时间	L 形仪 H_2/H_1	含气量	扩展时间 T_{500}	坍落扩展度	V 形漏斗流出时间	L 形仪 H_2/H_1	含气量
表观密度	0.056	0.035	−0.004	−0.081	0.372	−0.016	0.040	−0.102	−0.067	0.439
松散堆积密度	0.096	−0.191	0.167	−0.012	−0.198	0.182	−0.226	0.138	−0.023	−0.241
含泥量(按质量计)	−0.088	0.143	−0.087	0.132	0.195	−0.064	0.116	−0.018	0.073	0.082
泥块含量(按质量计)	−0.116	0.040	−0.165	0.020	0.194	−0.178	0.071	−0.181	0.011	0.184
针片状颗粒含量	0.032	−0.003	0.002	0.006	0.016	0.031	−0.044	0.084	−0.057	−0.029
压碎指标	−0.214	0.361	−0.181	0.129	0.394	−0.281	0.400	−0.142	0.165	0.436

混凝土性能与减水剂检测指标的相关系数 表 3-9

减水剂	Pearson 相关系数					Spearman 相关系数				
	扩展时间 T_{500}	坍落扩展度	V 形漏斗流出时间	L 形仪 H_2/H_1	含气量	扩展时间 T_{500}	坍落扩展度	V 形漏斗流出时间	L 形仪 H_2/H_1	含气量
含固量	0.211	−0.077	0.173	0.135	−0.088	0.198	−0.350	0.214	−0.009	0.435
含气量	0.403	0.128	0.310	0.610	−0.397	0.732	−0.025	0.373	0.637	−0.424
pH 值	0.062	0.263	0.422	0.379	−0.011	0.003	0.080	0.282	0.279	0.047
减水率	0.062	−0.126	0.189	−0.270	0.431	−0.012	−0.079	0.161	−0.327	0.433
7d 抗压强度比	−0.083	−0.001	−0.012	−0.234	0.042	−0.042	0.203	0.169	0.050	−0.232
28d 抗压强度比	0.009	−0.134	−0.073	−0.278	0.162	0.086	−0.048	−0.021	−0.025	−0.014

利用 Pearson 相关系数、Spearman 相关系数分析可知，自密实混凝土的性能与水泥的比表面积、粉煤灰的烧失量、矿粉的比表面积、细集料的含泥量、粗集料的压碎指标和减水剂的含气量的相关性较高。

3.2 自密实混凝土工作性能敏感性研究

实际混凝土生产中，泵送距离、弯头数量、环境温度、等待时间等多种因素都会对自密实混凝土的工作性能产生影响。为了掌握温度、泵送距离、弯头数量和等待时间等多因素耦合作用下自密实混凝土的敏感性，利用工程施工自密实混凝土工作性能的检测数据，采用回归分析、随机森林、神经网络等统计分析方法，分析各因素单独作用以及多因素耦合作用下自密实混凝土工作性能变化规律，并基于支持向量机和贝叶斯概率分析方法，分别建立了自密实混凝土泵后性能的隐式和显式预测模型。

3.2.1　单因素对自密实混凝土性能的影响

利用实体管节浇筑数据，研究了温度（环境温度、混凝土温度）、泵送距离、弯头数量和等待时间等对自密实混凝土性能（坍落扩展度、扩展时间 T_{500}、V 形漏斗流出时间、L 形仪 H_2/H_1、含气量和密度等）的影响。

3.2.1.1　温度对自密实混凝土性能的影响

1）环境温度

（1）室内实验。

为了研究温度变化对自密实混凝土的影响，选择 10℃、20℃、30℃、40℃作为典型环境温度，采用多功能环境模拟试验箱模拟不同温度条件，将所有混凝土原材料放在不同温度下的试验箱中恒温 24h，然后拌和混凝土，测试拌合物的初始工作性能指标，并迅速将拌合物密封后再放置于对应温度的环境模拟试验箱中，分别在放置 0.5h、1h、1.5h、2h 后取出，测试拌合物在不同温度下的工作性能经时变化情况，从而研究不同气温条件对自密实混凝土施工性能的影响。试验结果如图 3-30 和表 3-10 所示。

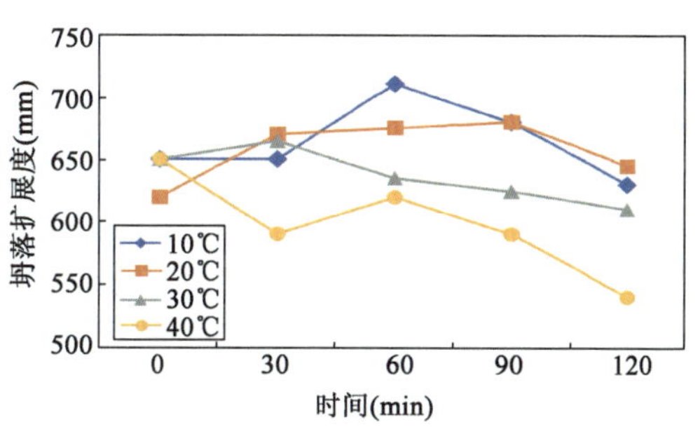

图 3-30　环境温度（室内模拟）对自密实混凝土坍落扩展度经时变化的影响

不同环境温度下自密实混凝土坍落扩展度及其经时变化　　表 3-10

时　间	坍落扩展度（mm）			
	10℃	20℃	30℃	40℃
0	650	620	650	650
30min	650	670	665	590
60min	710	675	635	620
90min	680	680	625	590
120min	630	645	610	540

从图 3-30 和表 3-10 中可以看出，在 10℃和 20℃两个环境温度下，自密实混凝土坍落扩展度在出机 90min 内有一定程度的增加，在 120min 内仍能保持在 600mm 以上；在 30℃生产环境温度下，混凝土坍落扩展度在出机 30min 后略有下降，在 120min 内仍能保持在 600mm 以上；在 40℃生产环境温度下，混凝土拌合物坍落扩展度随时间下降相对显著，在 60min 后下降较为明显。

（2）现场试验。

在室内实验基础上，进一步统计了现场实体浇筑过程中不同环境温度下的自密实混凝土的性能损失，结果见表 3-11。

不同环境温度下的自密实混凝土性能变化(435 组数据)　　表 3-11

序号	环境温度(℃)	坍落扩展度损失(mm)	T_{500}损失(s)	V 形漏斗流出时间损失(s)	L 形仪 H_2/H_1 损失	含气量损失(%)
1	19	5	0.4	2.4	0.02	0.1
2	20	23	0.1	2.4	0.00	0.0
3	21	22	0.2	2.3	0.00	0.0
4	22	11	0.8	2.9	0.00	0.0
5	23	18	0.3	2.3	0.00	0.0
6	24	19	0.1	2.9	0.00	0.1
7	25	16	0.2	3.2	0.02	0.0
8	26	25	-0.1	2.5	0.03	-0.1
9	27	26	-0.1	2.9	0.03	-0.1
10	28	19	0.0	3.2	0.02	-0.4
11	29	15	0.2	3.0	0.01	-0.2
12	30	19	0.3	2.7	0.00	-0.3
13	31	9	0.1	2.4	0.00	0.1
14	32	67	0.2	1.8	0.05	-0.4
15	33	-10	0.4	3.0	-0.01	0.1
16	34	4	0.0	2.4	-0.01	-0.1
17	35	5	1.0	2.2	0.03	-0.3
最大值		67	1.0	3.2	0.05	0.1
最小值		-10	-0.1	1.8	-0.01	-0.4
平均值		17	0.3	2.6	0.01	-0.1
标准值		15.3	0.3	0.4	0.02	0.2

环境温度与自密实混凝土泵送前性能变化(坍落扩展度、扩展时间 T_{500}、V 形漏斗流出时间、L 形仪 H_2/H_1 和含气量等)之间的关系如图 3-31 所示。

从图表中可见:

①环境温度为 19～35℃时,泵前和泵后混凝土的坍落扩展度、扩展时间 T_{500}、V 形漏斗流出时间、L 形仪 H_2/H_1 随着环境温度的升高,无明显变化;而泵前和泵后混凝土含气量随环境温度的升高均呈现逐渐增加的趋势。

②环境温度为 19～35℃时,混凝土坍落扩展度损失范围为 -10～67mm,平均损失 17mm,标准差为 15.3mm;扩展时间 T_{500} 损失范围为 -0.1～1.0s,平均损失 0.3s,标准差为 0.3s;V 形漏斗流出时间损失范围为 1.8～3.2s,平均损失 2.6s,标准差为 0.4s;L 形仪 H_2/H_1 损失范围为 -0.01～0.05,平均损失 0.01,标准差为 0.02;含气量损失范围为 -0.4%～0.1%,平均损失 -0.1%,标准差为 0.2。

③环境温度为 19 ~ 35℃，环境温度对混凝土泵后的坍落扩展度损失、扩展时间 T_{500} 损失、V 形漏斗流出时间损失、L 形仪 H_2/H_1 损失和含气量损失影响不大。

综上，当环境温度在 19 ~ 35℃时，环境温度对自密实混凝土的工作性能无明显影响。

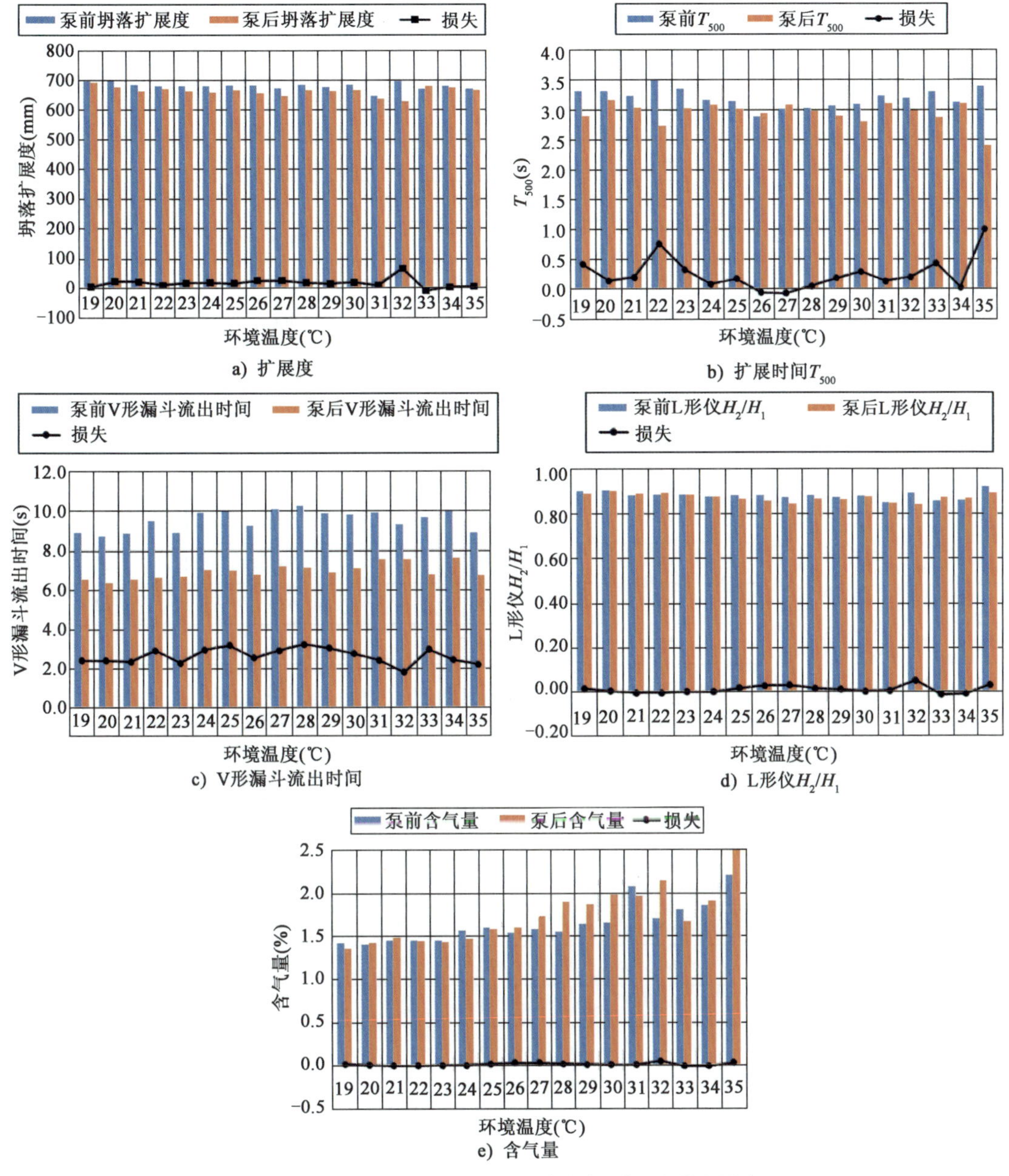

图 3-31　环境温度（现场实测）对自密实混凝土性能的影响

2）混凝土温度

（1）室内实验。

在实验室条件下开展了不同混凝土出机温度和等待时间下的性能测试，结果如表 3-12 和图 3-32、图 3-33 所示。

不同混凝土温度下自密实混凝土性能及其经时变化 表3-12

序号	出机温度(℃)	等待时间(min)	混凝土温度(℃)	坍落扩展度(mm)	扩展时间 T_{500}(s)
1	10～15（11.9℃）	0	11.9	770	3.2
2		15	20.6	785	3.8
3		30	23.3	815	4.0
4		45	24.5	780	3.3
5		60	24.5	745	4.3
6		90	25.1	685	6.3
7		120	25.7	640	7.7
8	15～20（19.4℃）	0	19.3	725	2.8
9		15	23.3	665	3.6
10		30	25.5	700	2.5
11		45	25.9	640	3.3
12		60	26.0	580	4.2
13		90	26.7	535	5.5
14		120	26.6	400	—
15	20～25（24.5℃）	0	24.5	750	2.7
16		15	25.9	735	2.2
17		30	26.3	680	2.4
18		45	26.2	635	3.0
19		60	26.3	590	3.5
20		90	26.0	530	4.3
21		120	26.4	415	—
22	25～30（28.6℃）	0	28.6	725	2.5
23		15	29.0	705	2.3
24		30	29.5	680	2.7
25		45	30.2	635	3.2
26		60	30.8	605	3.8
27		90	31.1	575	4.3
28		120	31.2	460	—
29	30～35（31.1℃）	0	31.1	720	4.7
30		15	31.3	710	3.6
31		30	31.9	680	3.2
32		45	32.0	655	2.9
33		60	32.1	595	3.3
34		90	32.5	565	4.2
35		120	32.6	440	—

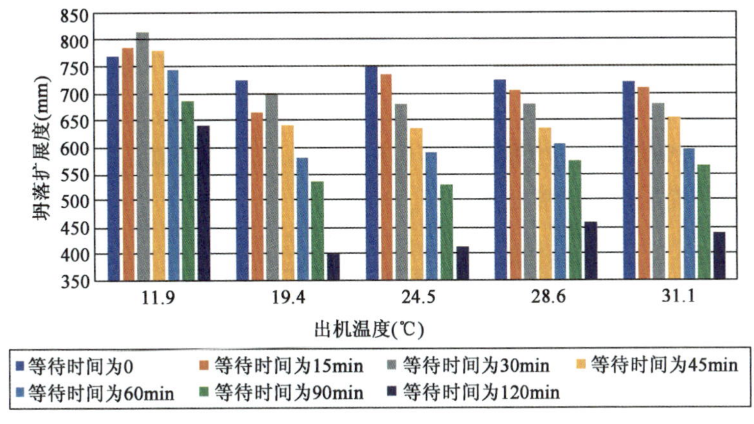

图 3-32　混凝土温度对坍落扩展度损失的影响

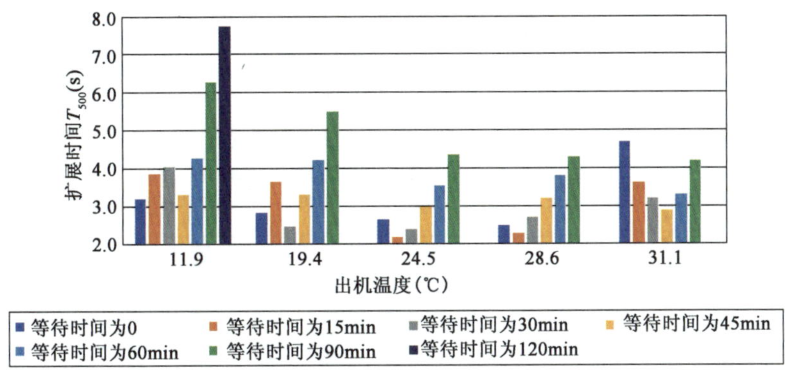

图 3-33　混凝土温度对扩展时间 T_{500} 损失的影响

从图表中可以看出,不同出机温度下的混凝土,随着等待时间逐渐延长,坍落扩展度总体呈现下降趋势。随着等待时间延长,扩展时间 T_{500} 总体呈现增大的趋势,而在 20～30℃范围内,相同等待时间的扩展时间相差不大。上述数据仅仅反映了温度和时间对自密实混凝土工作性能的影响趋势,实际上混凝土外加剂对混凝土工作性能的保持能力和温度敏感性有更大影响。

(2)现场试验。

通过测试混凝土泵前温度和泵后温度,分析泵送后混凝土温度变化对自密实混凝土工作性能的影响规律。根据模拟浇筑试验和现场浇筑的 435 组温度采集数据,环境温度为 19～35℃时,混凝土的出机温度范围为 24.3～30.5℃,泵前混凝土的温度变化范围为 27.6～31.8℃,泵后混凝土的温度变化范围为 24.8～31.5℃。

环境温度为 29～34℃时,通过加冰来控制混凝土温度,混凝土泵后温升平均值约为 1.5℃;环境温度为 25～28℃时,通过加冷却水控制混凝土温度,混凝土泵后温升平均值约为 1.8℃;环境温度为 19～24℃时,使用常温水,混凝土泵后温升平均值约为 0.5℃。

混凝土入模与出机温度差实际上是泵送混凝土在运输和泵送过程中的温度变化。如图 3-34所示,总体上,环境温度与混凝土出机温度差与混凝土入模与出机温度差呈正相关,说明运输及泵送过程中混凝土与外界有明显的热交换。如图 3-35 所示,当环境温度与混凝土出机温度差值增加时，混凝土入模与出机温度差增加；当其差值为2℃时，混凝土入模温度与环境温度达到平衡。当环境温度比混凝土温度高4℃时，混凝土的升温趋缓，稳定在2℃。这表明，当环境温度较低时，混凝土水化导致自升温补偿了其与外界热交换导致的热量损失，最终使得运输和泵送过程中温度变化幅度较小（0.8～2.0℃）。当环境温度较高时，采用了冰水拌和混凝土，使得新拌混凝土的温度趋于稳定。

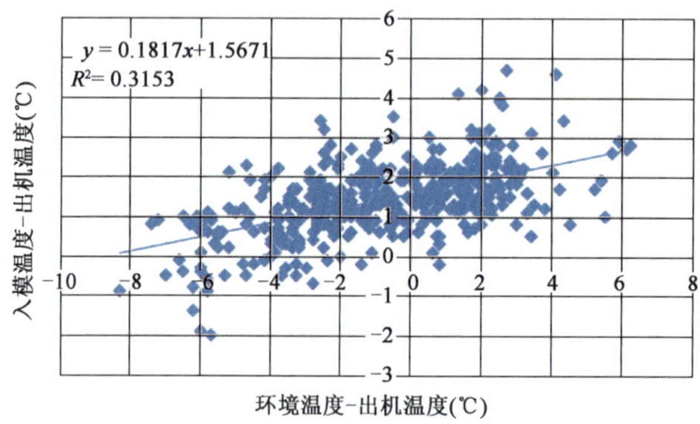

图 3-34 泵后混凝土温升与环境温度和出机温度差值的关系

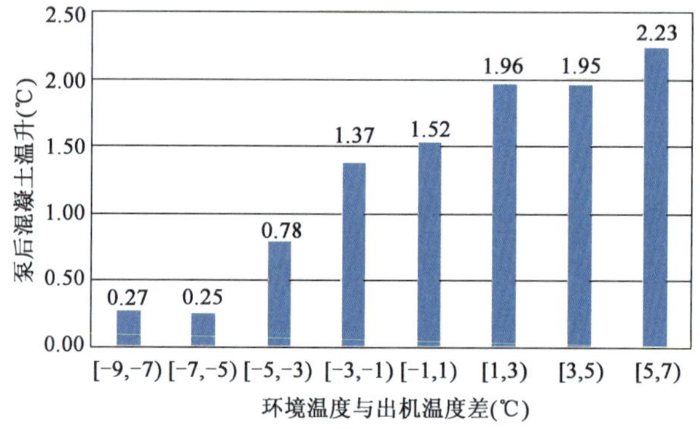

图 3-35 环境温度与混凝土出机温度差对混凝土温升的影响

采用模糊统计法，统计了435组样本数据，得到泵后混凝土的温升值与泵前、泵后混凝土性能（坍落扩展度、扩展时间 T_{500}、V形漏斗流出时间、L形仪 H_2/H_1 和含气量等）之间的关系，结果如图3-36、图3-37所示。

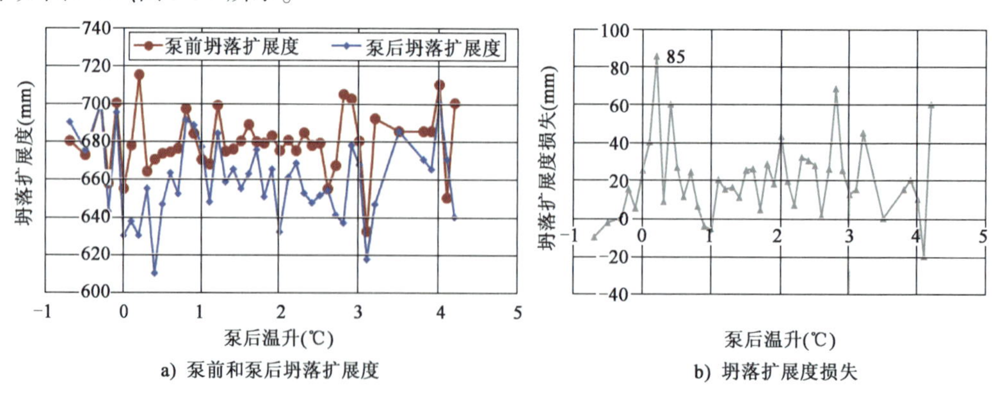

图 3-36 泵前至泵后混凝土温升对混凝土坍落扩展度的影响

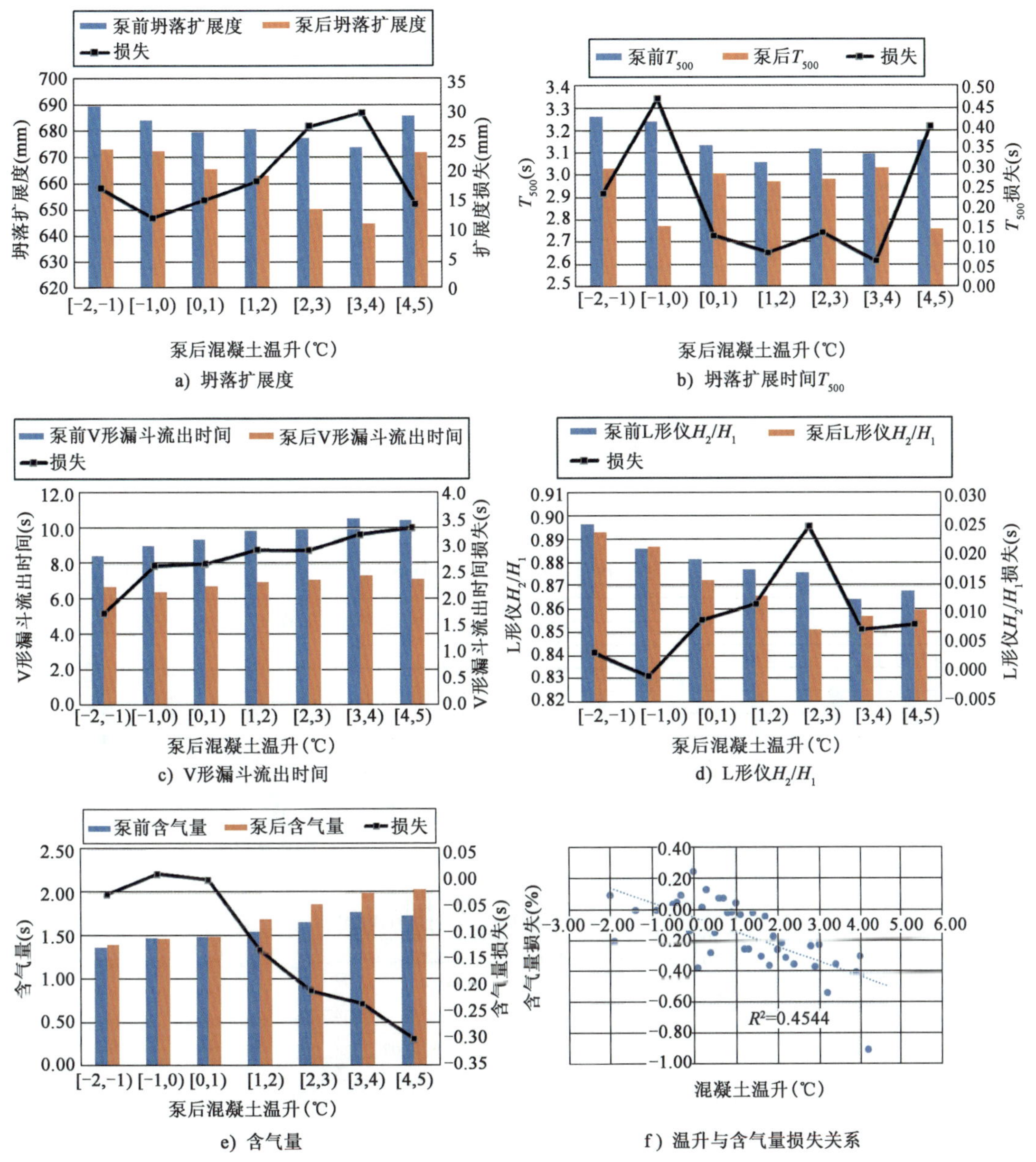

a) 坍落扩展度

b) 坍落扩展时间T_{500}

c) V形漏斗流出时间

d) L形仪H_2/H_1

e) 含气量

f) 温升与含气量损失关系

图 3-37　温升对混凝土工作性能的影响

从图中可见，在 −2 ~ 5℃的混凝土温升区间内，泵后混凝土温升对自密实混凝土坍落扩展度、扩展时间 T_{500} 均无太大影响；泵前混凝土的 V 形漏斗流出时间和其损失随着泵后混凝土温升的增加而增加，泵后混凝土的 V 形漏斗流出时间与泵后混凝土温升无明显相关性；泵前混凝土的 L 形仪 H_2/H_1 随着混凝土温升的增加而降低，而泵后混凝土的 L 形仪 H_2/H_1 与混凝土温升无明显相关性；温升增加，泵送前后混凝土的含气量增加，含气量损失与混凝土的温升呈负相关。

3.2.1.2 泵送距离对自密实混凝土性能的影响

泵送距离对混凝土性能(坍落扩展度、扩展时间 T_{500}、V 形漏斗流出时间、L 形仪 H_2/H_1 和含气量)的影响结果如图 3-38 所示。

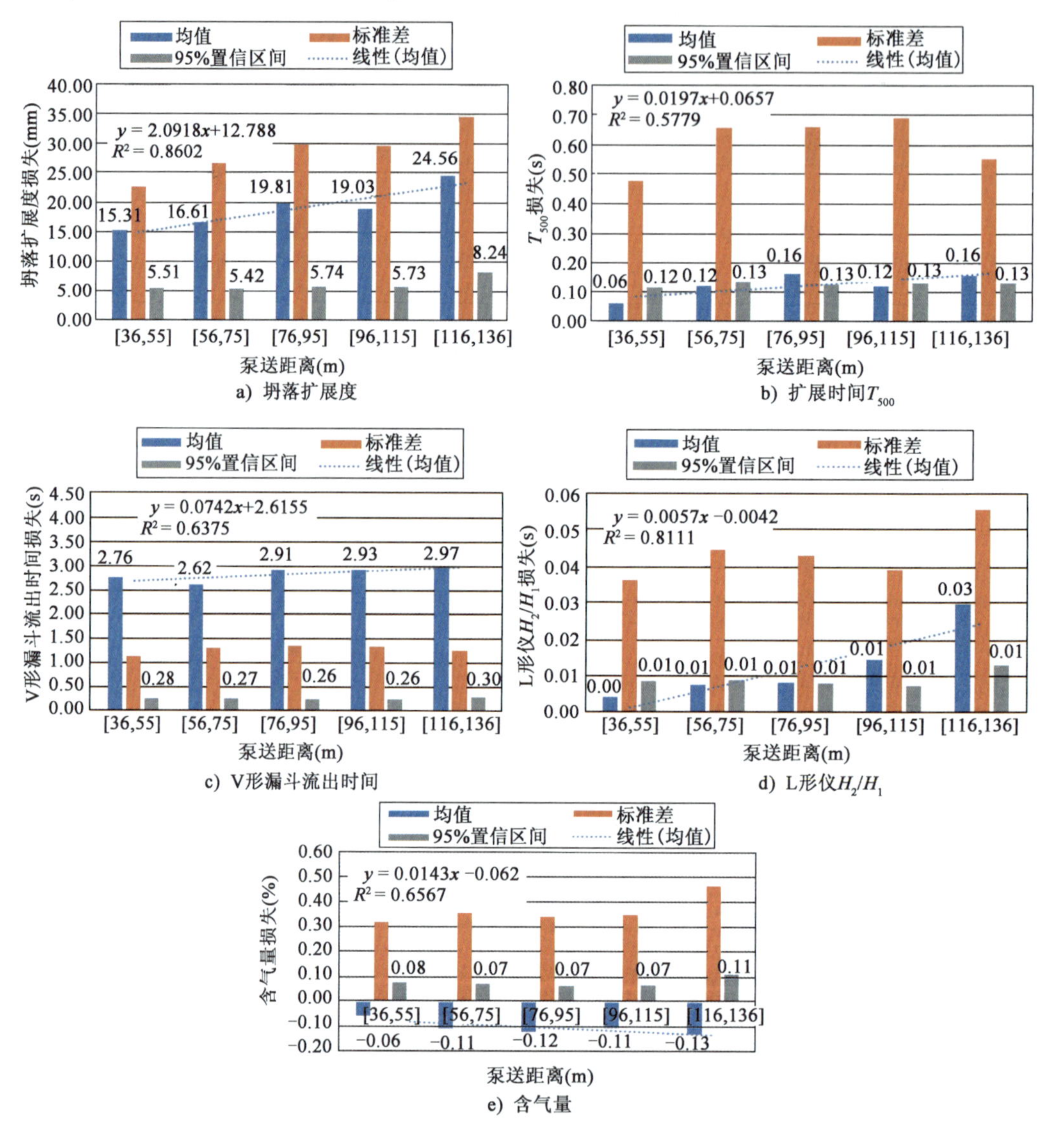

图 3-38 泵送距离对自密实混凝土工作性能的影响

从图 3-38 中可以看出,泵送距离对泵送后混凝土的性能指标影响各不相同:随着泵送距离的增加,扩展时间 T_{500} 损失、坍落扩展度损失、V 形漏斗流出时间损失和 L 形仪 H_2/H_1 损失均呈增加趋势,而含气量损失呈减少趋势。

3.2.1.3 弯头数量对自密实混凝土性能的影响

为了说明弯管数量对自密实混凝土泵送前后坍落扩展度的影响,统计分析了不同弯管数量下自密实混凝土泵后的性能损失,结果如图 3-39 所示。

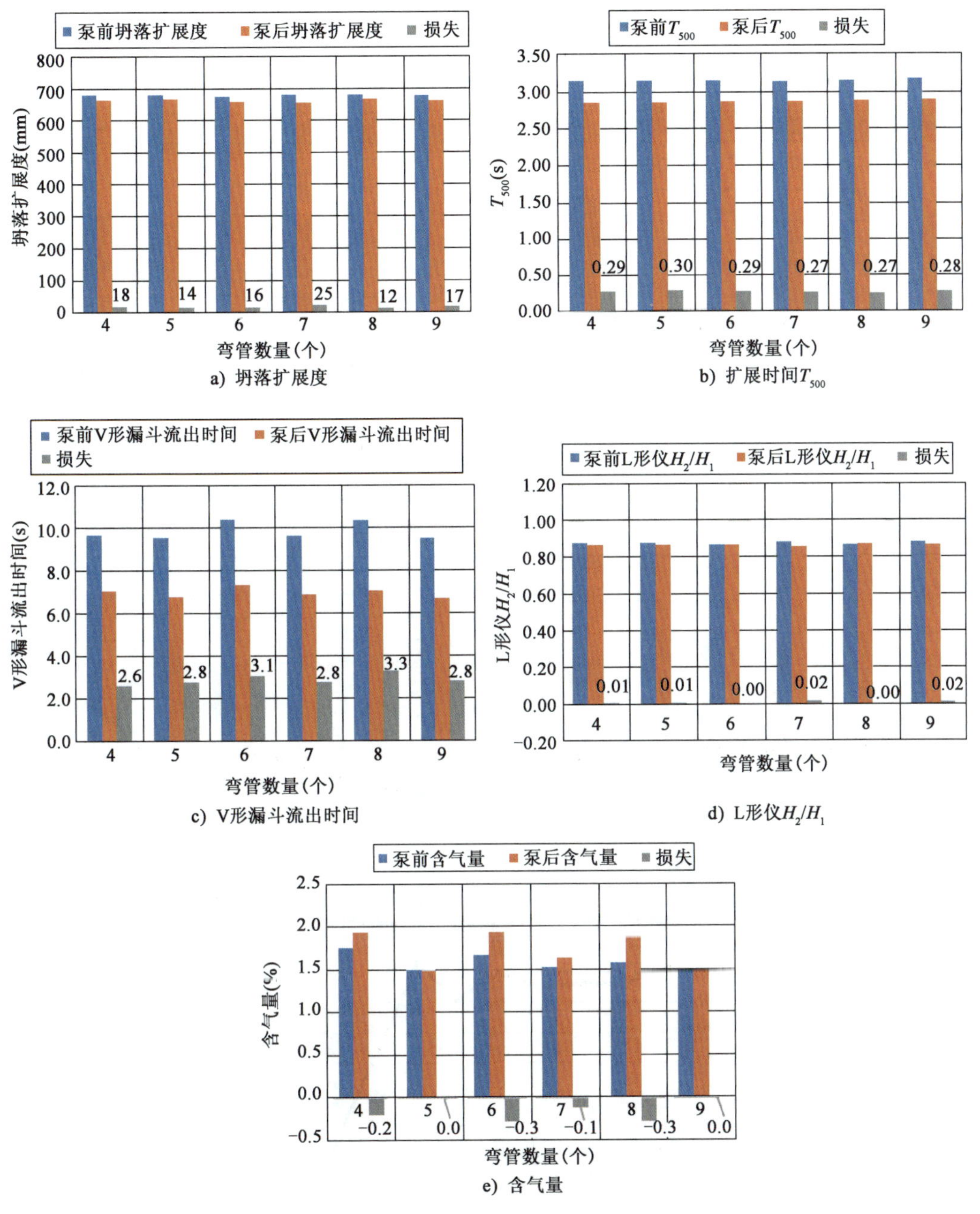

图 3-39　弯管数量对自密实混凝土工作性能的影响

从图 3-39 中可知，弯管数量为 4 ~ 9 个时，混凝土的泵后扩展时间 T_{500} 损失变化范围为 0.2 ~ 0.3s，坍落扩展度损失变化范围为 16 ~ 18mm，V 形漏斗流出时间损失范围为 2.6 ~ 3.3s，L 形仪 H_2/H_1 损失范围为 0 ~ 0.02，含气量损失范围为 −0.3% ~ 0%。

可见，在混凝土温升为 5℃ 以内，泵送距离为 150m 以内，等待时间为 60min 以内，弯头数量对自密实混凝土的性能影响比较小。

3.2.1.4 等待时间对自密实混凝土性能的影响

等待时间与泵送前后自密实混凝土性能损失之间的关系如图 3-40 所示。

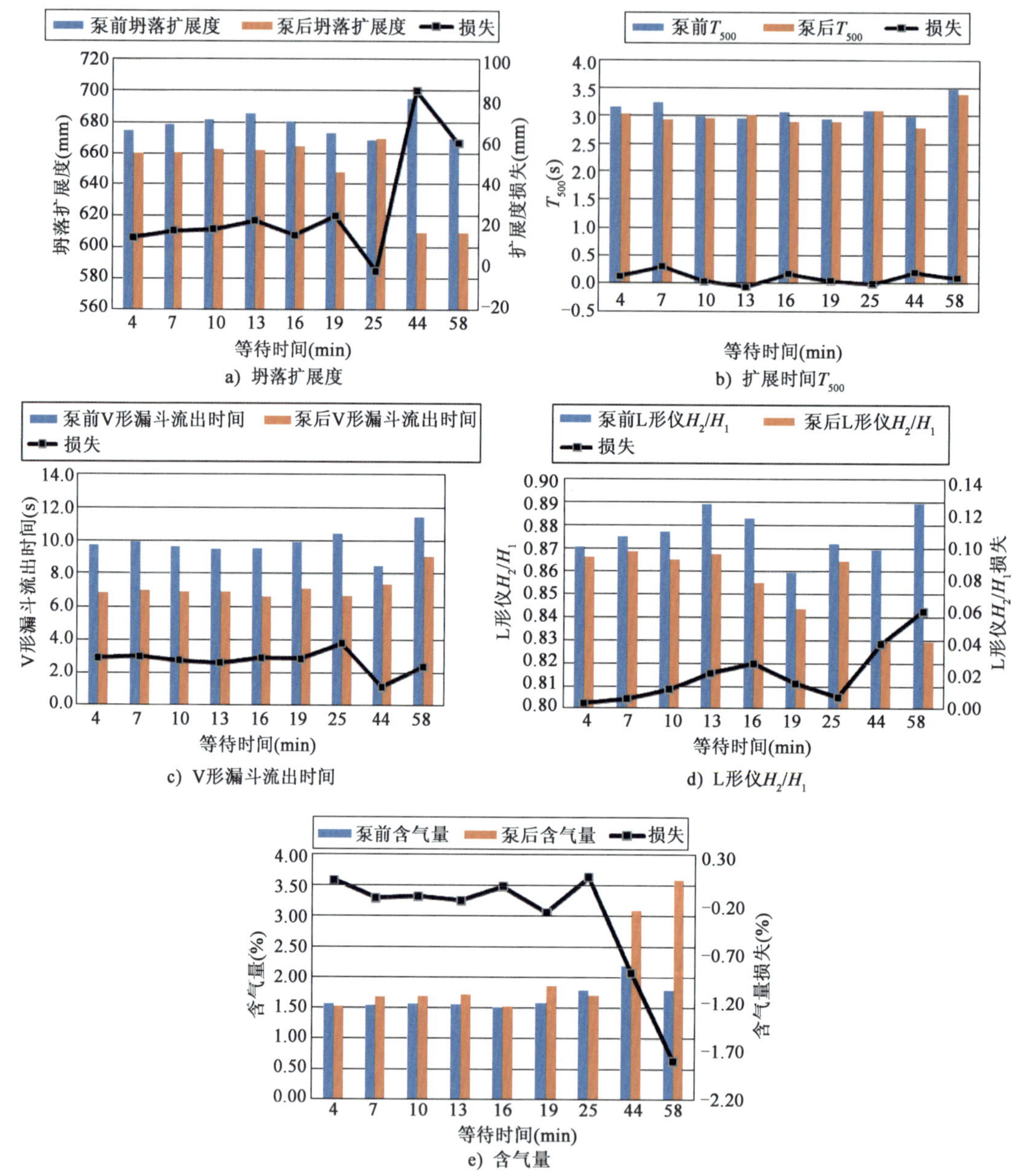

图 3-40 等待时间对自密实混凝土工作性能的影响

从图 3-40 中可知,等待时间 30min 内,混凝土工作性能基本无损失;等待时间在 30 ~ 60min 内,混凝土工作性能开始逐渐损失。

3.2.1.5 单因素敏感性分析

灰色系统理论、模糊数学及概率统计是三种较为常用的不确定性系统研究方法,而灰色系统理论具有解决其他两种研究方法所不具有的"小样本、贫信息"的研究优势,其特点是"少数据建模",可通过对"部分"已知信息的生成、开发,提取有价值的信息,实现对现象的确切描述和认识。基于灰色系统理论的灰色关联分析方法对样本量的多少和样本规律性的要求不高,且计算量小,不会出现量化结果和定性分析结果不相符的矛盾。灰色关联分析方法的基本思想是:根据序列曲线几何形状的相似程度判断其联系是否紧密。曲线越接近,相应序列之间的关联度越大,反之越小。

根据前文研究结果,钢壳沉管自密实混凝土性能增量(入仓前 - 出机后)影响因素主要包括泵送距离、等待时间和环境温度(忽略弯头数量的影响)。因此,选择泵送距离、等待时间和环境温度作为钢壳沉管自密实混凝土性能增量的关联因子,以其钢壳沉管自密实混凝土性能增量(温度、扩展时间 T_{500}、坍落扩展度、V 形漏斗流出时间、L 形仪 H_2/H_1、含气量)作为系统的母序列$\{x_0(j)\}$,泵送距离、等待时间和环境温度作为系统的子序列$\{x_i(j)\}$。

基于所建立的试验数据库,确定钢壳沉管自密实混凝土性能增量(温度、扩展时间 T_{500}、坍落扩展度、V 形漏斗流出时间、L 形仪 H_2/H_1、含气量)为基准矩阵,记为 $\boldsymbol{X_0(j)}$;关键试验变量,包括泵送距离、等待时间和环境温度被选为比较矩阵,记为 $\boldsymbol{X_i(j)}$。基准矩阵和比较矩阵的数学模型如下:

$$\begin{pmatrix} X_0 \\ X_1 \\ \vdots \\ X_i \\ \vdots \\ X_m \end{pmatrix} = \begin{pmatrix} X_0(1),X_0(2),\cdots,X_0(n) \\ X_1(1),X_1(2),\cdots,X_1(n) \\ \vdots \\ X_i(1),X_i(2),\cdots,X_i(n) \\ \vdots \\ X_m(1),X_m(2),\cdots,X_m(n) \end{pmatrix} \tag{3-3}$$

根据灰色系统理论,关联系数按以下公式计算:

$$\xi_i[x_0(j),x_i(j)] = \left| \frac{\min_{i=1,n}\min_{j=1,m}\Delta_i(j) + \rho\max_{i=1,n}\max_{j=1,m}\Delta_i(j)}{\Delta_i + \rho\max_{i=1,n}\max_{j=1,m}\Delta_i(j)} \right| \tag{3-4}$$

$$\Delta_i(j) = |x_0(j) - x_i(j)| \tag{3-5}$$

$$\min_{i=1,n}\min_{j=1,m}\Delta_i(j) = \max_i(\max_j|x_o(j) - x_i(j)|) \tag{3-6}$$

$$\max_{i=1,n}\max_{j=1,m}\Delta_i(j) = \min_i(\min_j|x_o(j) - x_i(j)|) \tag{3-7}$$

式中:ρ——分辨系数;

$\Delta_i(j)$——比较数据与基准数据的差值。

分辨系数 ρ 的作用是削弱二级最大差过大而失真的影响,以提高关联系数之间差异的显著性;ρ 的取值范围为(0,1),一般可以取 $\rho=0.5$。

各比较序列及参考序列的关联度 γ_i 按式(3-8)计算:

$$\gamma_i = \frac{1}{N}\sum_{k=1}^{N}\xi_i(k) \tag{3-8}$$

值得注意的是,γ 值接近于 1.0 时,表明子序列和母序列之间存在着紧密的相关性;当 γ 大于 0.70 时,表明子序列和母序列之间存在较强的相关性;当 γ 小于 0.50 时,表明子序列和母序列之间的相关性可以忽略不计。γ 值越大,表明其所对应的参数的敏感性越强,即该子序列和母序列之间的相关性越紧密。

各影响因素对钢壳沉管自密实混凝土性能增量的关联度计算结果汇总见表 3-13。

关联度计算结果　　表 3-13

影响因素	扩展时间 T_{500} (s)	坍落扩展度 (mm)	V 形漏斗流出时间 (s)	L 形仪 H_2/H_1	含气量 (%)
泵送距离	0.67	0.71	0.63	0.72	0.70
等待时间	0.68	0.73	0.66	0.75	0.71
环境温度	0.63	0.65	0.62	0.66	0.64

由表 3-13 可得,扩展时间 T_{500} 计算结果为{0.67, 0.68, 0.63},关联度排序为环境温度 < 泵送距离 < 等待时间。同理,坍落扩展度计算结果为{0.71, 0.73, 0.65},关联度排序为环境温度 < 泵送距离 < 等待时间。各影响因素对自密实混凝土的 V 形漏斗流出时间、L 形仪 H_2/H_1 和含气量性能增量的影响因素的排序与对坍落扩展度和扩展时间 T_{500} 的一致。

由此可推定,钢壳沉管自密实混凝土性能增量(除温度)影响因素按从大到小排序依次为等待时间、泵送距离、环境温度。此结果与单因素敏感性的线性回归分析确定的因素重要性一致,如图 3-41 所示。

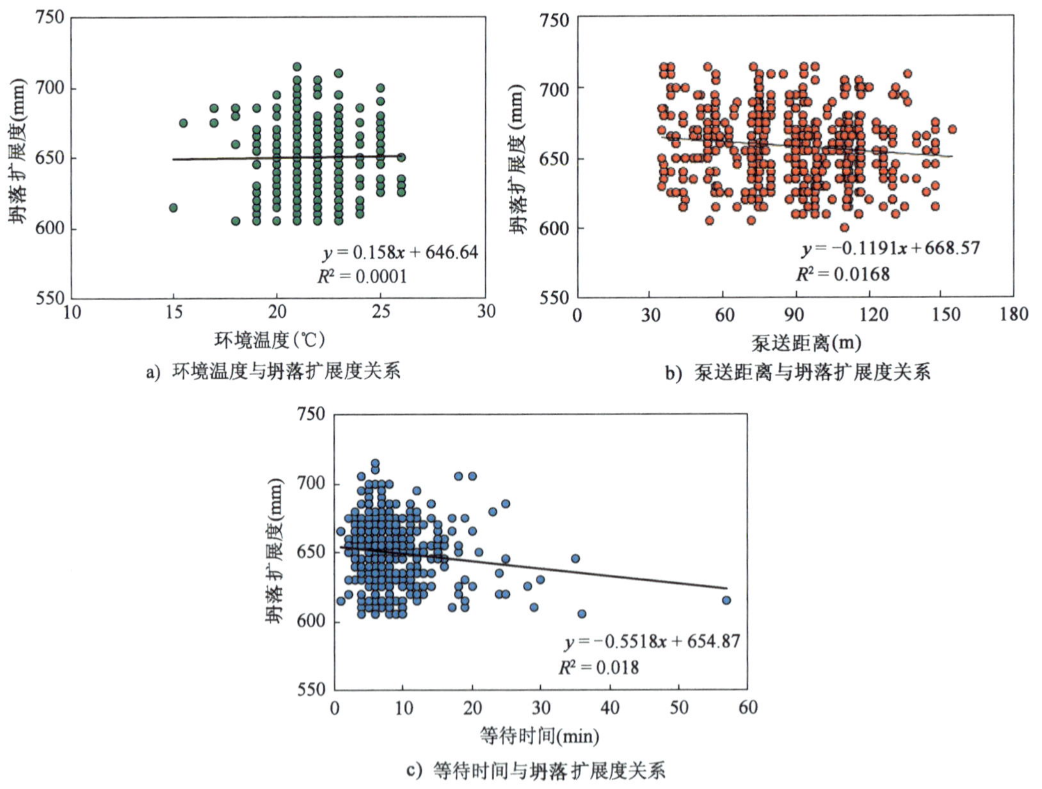

a) 环境温度与坍落扩展度关系

b) 泵送距离与坍落扩展度关系

c) 等待时间与坍落扩展度关系

图 3-41　单因素与自密实混凝土坍落扩展度的关系

综上,泵后坍落扩展度随等待时间和泵送距离延长呈现下降趋势,而环境温度对泵后坍落扩展度影响不显著;环境温度、泵送距离和等待时间三个因素对自密实混凝土工作性能敏感性的影响顺序为:等待时间 > 泵送距离 > 环境温度。

3.2.2 多因素耦合作用对自密实混凝土性能的影响

利用模拟浇筑和实际施工的自密实混凝土性能检测数据,采用随机森林(RF)分析方法,分析了环境温度、泵送距离、等待时间等多因素耦合作用对自密实混凝土性能(坍落扩展度、扩展时间 T_{500}、V 形漏斗流出时间、L 形仪 H_2/H_1、含气量和密度等)的影响规律。

3.2.2.1 多元线性回归

采用多元线性回归方式,进行了环境温度、泵送距离和等待时间两两因素耦合作用下的敏感性分析,结果如图 3-42 所示。

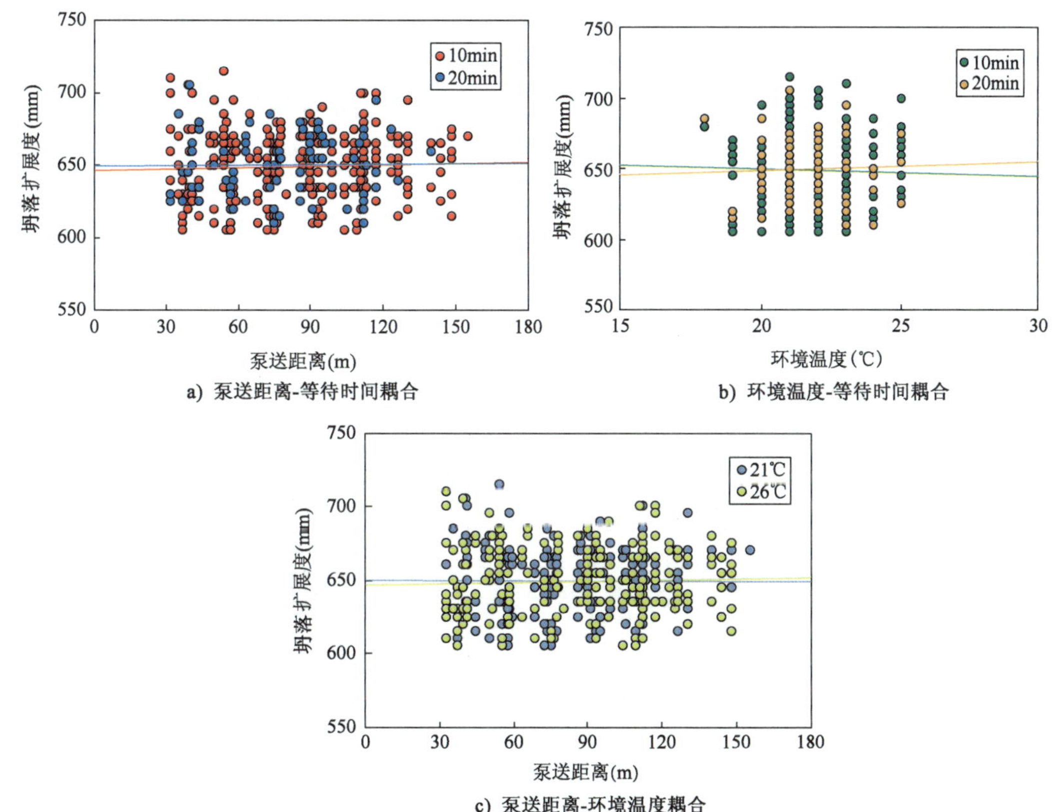

图 3-42 多因素耦合作用下的坍落扩展度敏感性

从图 3-42 中可见,环境温度、泵送距离和等待时间三个因素的两两交互作用对自密实混凝土工作性能的影响不显著。

3.2.2.2 随机森林分析

为了更准确地分析环境温度、泵送距离、弯头数量和等待时间两两组合、三三组合和四因素耦合作用下的自密实混凝土的性能敏感性。采用随机森林(RF)分析方法进行数据分析。随机森林(RF)是一种常用于处理数据存储的软计算技术,由不同的决策树组成,对于回归问题,RF输出的结果则是所有决策树预测值的平均值,故回归决策树(RDT)是最有效的随机森林算法。通常采用分段回归的方法建立RDT数学模型,其中用于预测的回归方程取决于测试数据集的特征值以及树结构。为了更清晰地描述RDT方法,图3-43a)给出了一个使用环境温度信息预测钢壳沉管自密实混凝土性能的示例模型。在图3-43a)中,每个圆代表一个节点,连接节点的红色箭头称为弧,用于传递各节点所储存的信息。

当用RDT进行预测时,输入的数据集从根节点开始遍历,最后到达叶子结点输出。树遍历可被认为是调查数据集相关特性的一系列问题。在本例中,可以将树的每个非叶节点视为关于数据集的问题,节点的每个弧都是所问问题的可能答案。如图3-43a)所示,根节点用于检查数据集中的环境温度信息,当环境温度低于24℃(含24℃)时,数据点沿树的左分支向下移动,当环境温度高于24℃时,数据点沿树的右分支向下移动。对于复杂问题,根节点检查数据集以及从弧中搜寻答案的过程将被反复进行,直到到达叶子结点,最终叶子结点对训练数据集进行数学回归,进而得到理想的预测值。随机森林分析方法很少出现过度拟合的情况,因为它将不同决策树相互结合进行预测,平均了每棵树的结果,其效果优于多元回归拟合方程,具体过程见图3-43b)。

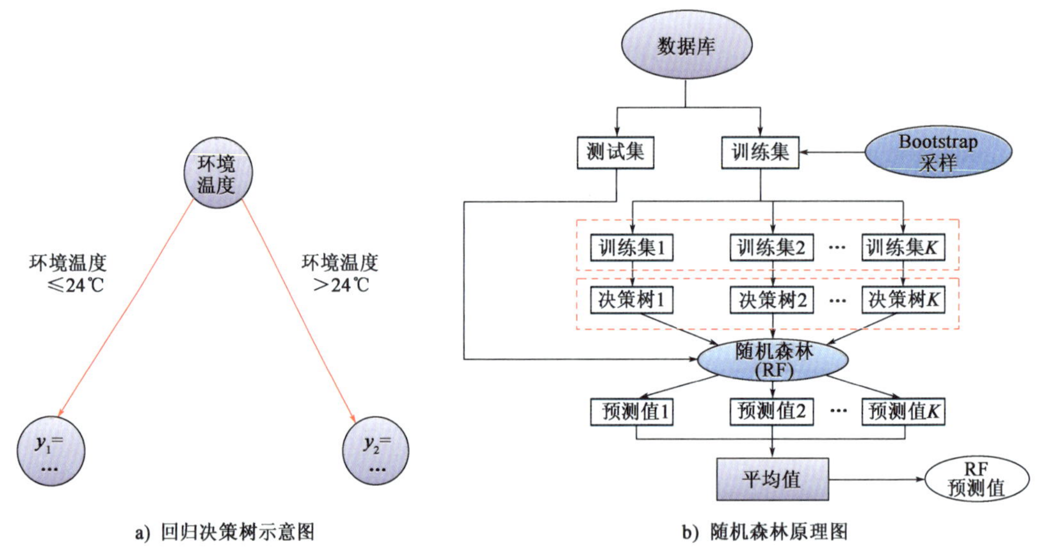

图3-43　回归决策树和随机森林结构

通过反复测试与验证,最终确定以下计算设置:森林中树木总数为100;采用Bootstrap方法进行采样;每棵树的最大深度为9;没有对任何一棵树进行剪切和平滑;一个节点分裂时必须考虑的最小观察数为5;叶节点所能表示的最小训练观测次数为1;分割阈值为10^{-6}。

对钢壳沉管自密实混凝土性能进行随机森林建模的过程是在MATLAB工具箱中完成的,其中输入变量的选择分别为泵送距离、弯头数量、总时间、环境温度的两两组合、三三组合、四因素耦合，一共对出机后、入仓前和增量（入仓前 - 出机后）钢壳沉管自密实混凝土性能建立了126个机器学习预测模型。随机森林机器学习的预测模型可联合更为广泛的控制变量，且其非线性计算更强，所得预测结果的可靠度更高，尽管其变量之间的数学关系为隐式表达，但基于MATLAB建立的“model”，通过调用“m5ppredict”函数便可实现显示表达式的相似功能。

结合室内试验、模型试验和典型管节施工检监测数据，选用决定系数（R^2）为统计指标，对现有出机后、入仓前和增量（入仓前 - 出机后）钢壳沉管自密实混凝土性能的126个机器学习预测模型进行评估（式3-9），统计结果见表3-14。

$$R^2(\mathrm{Exp},\mathrm{Mod}) = \left[\frac{\sum_{i=1}^{n}(\mathrm{Exp}_i - \mathrm{Exp}_{avg})(\mathrm{Mod}_i - \mathrm{Mod}_{avg})}{\sqrt{\sum_{j=1}^{n}(\mathrm{Exp}_j - \mathrm{Exp}_{avg})^2}\sqrt{\sum_{i=1}^{n}(\mathrm{Mod}_i - \mathrm{Mod}_{avg})^2}}\right]^2 \tag{3-9}$$

式中：Exp_i，Exp_j——试验值；

Exp_{avg}——与试验值相应的平均值；

Mod_i，Mod_j——RF模型预测值；

Mod_{avg}——与RF模型预测值相应的平均值；

n——试验样本数。

钢壳沉管自密实混凝土性能机器学习预测值与试验值的决定系数（R^2）统计结果　表3-14

预测对象	因素组合	扩展时间T_{500}(s)	坍落扩展度(mm)	V形漏斗流出时间(s)	L形仪H_2/H_1	含气量(%)
出机后自密实混凝土性能	等待时间，环境温度	**0.1881**	**0.3044**	**0.1748**	**0.2056**	**0.1916**
入仓前自密实混凝土性能	组合1：泵送距离，弯头数量	0.0767	0.1030	0.2208	0.0942	0.1905
	组合2：泵送距离，总时间	0.4253	0.3147	0.4509	0.4210	0.5297
	组合3：泵送距离，环境温度	0.1967	0.2125	0.2911	0.2480	0.3679
	组合4：弯头数量，总时间	0.2001	0.1593	0.2518	0.1663	0.3107
	组合5：弯头数量，环境温度	0.0908	0.1262	0.2245	0.1356	0.2053
	组合6：总时间，环境温度	0.3208	0.2307	0.3973	0.2829	0.3736
	组合7：泵送距离，弯头数量，总时间	0.4097	0.3049	0.4771	0.3240	0.5430
	组合8：泵送距离，弯头数量，环境温度	0.2062	0.2368	0.3842	0.2612	0.4011
	组合9：弯头数量，总时间，环境温度	0.3957	0.3580	0.5246	0.3622	0.4697
	组合10：泵送距离，弯头数量，总时间，环境温度	**0.4911**	**0.4296**	**0.6142**	**0.5079**	**0.6173**

续上表

预测对象	因素组合	扩展时间 T_{500}(s)	坍落扩展度(mm)	V形漏斗流出时间(s)	L形仪 H_2/H_1	含气量(%)
自密实混凝土性能增量(入仓前-出机后)	组合1:泵送距离,弯头数量	0.0707	0.1455	0.1279	0.1299	0.1305
	组合2:泵送距离,等待时间	0.2813	0.3420	0.3799	0.3972	0.3318
	组合3:泵送距离,环境温度	0.2938	0.2967	0.3053	0.4682	0.2759
	组合4:弯头数量,等待时间	0.1367	0.1627	0.1384	0.1786	0.1681
	组合5:弯头数量,环境温度	0.2226	0.2661	0.1993	0.0793	0.1219
	组合6:等待时间,环境温度	0.3298	0.2641	0.3091	0.1977	0.2622
	组合7:泵送距离,弯头数量,等待时间	0.2708	0.3249	0.3356	0.4649	0.3195
	组合8:泵送距离,弯头数量,环境温度	0.3026	0.3781	0.3153	0.3986	0.2697
	组合9:弯头数量,等待时间,环境温度	0.3828	0.3968	0.3674	0.2952	0.3316
	组合10:泵送距离,弯头数量,等待时间,环境温度	**0.4201**	**0.4773**	**0.4333**	**0.5783**	**0.4330**

由表3-14可得:

(1)在等待时间和环境温度的耦合作用下,出机后自密实混凝土的坍落扩展度受到的影响要大于扩展时间 T_{500}、V形漏斗流出时间、L形仪 H_2/H_1 和含气量。

(2)对于入仓前自密实混凝土性能,通过对比组合1和组合2的决定系数(R^2),可见组合2的决定系数(R^2)明显大于组合1,说明以组合2作为输入变量所建立的机器学习模型更可靠,因而影响因素重要性排序为:总时间 > 弯头数量。

依照此法,可推定钢壳沉管自密实混凝土入仓前性能(除温度)影响因素按影响程度从大到小排序依次为总时间、泵送距离、环境温度,该结论与灰色参数分析增量(入仓前-出机后)自密实混凝土性能的影响因素研究结论相一致。

(3)无论是入仓前自密实混凝土性能预测还是泵送前后自密实混凝土性能增量的预测,以组合10作为输入变量所建立的机器学习模型预测精度相对较高,可满足实际工程应用。说明机器学习具有良好的非线性映射能力和鲁棒性,同时丰富全面的输入变量信息更有利于生成性能良好的预测模型。

3.2.3 自密实混凝土泵损预测模型

采用随机森林(RF)、支持向量机(Support Vector Machine,SVM)和贝叶斯概率分析等分析方法,分析了自密实混凝土泵送前后性能增量的敏感性,建立了泵送前后自密实混凝土性能的预测模型,并采用实体沉管混凝土性能检测数据对预测模型进行了验证。

3.2.3.1　随机森林

图3-44和图3-45分别为以组合10作为输入变量建立的入仓前、增量(入仓前－出机后)自密实混凝土(SCC)性能RF模型预测值与试验值的比较。

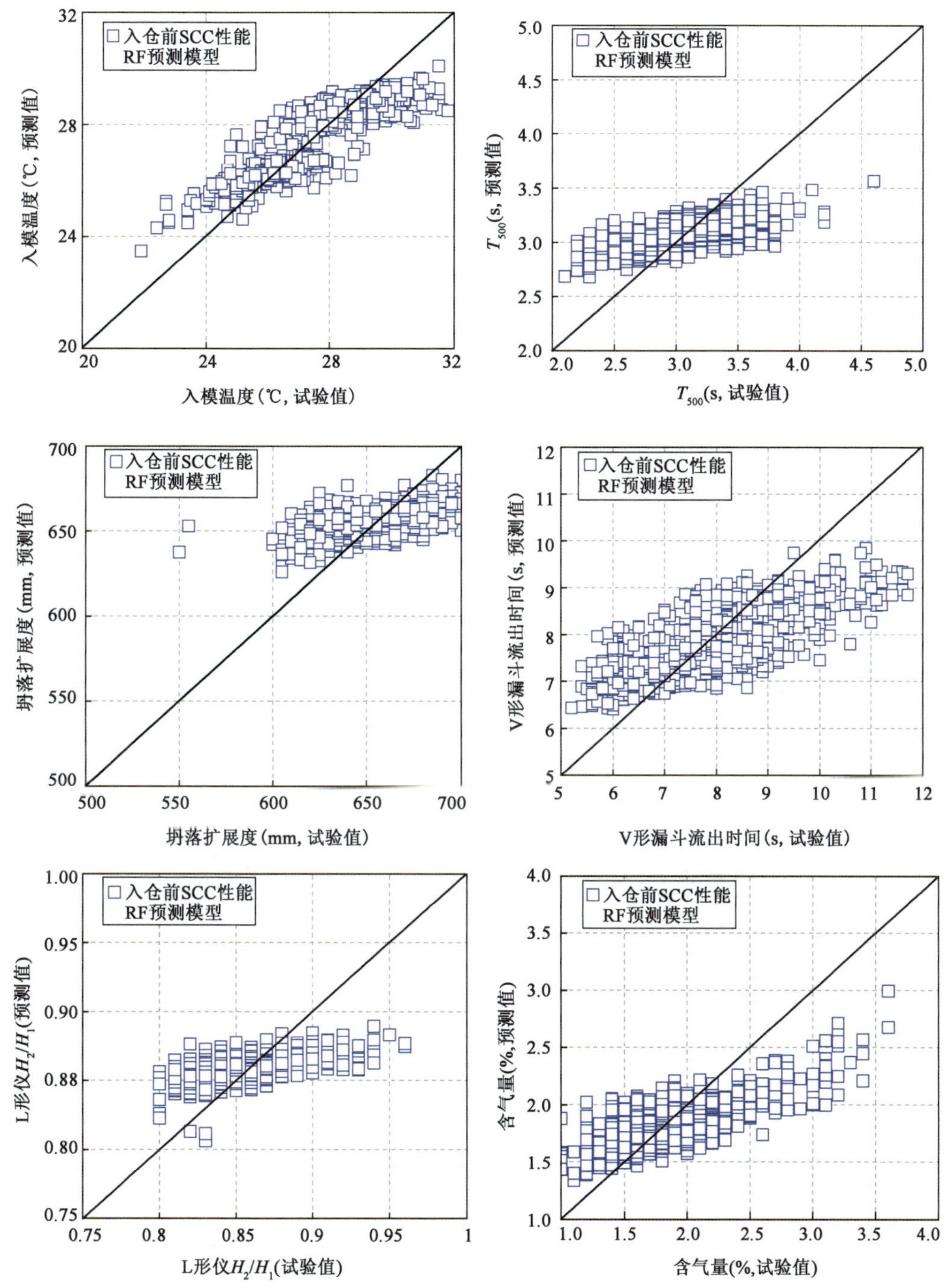

图3-44　入仓前自密实混凝土性能RF模型预测值与试验值的对比

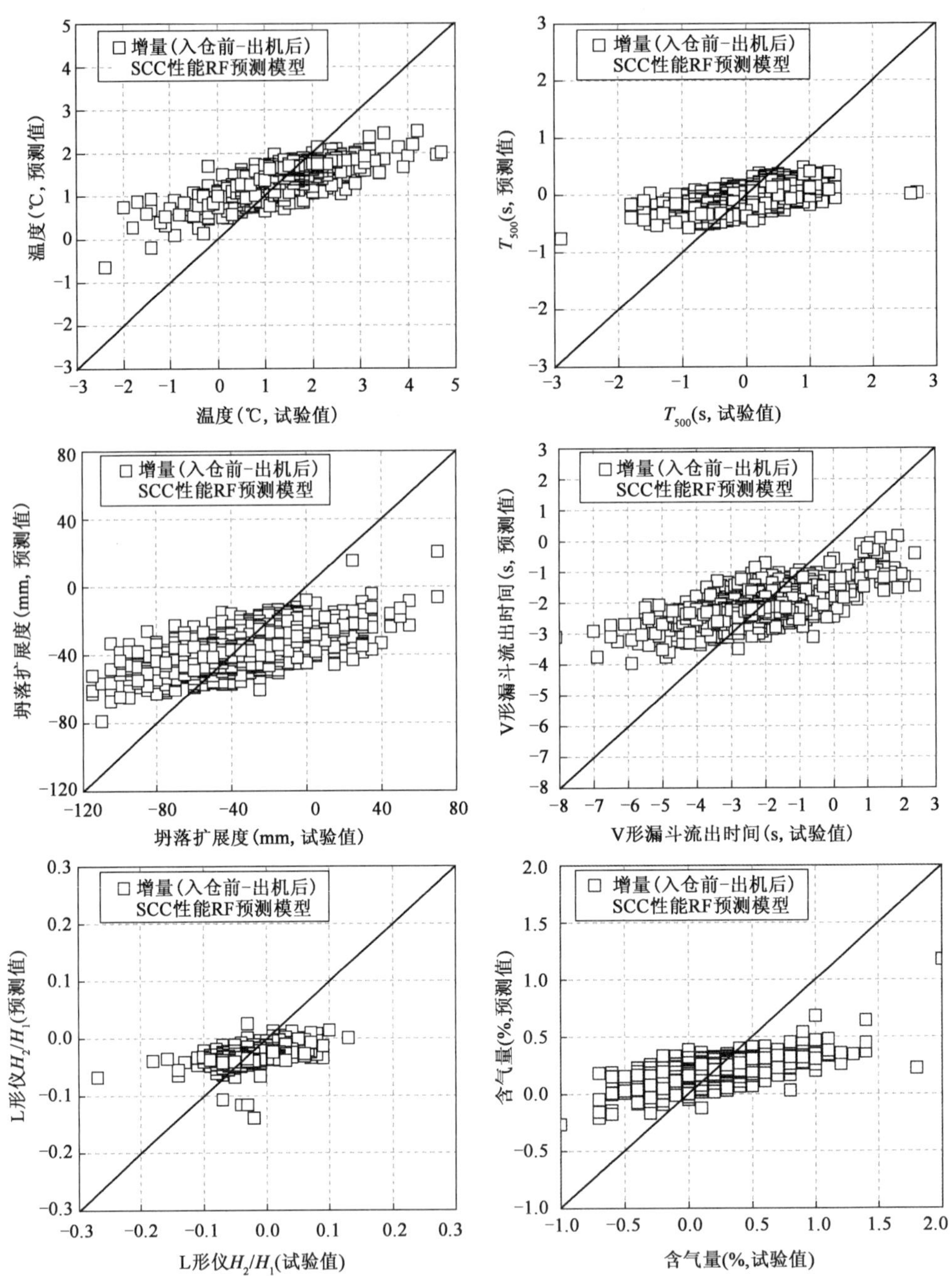

图 3-45　自密实混凝土性能增量 RF 模型预测值与试验值的对比

从图 3-44、图 3-45 中可知，入仓前、增量（入仓前 - 出机后）所建立的 RF 模型均表现出较为强大的预测性能。深入挖掘不同变量之间隐含的复杂非线性关系，可在一定程度上满足工程设计的需求。

3.2.3.2　SVM隐式模型

支持向量机(SVM)能够识别和表示复杂系统中的非线性关系,在回归和分类问题上具有很强的优势。如图3-46所示,SVM模型包括输入层、支持向量层、核函数层和输出层。

SVM模型基于结构风险最小化理论,使训练数据集的误差(经验风险)最小化,同时使预测模型的泛化能力最大化,因此,该方法具有强大的预测能力,可以很好地处理各种数据集。在SVM的非线性回归模型中,通过非线性映射(即核函数),低维空间被转化为高维空间,最终用高维空间中的线性方法解决非线性回归问题。在解决有限样本、非线性函数拟合等问题上,SVM模型优于其他大多数机器学习算法。

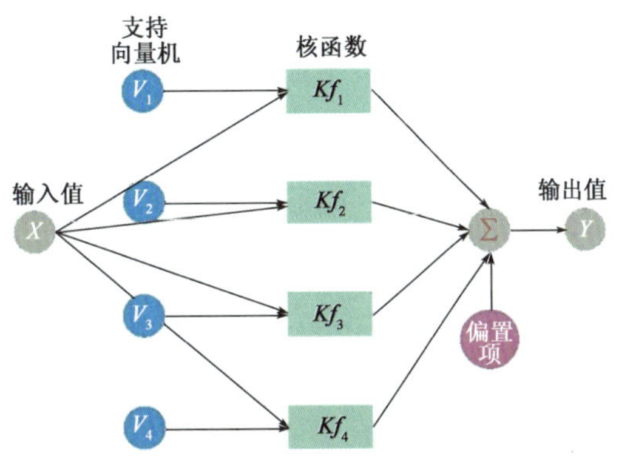

图3-46　SVM模型示意图

对于一组给定的训练数据$\{(x_1, y_1), (x_2, y_2), \cdots, (x_n, y_n), x\in R^n, y\in R^n\}$,SVM非线性回归预测模型可表示为:

$$f(x)=\sum_{i=1}^{n}\omega_i\tau_i(x)+b \tag{3-10}$$

式中:$\tau_i(x)$——一组非线性变换;

ω_i——权重;

b——偏置项。

引入不敏感损失函数ε,并将其定义为:

$$|y-f(x)|_g=\begin{cases}0 & |y-f(x)|\leqslant\varepsilon\\ |y-f(x)|-\varepsilon & \text{其他}\end{cases} \tag{3-11}$$

引入松弛因子ξ_i、$\xi_i^*$$(i=1,2,\cdots,n)$,基于结构风险最小化理论,凸优化问题可构造为式(3-12):

$$\begin{cases}\min\dfrac{1}{2}\|\omega\|^2+C\sum\limits_{i=1}^{n}(\xi_i+\xi_i^*)\\ f(x)-y_i\leqslant\varepsilon+\xi_i^* & i=1,2,\cdots,n\\ y_i-f(x)\leqslant\xi_i+\varepsilon & i=1,2,\cdots,n\\ \xi_i,\xi_i^*>0 & i=1,2,\cdots,n\end{cases} \tag{3-12}$$

式中:$\|\omega\|^2$——最小范数,即(ω,ω)。

其中,第一项$\frac{1}{2}\|\omega\|^2$可以在提高模型鲁棒性的前提下,极大地扩大模型的适用范围;第二项$C\sum_{i=1}^{n}(\xi_i+\xi_i^*)$代表经验风险,以削弱训练过程中的误差或减小预测值与试验值之间

的不一致性，其中常数 C 为惩罚参数，C 的值越大，对松弛因子 ξ_i、ξ_i^* 的惩罚程度也就越大。

采用拉格朗日乘子对模型进行优化，以解决非线性不等式约束的最优问题。

$$L(\omega,b,\xi) = \frac{1}{2}\|\omega\|^2 + C\sum_{i=1}^{n}(\xi_i + \xi_i^*) - \sum_{i=1}^{n}(\chi_i\xi_i + \chi_i^*\xi_i^*) - \left[\sum_{i=1}^{n}\alpha_i(\varepsilon_i + \xi_i - y_i + f(x)) + \sum_{i=1}^{n}\alpha_i^*(\varepsilon_i + \xi_i^* + y_i - f(x))\right] \tag{3-13}$$

式中：$L(\omega,b,\xi)$——拉格朗日函数；

ω——权重；

b——常数项；

$\chi_i,\chi_i^*,\alpha_i,\alpha_i^*$——大于0的拉格朗日乘子。

基于Wolf对偶理论，通过式(3-13)中 ω、b、ξ 各自的偏导并令其值等于0，式(3-12)的对偶问题便可以表示为：

$$\begin{cases} \max L_{\mathrm{D}} = -\dfrac{1}{2}\sum_{i,j=1}^{n}(\alpha_i - \alpha_i^*)K(x_i,x_j)(\alpha_j - \alpha_j^*) + \\ \qquad \sum_{i=1}^{n}(\alpha_i - \alpha_i^*)y_i - \varepsilon\sum_{i=1}^{n}(\alpha_i + \alpha_i^*) \\ \sum_{i=1}^{n}(\alpha_i - \alpha_i^*) = 0 \qquad 0 < \alpha_i,\alpha_i^* < C, i = 1,2,\cdots,n \end{cases} \tag{3-14}$$

式中： L_{D}——拉格朗日函数求导；

$K(x_i,x_j)$——用于调整和执行SVM非线性回归分析的核函数，主要包括线性、多项式、径向基和感知器型。

求解式(3-14)，得到最优的 α_i 和 α_i^*，则得到最优的SVM非线性拟合函数：

$$f(x) = \sum_{i=1}^{n}(\alpha_i - \alpha_i^*)K(x_i,x_j) + b \tag{3-15}$$

钢壳沉管自密实混凝土泵送性能改变量与其变化参数之间的关系是不确定的，而SVM具有良好的非线性映射能力和鲁棒性，因此，考虑将式(3-15)用于其泵送性能增量的预测是合适的。根据灰色系统理论的评估结果，本文采用泵送距离、弯头数量、运动时间和环境温度这4个重要参数作为SVM的输入变量。同时，将表3-15中的数据库按照3∶1的比例分为训练集和测试集，训练集用于训练SVM非线性回归模型，测试集用于验证机器学习预测结果的准确性。

自密实混凝土泵送性能试验数据统计 表3-15

泵送性能指标增量(泵后－泵前)	测试数量	平均值	标准差	变异系数
温度	199个	1.6℃	0.2℃	0.2
扩展时间 T_{500}	144个	-0.3s	0.2s	-0.5
坍落扩展度	195个	-41mm	9.0mm	-0.2

续上表

泵送性能指标增量(泵后－泵前)	测试数量	平均值	标准差	变异系数
V 形漏斗流出时间	211 个	－2.2s	0.3s	－0.1
L 形仪 H_2/H_1	125 个	－0.03	0.01	－0.21
含气量	167 个	0.2%	0.1%	0.2

从表中可知,采用 SVM 的预测模型,自密实混凝土的温度、扩展时间 T_{500}、坍落扩展度、V 形漏斗流出时间、L 形仪 H_2/H_1 和含气量的试验值与预测值的偏差很小。

3.2.3.3　贝叶斯显式模型

由于自密实混凝土材料组成的特点,其泵送过程的敏感性较普通混凝土更显著。钢壳沉管自密实混凝土泵送性能的改变量(温度、扩展时间 T_{500}、坍落扩展度、V 形漏斗流出时间、L 形仪 H_2/H_1、含气量)受到不同因素的影响具有显著的随机性。因此,确定性预测模型在不确定性条件下难以充分考虑原材料性能、环境温度、施工时间、泵送施工工艺等影响因素的变化。相比于最小二乘回归模型,贝叶斯概率预测模型能合理地描述各关键参数的概率分布特性及由这些参数所引起的不确定性。贝叶斯推断通过对参数进行估计进而更新先验信息,提供预测的不确定性信息,采用该方法可以提供一种相对精确的、基于概率预测的目标性能评估动态模型。基于上述讨论,建立了综合考虑泵送距离、弯头数量、运动时间和环境温度影响的自密实混凝土泵送性能改变量的贝叶斯概率预测模型:

$$\boldsymbol{Y} = \boldsymbol{\theta X} + b + \sigma^2 \varepsilon \tag{3-16}$$

式中:$\boldsymbol{Y}$——自密实混凝土泵送性能改变量的概率预测值;

$\boldsymbol{\theta}$——概率模型参数,$\theta = [\theta_1, \theta_2, \theta_3, \theta_4]^{\mathrm{T}}$;

b——常数项;

ε——随机变量;

σ^2——后验分布所产生误差的方差。

$\boldsymbol{\theta}$ 综合反映了影响因素 $\boldsymbol{X} = [x_1,\ x_2,\ x_3,\ x_4]^{\mathrm{T}}$(泵送距离、弯头数量、运动时间和环境温度)存在的客观不确定性的影响;b 综合反映了客观不确定性和主观确定性的影响。需特别说明的是,为使该概率模型适合测试结果,方差 σ^2 应与因素 $\boldsymbol{X}$ 相互独立且不存在线性关系,同时 ε 服从标准正态分布。

由贝叶斯推断可以得到,参数$(\boldsymbol{\theta}, \sigma)$的无信息先验分布 $f(\boldsymbol{\theta}, \sigma)$ 应在$(\boldsymbol{\theta}, \sigma)$取值范围内是均匀分布的,其数学表达式为:

$$f(\boldsymbol{\theta}) \propto 1 \tag{3-17}$$

$$f(\sigma) = \sigma^{-1} \tag{3-18}$$

其中,参数 $\boldsymbol{\theta}$ 的后验分布信息可表述为:

$$f(\boldsymbol{\theta} \mid y) = \frac{f(y \mid \boldsymbol{\theta}) f(\boldsymbol{\theta})}{\int f(\boldsymbol{\theta}) f(y \mid \boldsymbol{\theta})\, dy} \propto f(y \mid \boldsymbol{\theta}) f(\boldsymbol{\theta}) \tag{3-19}$$

式中：$f(y|\boldsymbol{\theta})$——似然函数；

$f(\boldsymbol{\theta})$——先验分布。

根据表3-15所建的试验数据库，采用马尔科夫链蒙特卡洛（MCMC）方法对式（3-16）进行模拟抽样，最终确定参数$(\boldsymbol{\theta},\sigma^2)$的后验概率分布。表3-16为自密实混凝土泵送性能改变量的概率模型参数$(\boldsymbol{\theta},\sigma^2)$的运行结果，由此得到基于贝叶斯-MCMC的概率预测模型。

概率模型参数运行结果 表3-16

预测目标	统计指标	b	θ_1	θ_2	θ_3	θ_4	σ^2
温度增量	均值	-0.2379	0.0013	0.0308	-0.0019	0.0555	0.0232
	标准差	0.1335	0.0004	0.0071	0.0013	0.0038	0.0023
扩展时间T_{500}增量	均值	1.3806	0.0003	-0.0077	0.0015	-0.0598	0.0188
	标准差	0.1597	0.0004	0.0083	0.0017	0.0044	0.0022
坍落扩展度增量	均值	-70.8954	-0.0425	-0.6746	0.1810	1.3077	52.7327
	标准差	4.5020	0.0200	0.3302	0.0580	0.1438	5.3296
V形漏斗流出时间增量	均值	-0.6246	-0.0016	0.0134	-0.0125	-0.0440	0.0619
	标准差	0.1843	0.0006	0.0120	0.0025	0.0060	0.0060
L形仪H_2/H_1增量	均值	-0.0022	-0.0000	-0.0014	0.0002	-0.0010	0.0156
	标准差	0.0589	0.0004	0.0069	0.0013	0.0025	0.0020
含气量增量	均值	0.2617	-0.0005	0.0087	0.0002	-0.0023	0.0143
	标准差	0.1149	0.0003	0.0068	0.0014	0.0030	0.0016

$$\begin{pmatrix} y_1 \\ y_2 \\ y_3 \\ y_4 \\ y_5 \\ y_6 \end{pmatrix} = \begin{pmatrix} -0.2379 \\ 1.3806 \\ -70.8954 \\ -0.6246 \\ -0.0022 \\ 0.2617 \end{pmatrix} + \begin{pmatrix} 0.0013 & 0.0308 & -0.0019 & 0.0555 \\ 0.0003 & -0.0077 & 0.0015 & -0.0598 \\ -0.0425 & -0.6746 & 0.1810 & 1.3077 \\ -0.0016 & 0.0134 & -0.0125 & -0.0440 \\ -0.0000 & -0.0014 & 0.0002 & -0.0010 \\ -0.0005 & 0.0087 & 0.0002 & -0.0023 \end{pmatrix} \times \begin{pmatrix} x_1 \\ x_2 \\ x_3 \\ x_4 \end{pmatrix} \tag{3-20}$$

式中：y_1——温度增量；

y_2——扩展时间T_{500}增量；

y_3——坍落扩展度增量；

y_4——V形漏斗流出时间增量；

y_5——L形仪H_2/H_1增量；

y_6——含气量增量；

x_1——泵送距离；

x_2——弯头数量；

x_3——运动时间；

x_4——环境温度。

图 3-47 为迭代形成马尔科夫链的温度增量模型参数的模拟轨迹图，其中迭代次数 $n = 10000$。由图可见，在随机模拟过程中，用于获取贝叶斯模型参数(θ,σ^2)后验估计的样本均来自收敛的马尔科夫链，从而保证概率预测模型具有良好的准确性、可靠性和鲁棒性。

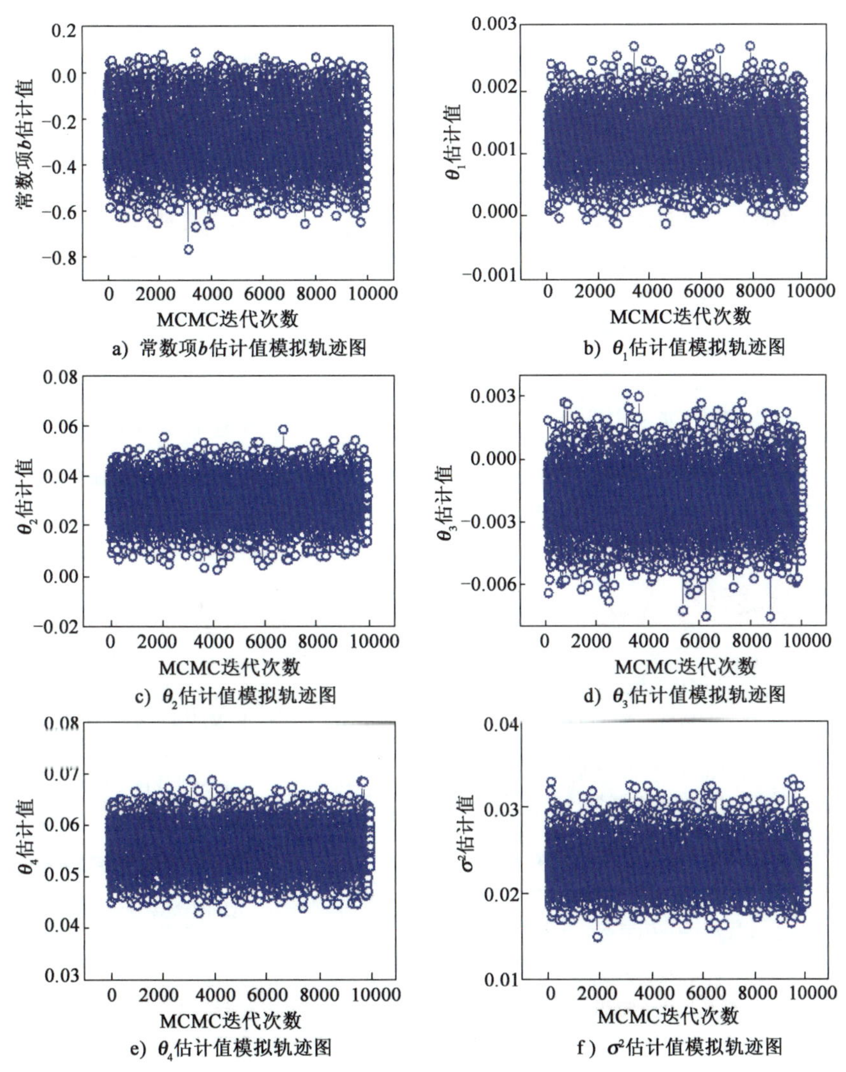

图 3-47　模型参数的模拟轨迹图

3.2.3.4　模型验证

为了检验所开发的隐式和显式模型在预测钢壳沉管自密实混凝土泵送性能改变量方面所具有的准确性，将计算值与实测值进行比较并进行统计意义上的分析。图 3-48 为钢壳沉管自密实混凝土泵送性能改变量的 SVM 回归模型预测值、贝叶斯概率模型预测值与实测值的对比。以温度增量为例，在SVM回归模型中，预测值/实测值的平均值和变异系数分别为1.001和0.067；在贝叶斯概率模型中，预测值/实测值的平均值和变异系数则分别为1.007和0.088。显然，所开发的模型计算值非常接近实测值，且偏差和随机性都较小，充分体现了机器学习和贝叶斯统计推断在钢壳沉管自密实混凝土泵送性能建模中的合理性与科学性，保证了预测结果的准确性与稳定性。

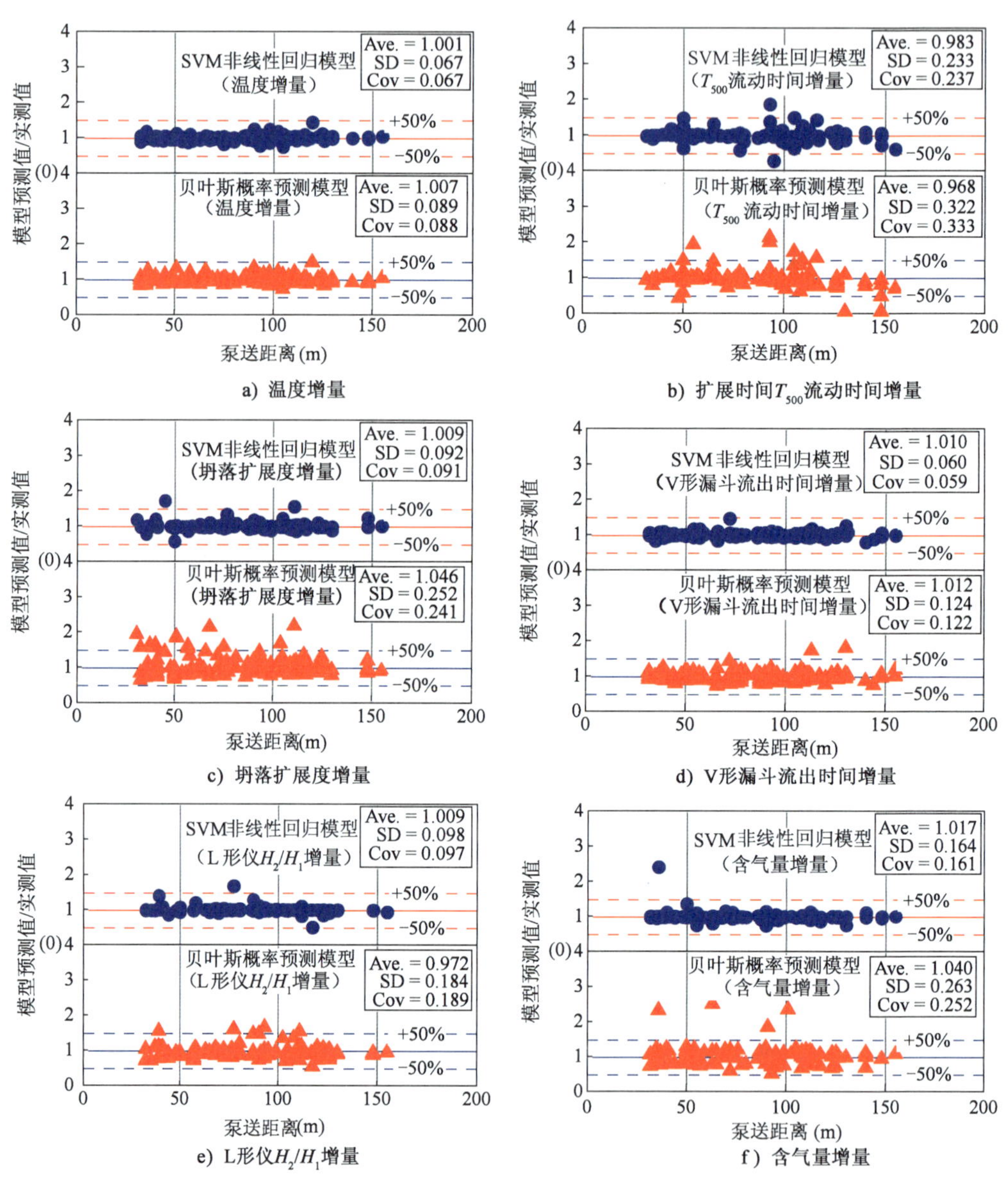

图3-48 SVM回归模型、贝叶斯概率模型预测值与实测值的对比

由图3-48可知，相比于贝叶斯线性概率模型，基于机器学习的SVM非线性预测模型具有全局最优性和较好的泛化能力，对于解决非线性计算问题具有显著的优越性，所得预测结果的准确性更高，但其局限性在于变量之间的数学关系为隐式表达，不便于施工现场快速设计计

算;而贝叶斯线性概率模型是一种显式动态模型,通过现场测试数据的实时反馈可丰富先验信息,便可对该模型进行基于贝叶斯理论的更新修正,由此得到具有更高的预测精度的后验模型。通过与测试数据的对比分析可知,这两类计算方法均可为深中通道泵送自密实混凝土施工过程质量控制提供高效可靠的泵送性能预估,并实现基于目标泵送性能的关键参数调整的施工工艺,为后续沉管管节的混凝土拌合物泵送及同类工程提供有效参考。

3.3　钢壳沉管自密实混凝土稳健性提升体系研究

3.3.1　高稳健性化学外加剂综合性能评价指标及检测技术

化学外加剂,尤其是减水剂,是制备自密实混凝土,实现其预期工作性能的关键组分,也是现代混凝土制备过程中最为灵活的组分[特别是在其他条件(如原材料)受到限制的情况下]。钢壳混凝土的工作性能要求高,从而对化学外加剂性能提出了更高的要求,即通过减水组分强分散性实现体系大流动性和保坍性的同时,也要抑制离析倾向加剧,兼顾拌合物良好的稳健性,避免浆骨分离、泌水、泡沫性浮浆等不利情况。同时,存在原材料匀质性(如砂石含泥量、含水率等)、规模化生产质量以及施工质量控制难度较大等问题,使得拌合物体系具有较强的原材料敏感性、温度敏感性、施工敏感性和时间敏感性。因此,适用于钢壳沉管自密实混凝土的减水剂更应强调其对于复杂情况的适应性以及所制备混凝土的稳健性,当原材料品质(如集料含水率、含泥量等)、运输时间、环境温度等在一定范围内发生波动时,混凝土拌合物性能不致发生大幅变化,能够继续保持其良好的自密实工作性。

因此,钢壳沉管自密实混凝土专用减水剂应选用品质稳定且能明显提高混凝土耐久性能的聚羧酸系减水剂产品,减水剂与水泥及矿物掺合料之间应具有良好的相容性,相关性能控制指标应满足《混凝土外加剂》(GB 8076—2008)的规定,如表3-17所示。

钢壳沉管自密实混凝土减水剂性能指标　　表3-17

序号	检 测 项 目		技 术 要 求
1	减水率		≥25%
2	含气量		≤6.0%
3	泌水率比		≤60%
4	抗压强度比	1d	≥170%
		3d	≥160%
		7d	≥150%
		28d	≥140%
5	坍落度1h经时变化量		≤80mm
6	凝结时间之差	初凝	−90 ~ +120min
		终凝	

续上表

序号	检 测 项 目	技 术 要 求
7	甲醛含量(按折固含量计)	≤0.05%
8	硫酸钠含量(按折固含量计)	≤5.0%
9	氯离子含量(按折固含量计)	≤0.6%
10	碱含量(按折固含量计)	≤10%
11	收缩率比	≤110%

同时,为完善减水剂性能评价体系,可进一步借鉴《欧洲自密实混凝土指南》和《新拌混凝土试验　第11部分:自密实混凝土——筛分离试验》(BS EN 12350—11:2010)中混凝土抗离析性能评价方法,引入抗离析指数(SSI),以评价减水剂的稳健性。具体试验过程如下:采用1.18mm筛取代5.0mm筛,取近似200mL砂浆从300mm高的地方倒入筛中,部分浆体将通过筛孔坠下,2min后收集坠落的浆体。砂浆稳定性(抗离析性能)越好,坠落的浆体量就越少。采用坠落的浆体比例来评价砂浆抗离析性能,见图3-49,图中1为试验筛,具有5mm方形孔径,框架直径300mm,高40mm,下部配托盘;图中2为称重机,具有可容纳筛分机的扁平平台,称量至少为10kg,校准精度≤20g;图中3为样品容器,由塑料或金属结构制成,内径300mm±10mm,容量为11~12L。

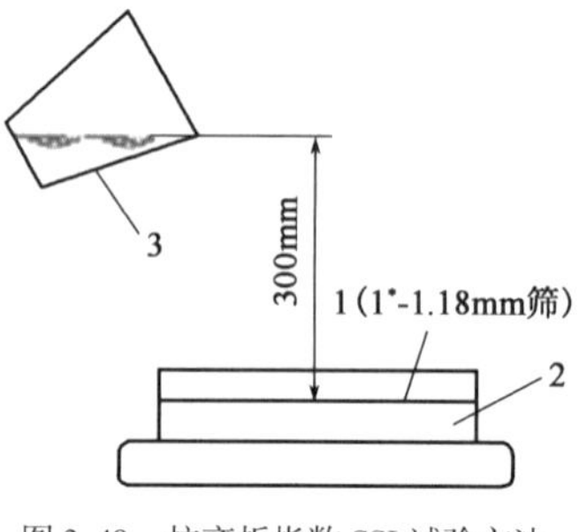

图3-49　抗离析指数SSI试验方法
1-试验筛;2-称重机;3-样品容器

抗离析指数(SSI)采用式(3-21)计算:

$$SSI = \frac{M_m}{M_M} \times 100\% \tag{3-21}$$

式中:M_m——底部接受盘中砂浆质量;

M_M——倒入筛中砂浆质量。

SSI值越小表明砂浆抗离析性能越好,即拌合物体系稳定性越好。在砂浆中掺入混凝土减水剂,其他因素相同时,可以用SSI值来表征减水剂的稳健性,其SSI值不宜大于10%,具体见表3-18。

与钢壳沉管隧道自密实混凝土拌合物同配比水泥(含掺合料)砂浆新拌性能指标　表3-18

参　数	指 标 要 求				
	初始	15min	30min	60min	90min
坍落扩展度(mm)	275±25				
抗离析指数SSI(%)	≤10				

在外加剂筛选时,除使用上述指标评价是否满足使用要求外,也可以直接采用待用自密实混凝土配合比对外加剂性能进行对比。主要指标同自密实混凝土评价指标(坍落扩展度、T_{500})、L形仪H_2/H_1和V形漏斗流出时间等。在相同条件下,优选泌水离析较少的、各

指标较优的外加剂。

此外,除采用常规方法评估外加剂本身的基本性能(减水率等)以外,为了比较不同外加剂对自密实混凝土工作性的影响,根据流变学原理,可以比较浆体/砂浆的流变性能,其与相应混凝土的稳定性、填充能力等密切相关。稳定性与集料/浆体密度差、浆体屈服应力有关,屈服应力大,则集料相对稳定不沉降,而填充能力同样与浆体屈服应力有关,但屈服应力大则填充能力弱。V形漏斗流出时间与混凝土的稳定性和表观黏度都有关系,稳定性不好的混凝土,其集料容易分离富集,导致混凝土不均匀,集料富集的地方表观黏度很高,其流动较为困难,往往造成V形漏斗流出时间延长;在保障混凝土稳定的条件下,表观黏度低的混凝土V形漏斗流出时间短一些。综上,在同等测试条件下,外加剂可以筛选敏感性低、混凝土V形漏斗流出时间短、浆体屈服应力较小的条件下不发生离析的样品。

3.3.2　化学外加剂对自密实混凝土稳健性的影响及调控

化学外加剂(减水/保坍组分)一般采用梳形结构,主干(主链)含有吸附/功能基团,附着于颗粒界面,侧链一般为水溶性长链,待外加剂分子附着后,颗粒界面及微观溶液环境被改变,从而影响颗粒间相互作用,起到调节浆体流变行为的作用。在给定结构单元(无功能基团)的条件下,决定外加剂结构的关键参数为主链长度(分子量)、侧链密度(侧链比例或吸附基团比例,等价)和侧链长度,见图3-50。

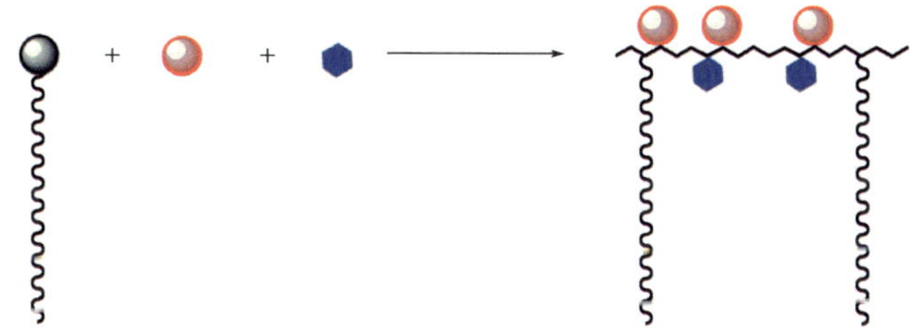

图3-50　化学外加剂结构框架(侧链单元、吸附单元和功能单元)

3.3.2.1　分子量对砂浆工作性的影响

对比一系列其他结构参数相同仅分子量不同的外加剂在不同水胶比条件下砂浆工作性的变化,主要对比指标为砂浆是否均匀、V形漏斗流出时间、基本流变特性等。由于结构对比较广,因此相同规律的结果应当具有一般性。

固定砂浆水胶比为0.25,砂胶比为1.2,调整外加剂用量,控制砂浆扩展度为300mm ± 10mm;除此之外,加入适量消泡剂控制含气量近似相等。主要测试结果参照表3-19和表3-20,水胶比为0.25且具有相同扩展度时,外加剂分子量的变化对减水率无显著影响。各组样品中HM为高分子量、LM为低分子量,一般LM样品稳定性相对较差,流变测试过程中有不同程度沉降。

水胶比为 0.25 时砂浆新拌性能控制指标 表 3-19

外加剂	分子量	掺量(%)	扩展度(mm)	含气量(%)	密度(kg·m^{-3})	砂浆状态
HM1	61400	0.31	310	6	2270	
LM1	26100	0.29	310	5.9	2280	剪切沉降
HM2	59800	0.45	310	—	2300	松软
LM2	22100	0.45	310	—	2290	
HM3	61600	0.3	290	—	2270	
LM3	23200	0.32	300	—	2280	
HM4	60800	0.32	300	—	2260	松软
LM4	22300	0.32	310	—	2280	剪切沉降
HM5		0.46	315	—	2285	
LM5		0.52	300	—	2260	

水胶比为 0.25 时外加剂分子量对砂浆 V 形漏斗流出时间及流变性能影响 表 3-20

外加剂	V 形漏斗流出时间(s)	Herschel Bulkley 拟合结果			
		屈服应力(Pa)	黏度系数(Pa·s^n)	幂律指数	表观黏度(Pa·s)
HM1	15.3	12.5	0.864	1.802	9.01
LM1	19	11.6	1.056	1.802	11.01
HM2	9.6	9.9	0.589	1.898	8.16
LM2	10.59	9.7	0.555	1.934	8.55
HM3	10.75	15.4	1.250	1.627	9.44
LM3	16.06	12.5	1.376	1.715	11.10
HM4	14.06	11.9	1.075	1.770	10.20
LM4	15.93	12.5	1.148	1.768	10.82
HM5	11.14	9.3	0.611	1.814	6.60
LM5	12	8.7	0.857	1.776	9.01

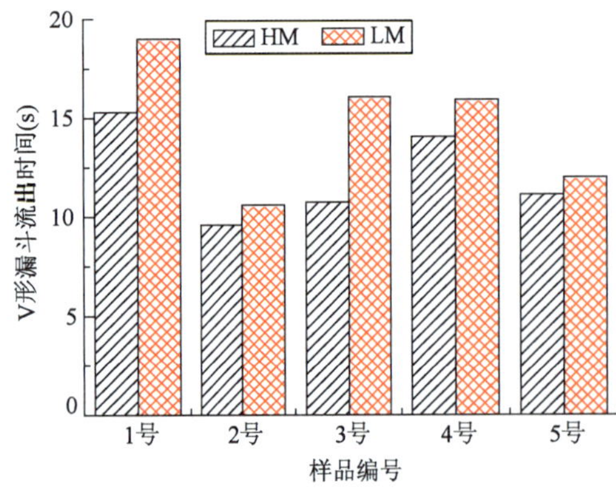

图 3-51 水胶比为 0.25 时外加剂分子量对砂浆 V 形漏斗流出时间的影响

实际上,所有测试结果中,相同流动度条件下,分子量对屈服应力无显著影响(屈服应力差异可能是扩展度大小有差异导致),但随着分子量的降低,塑性黏度有不同程度的增加。实际上,分子量较小的外加剂样品均会延长砂浆的 V 形漏斗流出时间,这与流变测试结果是一致的,如图 3-51 ~ 图 3-53 所示。根据前述可知,砂浆黏度增加一方面是由于低分子量外加剂的砂浆稳定性略差一些,另一方面在于其浆体本身黏度增大。

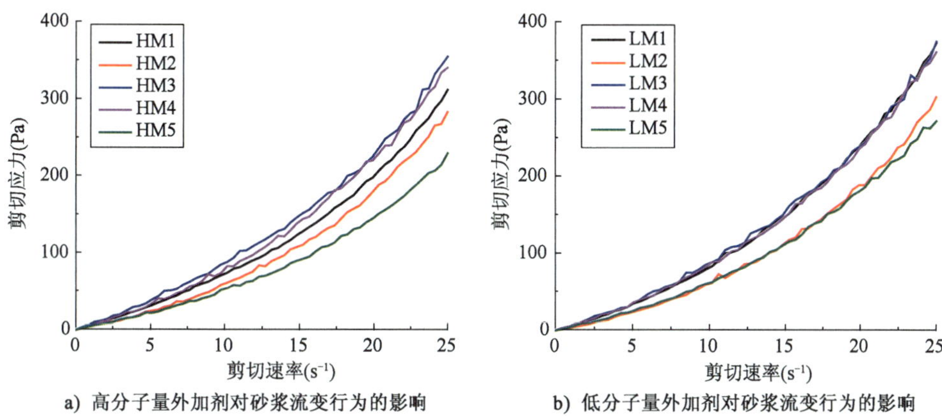

a) 高分子量外加剂对砂浆流变行为的影响　　b) 低分子量外加剂对砂浆流变行为的影响

图3-52　水胶比为0.25时外加剂分子量对砂浆流变行为的影响

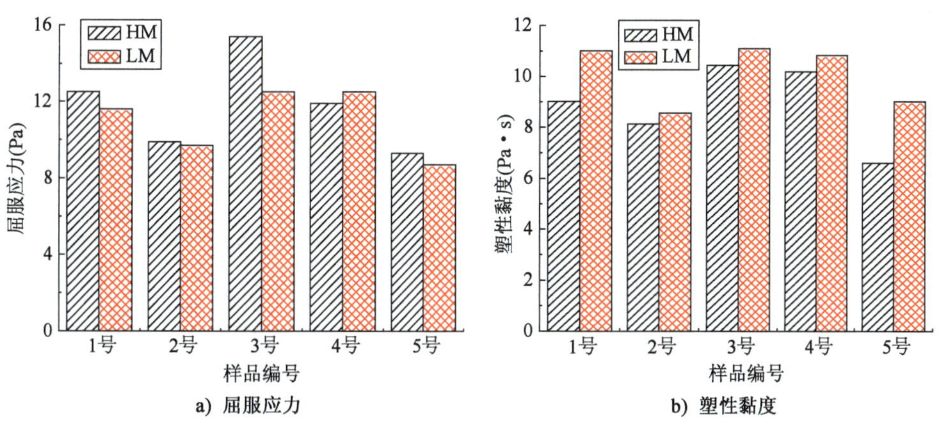

a) 屈服应力　　b) 塑性黏度

图3-53　水胶比为0.25时外加剂分子量对砂浆流变基本参数的影响

将水胶比增加至0.3,可以降低外加剂用量,其场景更接近实际工程情况。控制砂浆扩展度为280mm±10mm;除此之外,加入适量消泡剂控制含气量在3%~5%。具体控制参数见表3-21和表3-22。从表中可知,水胶比为0.3时,分子量变化对砂浆新拌状态影响与水胶比为0.25的近似相同。但测试中砂浆整体相对较为均匀,仅少量批次出现了轻微剪切沉降。

水胶比为0.3时砂浆新拌性能控制指标　　表3-21

外加剂	掺量(%)	扩展度(mm)	含气量(%)	密度($kg\cdot m^{-3}$)	砂浆状态
HM1	0.138	285	4.3	2230	相对均匀
LM1	0.148	275	4.4	2230	相对均匀
HM2	0.160	280	4.0	2240	相对均匀
LM2	0.159	285	3.8	2240	剪切轻微沉降
HM3	0.138	285	4.3	2240	相对均匀
LM3	0.137	280	4.4	2210	相对均匀
HM4	0.138	285	4.1	2245	相对均匀

续上表

外 加 剂	掺量（%）	扩展度（mm）	含气量（%）	密度（$kg \cdot m^{-3}$）	砂 浆 状 态
LM4	0.135	280	2.9	2230	相对均匀
HM5	0.169	285	3.8	2240	相对均匀
LM5	0.185	280	4.2	2235	相对均匀

水胶比为 0.30 时外加剂分子量对砂浆 V 形漏斗流出时间及流变性能影响 表 3-22

外 加 剂	V 形漏斗流出时间（s）	Herschel Bulkley 拟合结果			
		屈服应力（Pa）	黏度系数（$Pa \cdot s^n$）	幂律指数	表观黏度（$Pa \cdot s$）
HM1	8.90	14.71	3.159	1.248	6.48
LM1	7.72	13.32	3.369	1.232	6.59
HM2	8.28	7.01	1.631	1.3667	4.73
LM2	9.09	6.38	1.820	1.374	5.39
HM3	7.31	9.69	2.036	1.313	5.04
LM3	8.87	13.19	4.698	1.136	6.96
HM4	7.38	11.09	2.168	1.304	5.23
LM4	8.72	8.23	3.176	1.214	5.90
HM5	6.41	9.82	2.423	1.241	4.87
LM5	6.94	13.87	4.122	1.125	5.91

在相对较高水胶比条件下，整体测试结果表明，随着分子量降低，所有砂浆的黏度均有不同程度增加。不同批次中，分子量降低导致砂浆的屈服应力略有差异。此外，所有砂浆中分子量降低都会引起砂浆的 V 形漏斗流出时间有显著延长，如图 3-54 ~ 图 3-56 所示。

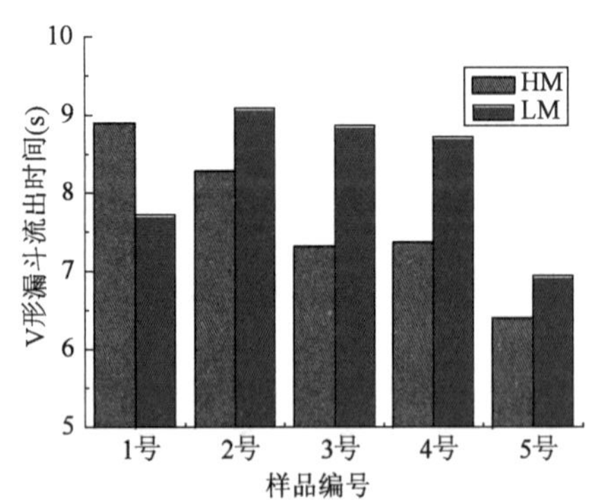

图 3-54 水胶比为 0.30 时外加剂分子量对砂浆 V 形漏斗流出时间的影响

由于样品结构差异较大，因此，相同规律可视为更具有一般性，高分子量的外加剂在砂浆稳定性、低黏度方面相比低分子量的外加剂具有明显优势。实际上，根据吸附基本原理，外加剂分子量增加可以显著提高外加剂在颗粒界面的吸附能力。由于其他结构参数相同（侧链密度和长度），根据 Flatt 的理论模型，这些分子在颗粒界面的最大吸附层厚度应当是基本一致的，其吸附层厚度仅取决于颗粒表面聚合物的吸附水平，聚合物吸附量增加则吸附层增厚。然而，高分子量外加剂在较厚的吸附层条件下流动性与小分子量外加剂基本相当，说明有一种微观行为一定程度抵消了外加剂的分散作用，而这种行为对于高分子量的外加剂更加显著。

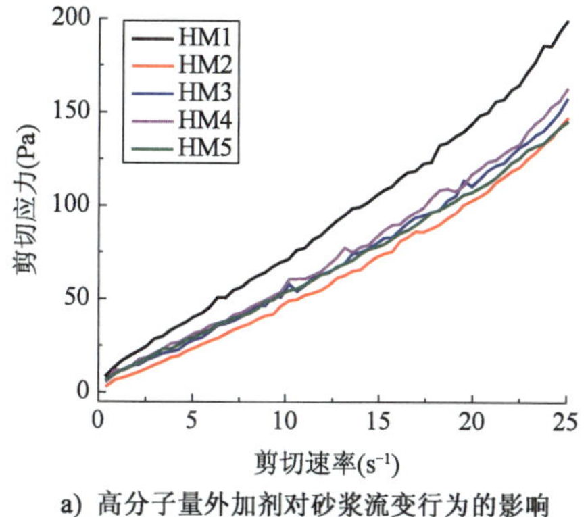

a) 高分子量外加剂对砂浆流变行为的影响

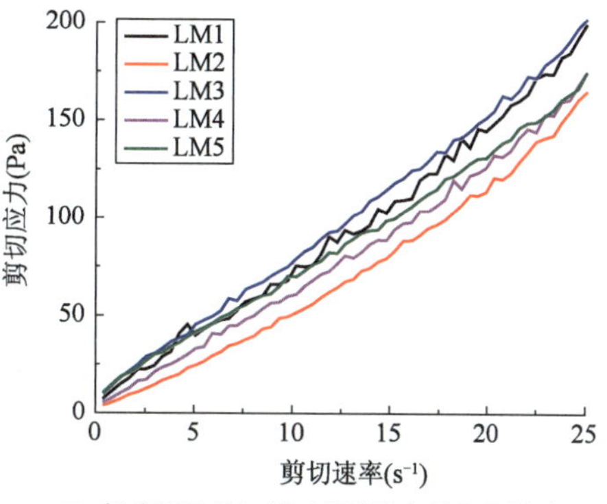

b) 低分子量外加剂对砂浆流变行为的影响

图 3-55　水胶比为 0.30 时外加剂分子量对砂浆流变行为的影响

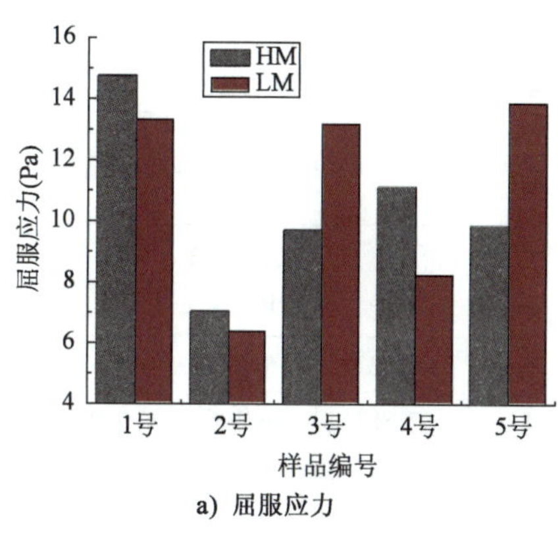

a) 屈服应力

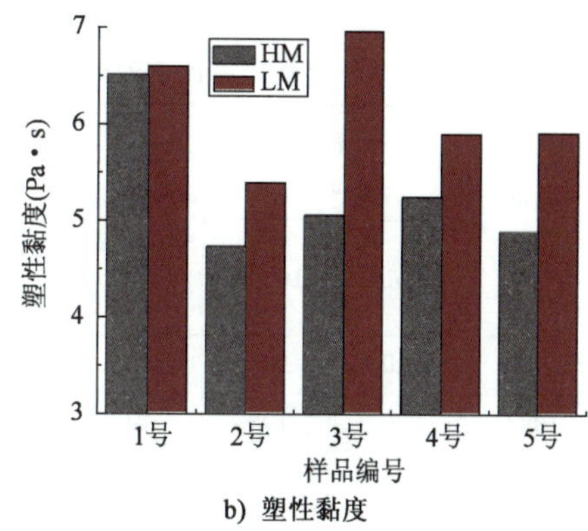

b) 塑性黏度

图 3-56　水胶比为 0.30 时外加剂分子量对砂浆流变基本参数的影响

根据相关文献，外加剂分子可以将不同颗粒黏结起来从而增强浆体颗粒网络结构、削弱流动性，很显然，高分子量的外加剂分子尺寸较大，更容易黏结不同的颗粒，这种微观结构容易形成颗粒的网络结构，使得网络本身更加稳定，固体颗粒不易发生沉降，因此，其浆体稳定性更好。此外，高分子量外加剂分子有更大的吸附层厚度，有利于释放更多的自由水，使得整体浆体黏度更低，这就是高分子量外加剂在上述测试中表现出更好的特性的本质原因。

3.3.2.2　侧链长度和吸附基团比例对砂浆工作性的影响

采用相同的方法对比侧链长度和吸附基团比例对砂浆工作性的影响，侧链长度为市面外加剂主流结构（Mw2400 和 Mw4000），为了排除流动性损失的影响，分别对比不掺保坍组分和掺保坍组分时砂浆的工作性，结果见表 3-23 ~ 表 3-25。

外加剂分子结构　　表 3-23

编号	侧链长度	吸附基团比例	分子量	编号	侧链长度	吸附基团比例	分子量
M24-4	2400	4/1	31800	M40-8	4000	8/1	30600
M24-5	2400	5/1	—	M40-10	4000	10/1	30400
M24-6	2400	6/1	27100	M40-12	4000	12/1	29900
M40-6	4000	6/1	30000				

侧链长度及羧基比例对砂浆新拌性能的影响(不含保坍组分)　　表 3-24

编号	掺量(%)	扩展度(mm)	密度($kg \cdot m^{-3}$)	V 形漏斗流出时间(s)	Herschel Bulkley 拟合结果			
					屈服应力(Pa)	黏度系数($Pa \cdot s^n$)	幂律指数	表观黏度(Pa·s)
M24-4	0.101	230	2170	12.8	39.305	6.734	0.903	5.09
M24-5	0.103	230	2170	10.9	34.456	4.834	0.960	4.30
M24-6	0.110	220	2160	9.1	49.322	4.715	0.936	3.92
M40-6	0.114	230	2180	13.5	76.312	8.833	0.943	7.49
M40-8	0.108	230	2140	11.2	80.548	3.958	1.007	4.03
M40-10	0.105	220	2140	8.7	88.705	2.874	1.075	3.57
M40-12	0.107	225	2160	8.4	72.113	2.798	1.071	3.43

侧链长度及羧基比例对砂浆新拌性能的影响(含等量保坍组分)　　表 3-25

编号	掺量(%)	扩展度(mm)		密度($kg \cdot m^{-3}$)	V 形漏斗流出时间(s)	Herschel Bulkley 拟合结果			
		4min	10min			屈服应力(Pa)	黏度系数($Pa \cdot s^n$)	幂律指数	表观黏度(Pa·s)
M24-4	0.085	220	200	2170	10.5	42.523	7.545	0.879	5.32
M24-5	0.0877	220	190	2170	10.4	47.887	6.106	0.922	4.87
M24-6	0.089	225	200	2160	9.8	47.733	5.513	0.926	4.45
M40-6	0.095	225	200	2180	10.7	73.132	6.791	0.892	4.97
M40-8	0.094	220	185	2140	9.5	74.681	3.953	0.999	3.94
M40-10	0.089	215	170	2140	8.2	76.693	3.413	1.051	3.95
M40-12	0.1	220	150	2160	8.6	104.78	1.966	1.205	3.56

整体对比两组不同侧链长度的外加剂分子,似乎侧链相对较短的样品所需掺量更低一些,其减水率更高,这意味着样品的掺量敏感性有所增加。侧链长度更长的样品往往屈服应力大一些,塑性黏度更小一些,如图 3-57、图 3-58 所示。

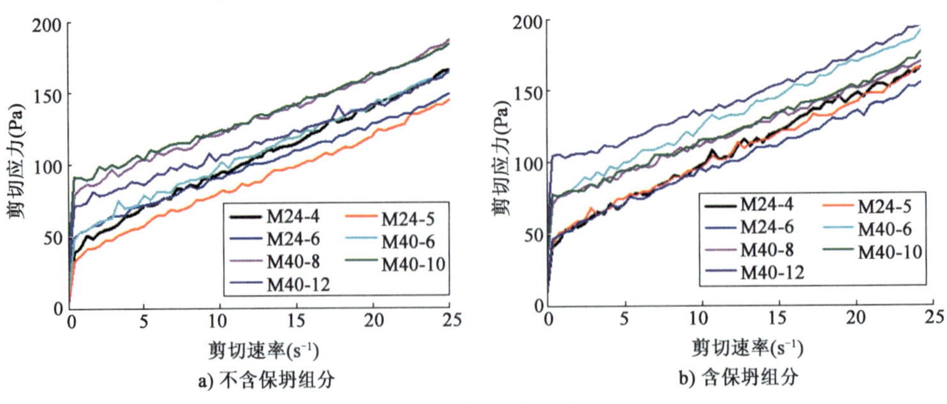

图 3-57　砂浆流变曲线对比

再分别对比不同吸附基团比例的外加剂分子，吸附基团比例增加，达到相同流动度所需样品的最小掺量出现在一个最优结构（往往比例在中间）中，整体塑性黏度逐步下降，V 形漏斗流出时间有所缩短。

比较吸附基团比例相同但侧链长度不同的外加剂（M24-6 和 M40-6）可以发现，侧链长度的增加将导致外加剂减水率下降，砂浆黏度也显著增大。

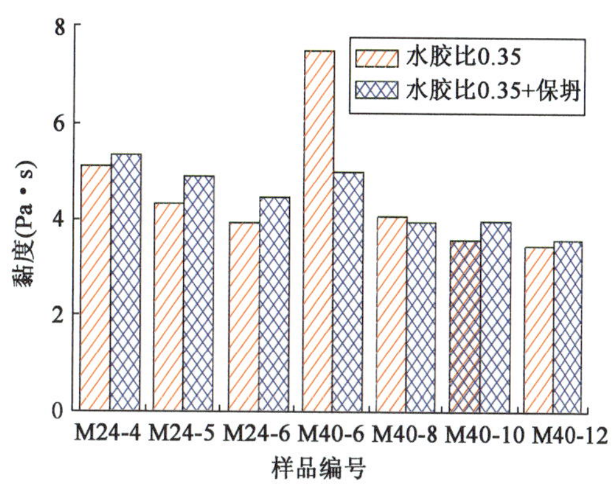

图 3-58　侧链长度与吸附基团比例对黏度的影响

外加剂的这些行为均与其吸附和构象行为密切相关，吸附基团比例增加有利于提高颗粒界面吸附能力，减少溶液残留；侧链延长会降低吸附能力，增加溶液残留，同时由于构象较为伸展，其溶液黏度可能有所提高，吸附层厚度更厚一些。然而，此处大部分样品尽管掺量差异不是非常显著，但理论上侧链延长会增加减水能力，特别是在较低的水胶比条件下。这里长侧链的外加剂分子减水相对更小，应当是其他原因造成的，吸附基团比例增加会加大早期水化消耗，损失略快，整体屈服应力增加。此外，其侧链更加稀疏有利于增强颗粒之间的黏结，增强网络结构，导致整体塑性黏度较小，V 形漏斗流出时间相对更短。

在实际外加剂筛选过程中，综合考虑外加剂的掺量敏感性、流动性损失速率、砂浆的工作性等因素可知，并非一味采用长侧链、高吸附基团比例的外加剂结构更有利，相反，往往需要将外加剂吸附基团比例控制在一定程度以内，需要针对具体的情况进行优化。不过，一般情况下，增强颗粒间的网络结构有利于改善砂浆工作性，缩短 V 形漏斗流出时间。

3.3.3　钢壳沉管自密实混凝土稳健性提升关键技术

3.3.3.1　外加剂结构设计

1）减水组分

混凝土技术向着高强、高流动、高耐久性方向发展。传统的磺酸盐缩聚物超塑化剂外加剂在高水胶比情况下体现出优异的性能，但在低水胶比时往往失效，不适合配制高强、高流动混凝土。自密实混凝土作为特别强调工作性能的高流动性混凝土，往往具有高粉体用量、高砂率、低水胶比的典型特征，尤其是钢壳沉管自密实混凝土需要密实填充大面积板式结构，对外加剂减水能力提出了更高的要求。

原材料敏感性、温度敏感性、施工敏感性以及时间敏感性是自密实混凝土的主要性能特点，而工程原材料来源广泛、施工环境复杂，这决定了在自密实混凝土制备过程中，应重点关注拌合物稳健性。作为获得良好工作性的关键功能组分之一，减水组分的性能指标确定应不仅仅包括一般指标，如减水率等，更应重点关注其在工程现场复杂环境中的稳健性。当原材料品质(如集料含水率、含泥量等)、运输时间、环境温度等在一定范围内发生波动时,混凝土拌合物品质不致发生大幅变化,能够继续保持其良好的自密实工作性。

通过对羧酸类接枝共聚物作用机理以及两性聚电解质溶液特征进行深入分析和试验,在拟合成的聚合物中引入较大比例对水具有良好亲和性的长聚醚侧链,不会发生水解反应,可以长期提供强烈的位阻作用,延缓水泥颗粒的物理凝聚,从而提供其良好的分散性能。聚醚侧链以醚键(—O—)和主链相连,降低对水胶比和搅拌速度的敏感性。在主链中引入较高比例阴、阳离子基团,提供大量吸附点,有利于保持聚合物的伸展溶液构象,提高共聚物在水泥不同矿物组分中的吸附量,改善分散能力。

在此基础上,引入酯型长侧链,桥接基团为—COO—,能够提供一定的空间位阻,同时还能调整共聚物的主链序列结构,降低羧基比例,调节聚合物在水溶液中的构象。另外,酯基在水泥碱性环境中水解出大分子侧链,可有效降低吸附驱动力,实现逐步吸附,并提高吸附后的空间位阻作用,显著降低外加剂掺量敏感性及其对砂石泥含量和用水量等因素波动的敏感性,提高混凝土拌合物稳健性。聚羧酸减水组分分子结构如图3-59所示。

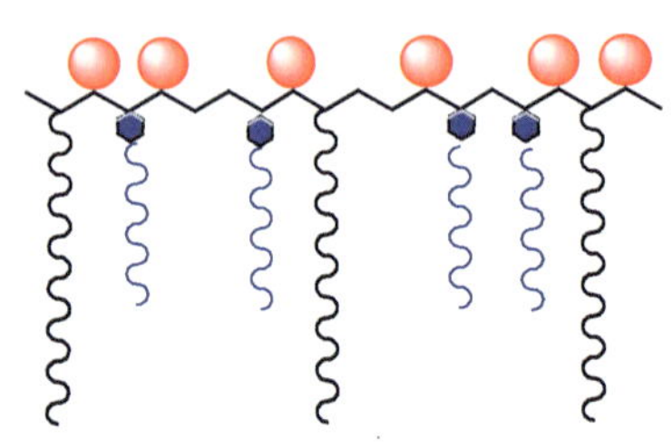

图3-59　高稳健性聚羧酸分子结构示意图

2)保坍组分

虽然聚羧酸外加剂优异的减水性能和良好的坍落度保持能力已被业界广泛认可,但由于存在对水泥矿物组成、水泥细度、石膏形态和掺量、外加剂添加量和配合比、用水量以及混凝土拌和工艺等具有极高敏感度的问题,严重影响了现有产品在工程中的广泛应用。特别是我国水泥种类繁多,集料质量地区差异较大,往往造成新拌混凝土坍落度损失大,难以保证混凝土的质量。

对于本工程钢壳沉管自密实混凝土而言,原材料分散波动大、混凝土供应距离不一、施工便道运输条件较差、施工季节时间跨度长、施工条件复杂化等现实情况决定了其对流动度保持更严苛的要求。目前现有聚羧酸外加剂仍然存在坍落度保持时间不长、高温下大坍落度混凝土流动性损失加剧等问题,已经难以满足自密实混凝土不同环境下的施工要求;另外,传统缓凝保坍措施不仅延长凝结时间、增大泌水、影响早期强度,而且流动度保持效果差,无法满足施工需要。因此,亟须开发一种新型的保坍型聚羧酸外加剂。这种外加剂与目前的聚羧酸盐高效减水剂相比,应具有更优异的长时间保坍性能,尤其是夏季高温环境下对大流动性混凝土具有良好的适应性,以解决现有聚羧酸外加剂高温长时间保坍的技术难题,达到降低钢壳沉管自密实混凝土温度敏感性和时间敏感性的目的。

高保坍型聚羧酸分子结构示意图见图3-60。在聚羧酸分子中引入对水具有良好亲和性的长聚醚侧链,桥接基团为—O—,不会发生水解反应,可以长期提供强烈的位阻作用,延缓水泥颗粒的物理凝聚;同时引入了短聚醚侧链,桥接基团为—COO—,短侧链不但在一定程度上提供了空间位阻效应,而且在水泥强碱性环境下逐步水解,缓慢向水-水泥体系中释放出具有分散功能的低分子量共聚物，补充由于水泥水化消耗的减水剂，使体系中的减水剂始终维持在临界胶束状态；此外，长、短不同聚醚侧链组合改变了共聚物的构象，可以实现调控外加剂在水泥颗粒界面吸附行为的目的，另外，引入了碱激发响应性基团，能够在水泥碱性环境下转变成吸附基团，增加外加剂与水泥颗粒之间的吸附驱动力，从而在一定程度上提高分散保持性能。

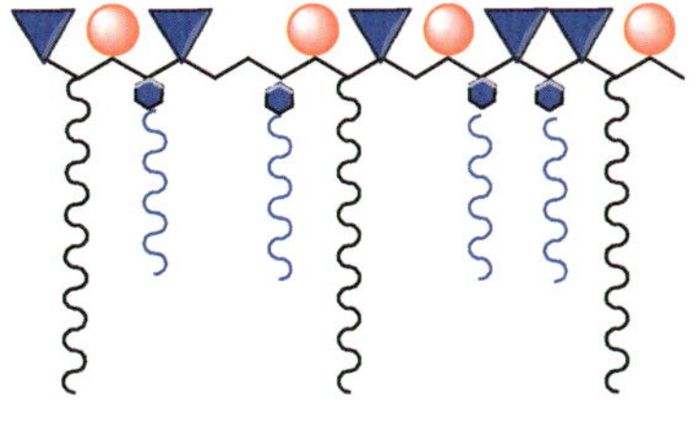

图3-60　高保坍型聚羧酸分子结构示意图

3.3.3.2　外加剂应用体系构建

1)减水组分

依据《混凝土外加剂》(GB 8076—2008)对20℃时相同减水剂掺量(固体掺量0.15%)、不同用水量下的水泥净浆流动度进行试验研究。水泥采用基准水泥，用量为300g；混凝土减水剂为常规聚羧酸减水剂PCA-Ⅳ、PCA-Ⅷ和基于上述思路构建的高稳健性自密实混凝土专用减水剂PCA-W；拌和水采用饮用水。试验结果如图3-61所示。

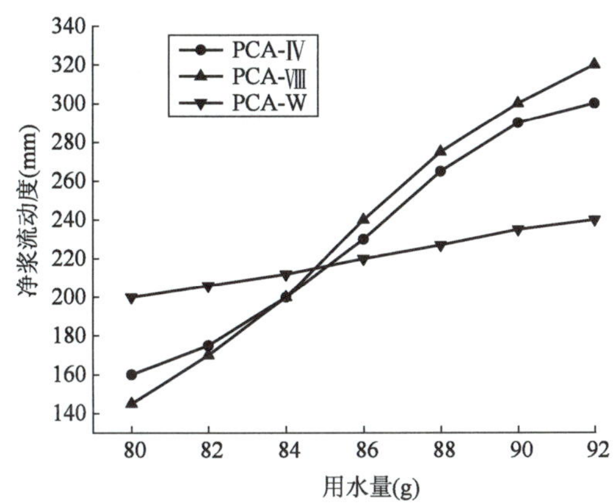

图3-61　PCA-Ⅳ、PCA-Ⅷ和PCA-W不同用水量下的净浆流动度

随着用水量的增加，常规减水剂PCA-Ⅳ和PCA-Ⅷ分散性能基本呈线性增加，变化幅度相对较大，直至出现离析；而高稳健性自密实混凝土减水组分PCA-W的净浆流动度增长较为缓慢，用水量较低时表现出最大的减水率，用水量逐步增加，对流动度的影响则相对较小，表现出其对用水量变化敏感性相对较低的特点，尤其适用于高胶凝材料用量、中低水胶比的自密实混凝土。

采用SSI试验方法，对PCA-Ⅳ、PCA-Ⅷ和PCA-W的稳健性进行评价，试验用砂为标准砂。调整减水剂用量，控制砂浆扩展度为290mm ± 10 mm，掺入适量消泡剂控制砂浆含气量为3% ~5%，试验结果见表3-26。掺加3种减水组分的水泥砂浆抗离析稳健性从高到低依次为PCA-W、PCA-Ⅳ、PCA-Ⅷ，可见PCA-W具有最佳的稳健性，受外界机械扰动的影响最小，在复杂环境条件下最容易保持拌合物体系的相对稳定，不易出现分层、离析等和易性不良的现象，尤其适用于高敏感性的自密实混凝土。

PCA-W砂浆抗离析指数试验　　表3-26

减水剂种类	减水剂用量(%)	扩展度(mm)	密度($kg \cdot m^{-3}$)	SSI(%)
PCA-W	0.18	292	2220	12.33
PCA-Ⅳ	0.16	300	2260	24.01

续上表

减水剂种类	减水剂用量(%)	扩展度(mm)	密度(kg·m^{-3})	SSI(%)
PCA-Ⅷ	0.13	305	2250	27.98
50% PCA-Ⅳ+50% PCA-Ⅷ	0.14	298	2250	26.12
50% PCA-W+50% PCA-Ⅷ	0.15	300	2240	15.65

注:砂浆配合比为基准水泥:标准砂:水=1:2:0.35,试验温度20℃。

在水泥净浆、砂浆试验基础上,基于提高拌合物体系的稳健性,试验研究了拌和用水量和集料黏土(蒙脱土)含量波动对使用PCA-Ⅳ、PCA-Ⅷ和PCA-W配制的C40自密实混凝土工作性的影响,其原材料与配合比见表3-27。

C40自密实混凝土原材料与配合比(单位:kg/m^3)　　表3-27

参数	水泥	粉煤灰	矿粉	砂	石子	水	蒙脱土	减水剂
数值	275	192	83	804	804	176~186	0~30	5.5

用水量波动对自密实混凝土工作性影响的试验结果见表3-28。当用水量增加不超过10kg/m^{3}时,使用PCA-W配制的大流动性混凝土状态在可控范围内,未出现明显离析现象,而使用PCA-Ⅳ和PCA-Ⅷ配制的混凝土则离析倾向不断加剧,很快无法满足自密实性要求。

用水量波动对使用PCA-W制备自密实混凝土工作性的影响　　表3-28

用水量(kg/m^3)	坍落扩展度(mm)			L形仪高度比			J环障碍高差(mm)		
	参考指标≤680			参考指标≥0.90			参考指标<18		
	PCA-Ⅳ	PCA-Ⅷ	PCA-W	PCA-Ⅳ	PCA-Ⅷ	PCA-W	PCA-Ⅳ	PCA-Ⅷ	PCA-W
176	650	650	650	0.88	0.87	0.92	9	10	7
178	665	675	655	0.91	0.91	0.95	7	9	6
180	685	690	665	0.87	0.85	0.92	14	16	10
183	700	715	675	0.82	—	0.91	23	33	13
186	715	730	695	—	—	0.88	35	52	19

黏土含量对自密实混凝土工作性影响的试验结果如图3-62所示。由图中数据可见,同一掺量下,高稳健性混凝土减水组分PCA-W作用效果受黏土含量增加影响较小,明显优于常规聚羧酸减水组分PCA-Ⅳ和PCA-Ⅷ,说明其具有良好的混凝土原材料适应性,适用于含泥量较高的砂石集料。对于年降雨量较少的我国北方地区以及人工砂用量较高的川贵地区,PCA-W均取得了良好的应用效果。

2)保坍组分

表3-29列出了自密实混凝土试验对比研究中常规混凝土聚羧酸保坍组分PCA-Ⅲ和PCA-Ⅶ,与高稳健性自密实混凝土专用聚羧酸保坍组分PCA-R的经时作用效果。保坍型聚羧酸一般不单独使用,通常是与其他聚羧酸减水剂复配使用,既能解决大流动度混凝土的坍落度损失

问题,也能解决中、低流动度混凝土的坍落度损失问题,本试验中 3 种保坍组分均与前文中 PCA-W 复配使用。

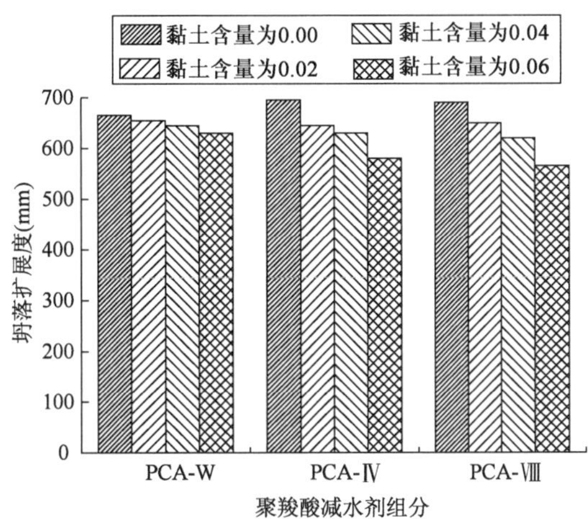

图 3-62　黏土含量对掺加不同减水组分自密实混凝土工作性的影响

不同时间历程下保坍组分性能(气温 20℃,混凝土温度 18℃)　　表 3-29

减水剂种类	减水剂用量(%)	坍落扩展度(mm)				L 形仪高度比			
		0	1h	2h	3h	0	1h	2h	3h
PCA-W + PCA-Ⅲ	0.20 +0.05	660	650	610	540	0.94	0.93	0.88	—
PCA-W + PCA-Ⅲ	0.20 +0.10	670	695	650	600	0.94	0.94	0.91	0.88
PCA-W + PCA-Ⅶ	0.20 +0.05	665	615	510	—	0.93	0.89	—	—
PCA-W + PCA-Ⅶ	0.20 +0.10	675	630	530	—	0.94	0.91	—	—
PCA-W + PCA-R	0.20 +0.05	660	655	645	615	0.93	0.93	0.91	0.90
PCA-W + PCA-R	0.20 +0.10	670	675	675	650	0.93	0.93	0.94	0.91

同一环境温度与拌合物温度下,在自密实混凝土中掺加不同保坍组分与 PCA-W 复配后得到的混凝土减水剂,PCA-R 的保坍效果明显好于 PCA-Ⅲ 和 PCA-Ⅶ。同一掺量下,掺加了 PCA-R 保坍组分的自密实混凝土坍落扩展度和 L 形仪高度比经时损失最小,3h 后仍能满足自密实要求。掺加了较低掺量 PCA-Ⅲ保坍组分的自密实混凝土 2h 后损失明显增大,提高其掺量,可在 2h 内满足自密实要求,但 1h 内坍落扩展度出现明显反增。而对于 PCA-Ⅶ,即使增大掺量,自密实混凝土经时损失仍无明显改善。因此,综合来说,PCA-R 的保坍效果具有最佳的性价比,在较低掺量下即可实现自密实混凝土的长效稳定保坍;增大掺量后,保坍能力进一步增强,早期工作性有一定反增,但在可控范围内,有效抑制了拌合物的时间敏感性。

采用自密实混凝土试验对比研究常规混凝土聚羧酸保坍组分 PCA-Ⅲ和 PCA-Ⅶ,与高稳健性自密实混凝土专用聚羧酸保坍组分 PCA-R 在不同环境温度和拌合物温度下作用效果,保坍组分与 PCA-W 复配使用。PCA-W 折固掺量为胶凝材料总量的 0.20%,保坍组分折固掺量为胶凝材料总量的 0.10%,试验结果见表 3-30 和图 3-63。

不同环境与混凝土温度下保坍组分性能　　表 3-30

减水剂种类	气温（℃）	混凝土温度（℃）	坍落扩展度(mm)				L形仪高度比			
			0	1h	2h	3h	0	1h	2h	3h
PCA-W + PCA-Ⅲ	10	12	660	715	725	720	0.93	—	—	—
	20	18	670	695	650	600	0.94	0.94	0.91	0.88
	35	33	675	635	570	—	0.94	0.91	—	—
PCA-W + PCA-Ⅶ	10	12	665	650	575	—	0.93	0.92	0.85	—
	20	18	675	630	530	—	0.94	0.91	—	—
	35	33	685	605	470	—	0.94	—	—	—
PCA-W + PCA-R	10	12	660	685	680	675	0.94	0.95	0.95	0.94
	20	18	670	675	675	650	0.93	0.93	0.94	0.91
	35	33	685	660	635	605	0.94	0.93	0.91	0.89

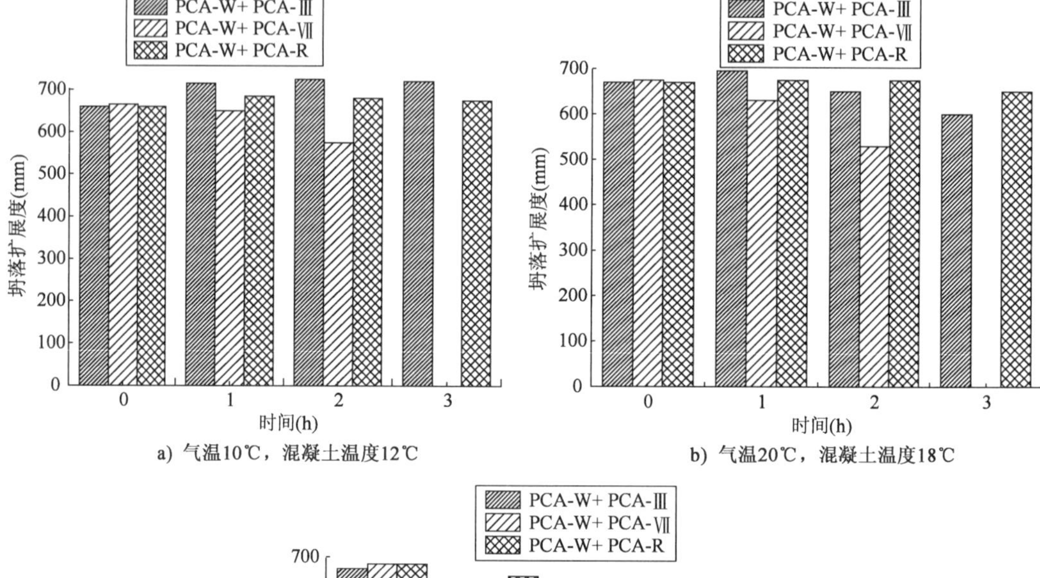

a) 气温10℃，混凝土温度12℃　　b) 气温20℃，混凝土温度18℃

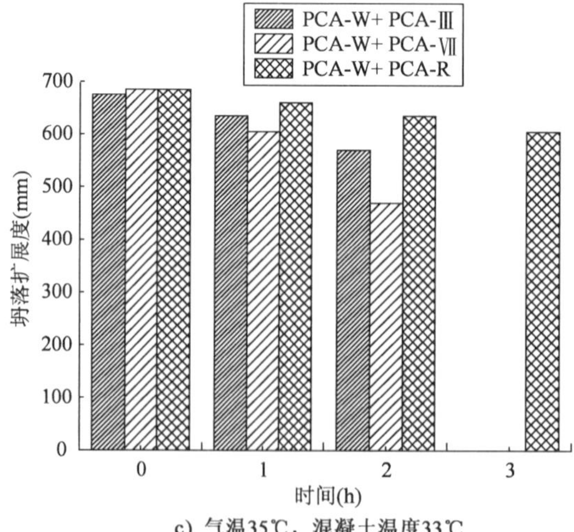

c) 气温35℃，混凝土温度33℃

图 3-63　不同环境与混凝土温度下保坍组分性能

环境温度和混凝土自身温度的变化对混凝土的工作性经时变化有较大影响。当减水和保坍组分掺量相同，而环境温度和混凝土温度不同时，随着温度的升高，混凝土初始分散性能增大，但工作性损失也增大；温度偏低时，初始分散性能较差，但保坍性能优异，甚至出现反增长的现象。这是因为，温度升高加速混凝土的水化速率，水泥溶液的碱性增强，加快了酯的水解，而且温度升高，分子活动能力增强，混凝土减水剂的吸附速率提高。因此，温度升高，外加剂的早期吸附加快，导致吸附量增加，初始的分散性能提高，但是高温下水泥水化的加速也使得减水剂分子水解速率和被水化产物掩埋的速率加快，分散保持能力下降。

对于 PCA-Ⅲ，气温 10℃和 20℃时，混凝土工作性均出现了明显的反增，尤其是 10℃时，自密实混凝土状态经时离析，而 35℃时，则有较大损失；对于 PCA-Ⅶ，不同温度下自密实混凝土工作性均出现较大损失，尤其是气温较高时；对于 PCA-R，气温 10℃和 20℃时，自密实混凝土工作性在早期有所反增，但均未出现离析，而 35℃时，工作性有一定损失，但仍可满足要求。总体而言，试验温度范围内，相比于 PCA-Ⅲ和 PCA-Ⅶ，掺加了 PCA-R 保坍组分的自密实混凝土状态可控，坍落扩展度和 L 形仪高度比随温度变化产生的波动最小，显著降低了拌合物体系的温度敏感性，增强了其稳健性，较为适用于大流动性的自密实混凝土。

水泥对混凝土坍落度损失影响较大，因此试验考察 PCA-R 对不同种类水泥的坍落度损失的影响，意义重大。混凝土外加剂的水泥适应性是指外加剂与水泥复合应用时能够充分发挥混凝土外加剂的性能特点，不因水泥成分波动而导致混凝土外加剂的应用性能发生较大改变的特性。混凝土外加剂与水泥的适应性差主要是指减水率低、流动性保持效果差、离析泌水等问题。保坍型聚羧酸外加剂 PCA-R 的水泥适应性主要考察 PCA-R 与 4 种水泥的适应性。4 种水泥分别为：马鞍山海螺 P·O 42.5、中国水泥 P·O 42.5R、金坛盘固 P·O 42.5 以及江南小野田 P·Ⅱ 52.5R。试验结果列于表 3-31 中。

PCA-R 与不同水泥的适应性分析（试验温度 30℃）　　表 3-31

水　泥	PCA W（%）	PCA R（%）	水胶比	坍落扩展度（cm）	
				0	60min
马鞍山海螺 P·O 42.5	0.20	—	0.41	22.5/45	12.6
	0.15	0.05	0.41	22.0/46	20.5/40
中国水泥 P·O 42.5R	0.20	—	0.44	22.0/50	14.0
	0.15	0.05	0.44	21.0/53	22.0/45
金坛盘固 P·O 42.5	0.20	—	0.43	21.5/42	11.2
	0.15	0.05	0.43	22.1/45	20.2/35
江南小野田 P·Ⅱ 52.5R	0.20	—	0.44	23.2/55	20.5/42
	0.15	0.05	0.44	24.5/53	22.5/53

由表 3-31 中数据可见，保坍型聚羧酸 PCA-R 的坍落度保持作用基本不受水泥种类的影响，对于所选的水泥，均可显著改善混凝土坍落度损失，满足绝大部分工程的应用需求。这主要是因为保坍剂的作用机理为碱激发活性组分在高碱环境下缓慢释放吸附基团，提供减水剂

的分散作用,而常用的普硅水泥和硅酸盐水泥均能提供 PCA-R 发挥作用所需要的高碱环境,因此,PCA-R 基本不存在水泥适应性问题。

图 3-64 为在黏土含量达到胶材用量 6% 的情况下,保坍组分 PCA-Ⅲ、PCA-Ⅶ和 PCA-R 与减水组分 PCA-W 复合掺加后,同一掺量下制备的自密实混凝土流动度经时保持能力。同一掺量下,高稳健性保坍组分 PCA-R 作用效果受黏土含量影响较小,明显优于常规聚羧酸保坍组分 PCA-Ⅲ和 PCA-Ⅶ,说明其具有良好的混凝土原材料适应性,较为适用于含泥量较高的砂石集料。

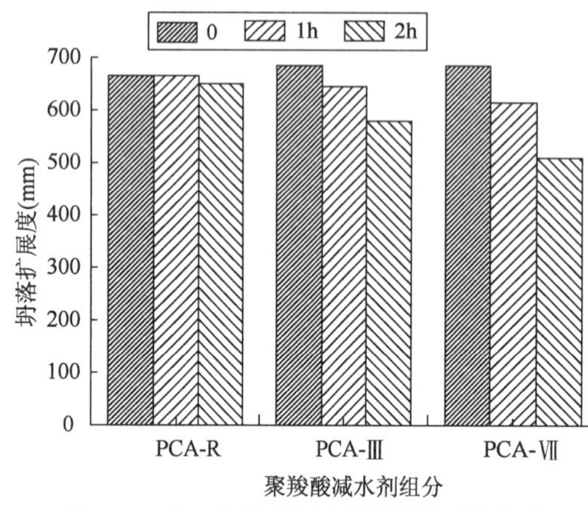

图 3-64 黏土含量对掺加不同保坍组分制备的自密实混凝土工作性保持能力的影响

基于上述减水组分和保坍组分以及常规外加剂,可以针对不同的混凝土强度需求和配合比调整使用。相比常规减水剂,减水组分的掺量敏感性较低,但相应的高掺量条件下其减水性能较为温和;当混凝土水胶比很低的时候,可以适当引入少量常规减水剂,在保障混凝土稳定性的条件下适当降低减水剂掺量,提高经济性,同时轻微降低整体黏度。对于集料包裹不佳,且原材料波动较大的自密实混凝土,则不使用常规外加剂,在给定配合比的条件下,搭配减水和保坍组分,保障浆体全程具备合适的流变特性,提高网络结构的稳健性,可以维持集料稳定均匀;在极端条件下,原材料粒型级配等不佳、混凝土极易泌水离析时,除使用前述减水和保坍组分之外,建议调整配合比,适当提高超细粉体用量,增强浆体颗粒网络结构,使自由水向网络束缚水动态转变,进一步提高混凝土的稳定性。

本章参考文献

[1] 郑捷. 混凝土泵送压力的几种计算方法[C]//建筑材料工业技术情报研究所,中国硅酸盐学会科普工作委员会,《商品混凝土》杂志社. 2009 中国商品混凝土可持续发展论坛暨第六届全国商品混凝土技术与管理交流大会论文集. 青岛:[出版者不详],2009:253-256.

[2] KAPLAN D, LARRARD F D, SEDRAN T. Avoidance of blockages in concrete pumping process [J]. ACI Materials Journal, 2005, 102(3):183-191.

[3] 聂国权,王海花,沈英明. 拉格朗日法对溜管输送混凝土流变数学模型探讨[J]. 石家庄铁道学院学报, 2005, 18(3):66-68.

[4] 张宇,王智,孙化强,等. 脱硝后粉煤灰中氨氮物质的性质探讨[J]. 粉煤灰,2015,27(5):5-6,10.

[5] 张宇,王智,王子仪,等. 燃煤电厂脱硝工艺对其粉煤灰性质的影响[J]. 非金属矿,2015,

38(4):9-12.

[6] 陶珍东,耿浩然,杨中喜,等.亚硫酸钙烟气脱硫石膏作缓凝剂的研究[J].水泥工程,2004(6): 11-15.

[7] 朱文尚.循环流化床固硫灰特性及作水泥混合材应用的研究[D].北京:中国建筑材料科学研究总院,2011.

[8] 赵少鹏,周明凯,陈岩.矸石电厂粉煤灰作水泥混合材的试验研究[J],新世纪水泥导报,2014,20(5):9-13,3.

[9] VAPNIK V, GOLOWICH S E, SMOLA A. Support vector method for function approximation, regression estimation and signal processing[J]. Advances in Neural Information Processing Systems, 1997:281-287.

[10] TABANDEH A, GARDONI P. Probabilistic capacity models and fragility estimates for RC columns retrofitted with FRP composites[J]. Engineering Structures, 2014,74(Sep. 1): 13-22.

[11] ZERBINO R, BARRAGÁB, GARCIA T, et al. Workability tests and rheological parameters in self-compacting concrete[J]. Materials and Structures, 2009,42(7):947-960.

[12] LI Z G. State of workability design technology for fresh concrete in Japan[J]. Cement and Concrete Research, 2007,37(9):1308-1320.

[13] FLATT R J, SCHOBER I, RAPHAEL E, et al. Conformation of adsorbed comb copolymer dispersants[J]. Langmuir: The ACS Journal of Surfaces and Colloids, 2009, 25(2): 845-855.

[14] KASHANI A, PROVIS J L, XU J T, et al. Effect of molecular architecture of polycarboxylate ethers on plasticizing performance in alkali-activated slag paste[J]. Journal of Materials Science, 2014,49(7):2761-2772.

[15] RAN Q P, SOMASUNDARAN P, MIAO C W, et al. Effect of the length of the side chains of comb-like copolymer dispersants on dispersion and rheological properties of concentrated cement suspensions[J]. Journal of Colloid and Interface Science, 2009,336(2): 624-633.

第4章 钢壳混凝土沉管预制施工工艺

钢壳混凝土沉管的管节内部无钢筋，每个管节分为2000余个单独隔仓，采用直接向隔仓内浇筑自密实混凝土的施工工艺。为实现此类结构的协同受力，混凝土在管节隔仓内必须具有良好的密实性和填充度，除混凝土性能要求高外，相应的自密实混凝土浇筑工艺尤为重要，是保障管节预制质量的核心环节之一。

从钢壳混凝土管节构造特征来看，其自密实混凝土浇筑工艺主要包括布料方式、浇筑顺序、浇筑速度、排气设置等。而这种高流动性混凝土在浇筑时会对内、外钢面板产生比普通混凝土更大的液体压力，这会导致浇筑成型后产生不同程度的变形；混凝土浇筑初期处于流塑态，后续强度随着时间推进逐渐升高，且伴随水化热反应产生温度场，混凝土强度时变性及温度场将会使得不同浇筑工艺对沉管变形的影响不同。从国内外研究情况来看，当前有关钢壳混凝土管节受力和变形研究主要集中在此类特殊结构的力学特性和变形特性，其中较多涉及结构破坏机理和形式，而针对管节在浇筑过程中受混凝土温度、重力等作用导致的受力和变形研究较为少见，相关的管节预制质量控制技术暂不明确。

为了分析钢壳混凝土管节受力特性及验证自密实混凝土施工工艺的可行性和可靠性，针对钢壳沉管的隔仓布置方案和内部结构构造，开展了多尺寸维度的模型试验研究，以明确工艺孔布设方案，明确混凝土浇筑速度、下落高度、浇筑结束时间等浇筑过程工艺参数。并结合具体施工监测，考虑混凝土浇筑过程中的强度时变性及温度场的影响，分析了不同浇筑工艺对沉管变形的影响规律，进一步基于沉管变形控制要求，获得钢壳混凝土沉管管节的浇筑工艺。

4.1 浇筑关键工艺参数初选

4.1.1 浇筑参数初选

通过分析钢壳管节结构形式，包括隔仓大小、内部结构形式、肋的分布等，结合自密实混凝土工作性能研究结果，提出满足钢壳小隔仓填充要求的自密实混凝土浇筑工艺参数，并经过模型试验验证。

4.1.1.1 浇筑方法与浇筑速度

1）浇筑方法和速度试验

有三种浇筑方法：第一种是将泵口稍稍远离混凝土上端，称为泵口隔离式；第二种是将泵口直接插入混凝土中不动，称为泵口插入（压入）式；第三种是使用料斗进行浇筑，称为料斗式。

分别用 22.5m³/h 和 30.0m³/h 的浇筑速度进行了两次浇筑,此外试验过程中还将速度分为前半期浇筑速度和后半期浇筑速度等条件。另外,还将顶杆插入空气出气孔位置,研究了有无顶杆的效果。

详细试验工况见表 4-1。

试 验 工 况 表 4-1

时间	铸模形状	试验体	浇筑方法	浇筑速度(m^3/h)	有无顶杆
第 1 天	Type A	No. 1	泵口隔离式	22.5	有
	Type B	No. 2	料斗式	22.5	有
	Type B	No. 3	泵口隔离式	30.0	有
第 2 天	Type A	No. 4	料斗式	30.0	无
	Type B	No. 5	泵口隔离式	30.0	无
	Type B	No. 6	泵口插入式	30.0	无

2)浇筑方法与自密实混凝土填充性的关系

实际测定的各个试验体的填充状况结果如图 4-1 所示,用图像法处理 3mm 以下以及 3 ~ 5mm 深度的面积比率,得到上部填充率(简称"填充率")的结果。其中,填充率是在成型后脱除顶板,利用侧面模板拉水平线测定的,混凝土顶面空隙的深度、空隙范围通过在测定位置描图测算。

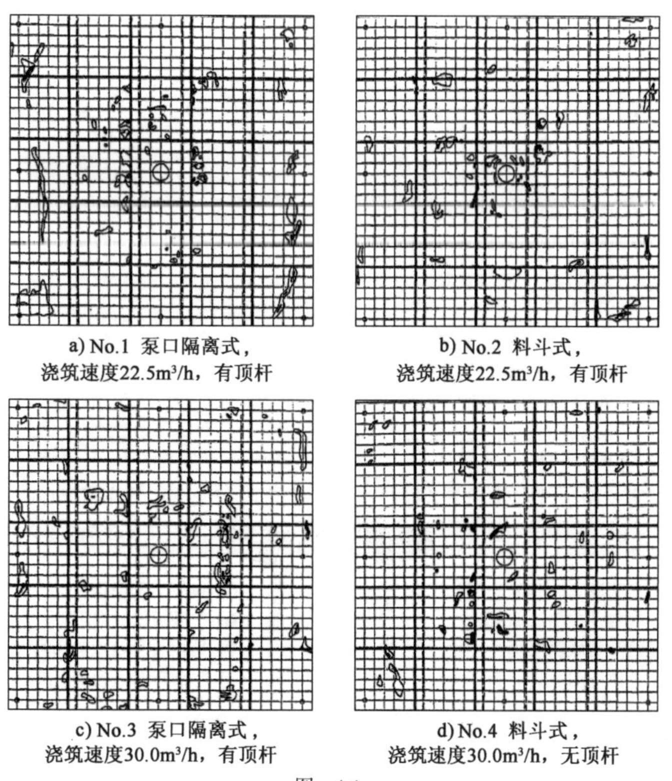

a) No.1 泵口隔离式,浇筑速度22.5m³/h,有顶杆

b) No.2 料斗式,浇筑速度22.5m³/h,有顶杆

c) No.3 泵口隔离式,浇筑速度30.0m³/h,有顶杆

d) No.4 料斗式,浇筑速度30.0m³/h,无顶杆

图 4-1

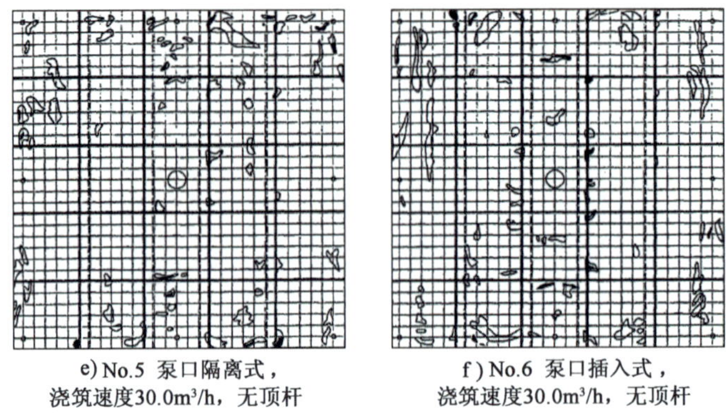

图 4-1 试验体的上部填充状况

试验结果表明,3 种浇筑方法、6 个试验体都没有产生 5mm 以上的空隙,用空隙总体积除以上部面积,得到的空隙平均深度不足 0.1mm。根据表 4-2 中的填充率结果,填充率均在 94% ~97% 之间。

试验体的填充率 表 4-2

试验体		No. 1	No. 2	No. 3	No. 4	No. 5	No. 6
浇筑方法		泵口隔离式	料斗式	泵口隔离式	料斗式	泵口隔离式	泵口插入式
浇筑速度 (m^3/h)		22.5 15.0	22.5 15.0	30.0 15.0	30.0 15.0	30.0 30.0	30.0 30.0
有无顶杆		有	有	有	无	无	无
上部填充率(%)		96.04	96.24	95.83	96.72	94.47	94.12
脱空面积比(%)	0 ~3mm	3.63	3.49	3.89	2.75	5.08	5.50
	3 ~5mm	0.33	0.27	0.28	0.53	0.45	0.38
空隙平均深度(mm)		0.068	0.063	0.070	0.062	0.094	0.098

4.1.1.2 管节浇筑顺序

1)横向浇筑顺序

管节横断面较大,若先完成全部墙体的浇筑,单次混凝土浇筑量过大,且可能对管节底板的变形控制不利,而底板的变形与管节基础密切相关。为此,将管节断面分为 8 个区域,以底板—墙体—顶板的顺序浇筑作为研究对象,管节的浇筑分区如图 4-2 所示。

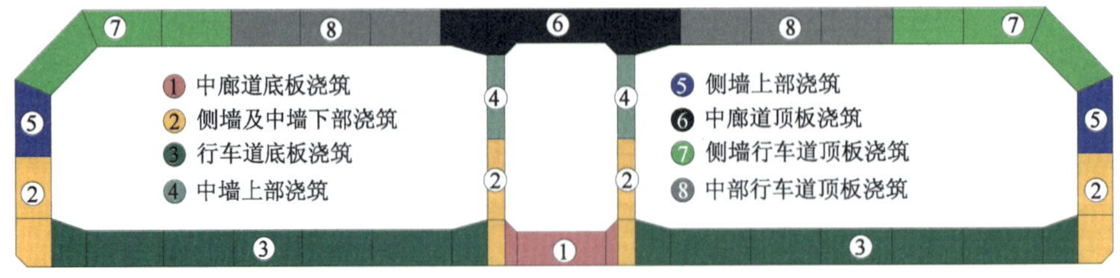

图 4-2 混凝土浇筑分区断面示意图

2)纵向浇筑顺序

将管节纵向划分为16个混凝土浇筑施工段(S1～S16)。在浇筑横断面单个分区时,混凝土在管节纵向的总体安排为(图4-3):第一次浇筑S6、S11施工段,第二次浇筑S2、S15施工段,第三次浇筑S8、S9施工段,第四次浇筑S4、S13施工段,第五次浇筑S5、S12施工段,第六次浇筑S1、S16施工段,第七次浇筑S7、S10施工段,第八次浇筑S6、S11施工段。总体浇筑顺序如图4-4所示。

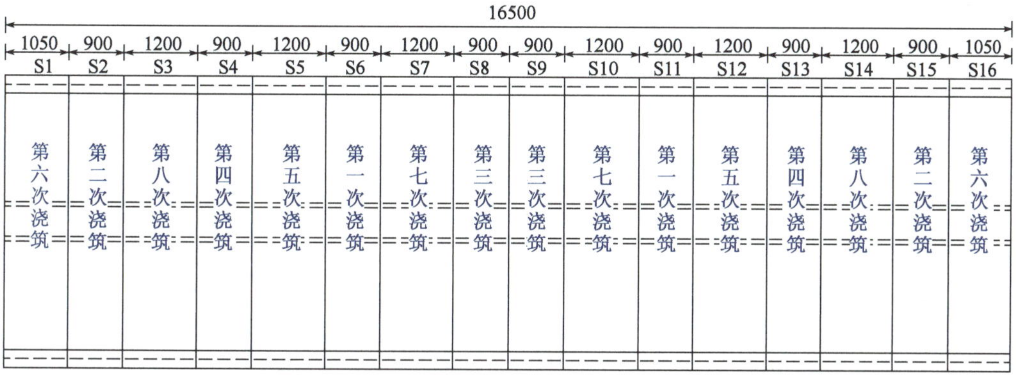

16500

1050	900	1200	900	1200	900	1200	900	900	1200	900	1200	900	1200	900	1050
S1	S2	S3	S4	S5	S6	S7	S8	S9	S10	S11	S12	S13	S14	S15	S16
第六次浇筑	第二次浇筑	第八次浇筑	第四次浇筑	第五次浇筑	第一次浇筑	第七次浇筑	第三次浇筑	第三次浇筑	第七次浇筑	第一次浇筑	第五次浇筑	第四次浇筑	第八次浇筑	第二次浇筑	第六次浇筑

图4-3　混凝土纵向分段浇筑顺序示意图(尺寸单位:cm)

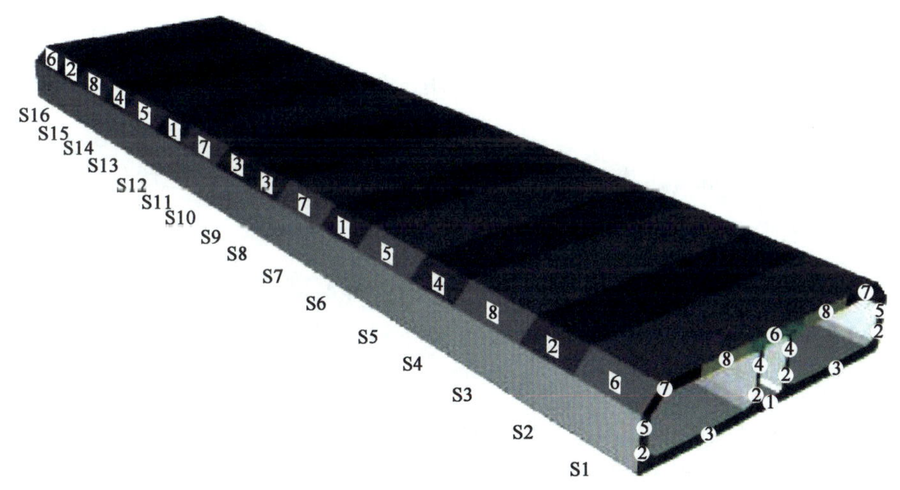

图4-4　混凝土整体浇筑顺序示意图

3)单次混凝土浇筑顺序

根据横向及纵向浇筑顺序,管节混凝土共需进行64次浇筑。单次浇筑时,采用4台布料机分为两组分别在对称的施工段浇筑,单个施工段浇筑时遵循从管节两端向中间进行浇筑的原则。混凝土单次浇筑顺序示意如图4-5所示。

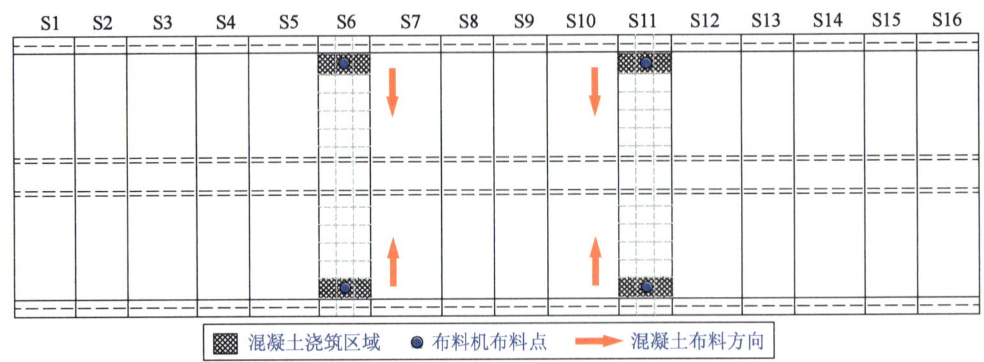

图 4-5　混凝土单次浇筑顺序示意图

4.1.2　工艺孔设置

4.1.2.1　钢壳管节混凝土布料方式

顶板的浇筑工艺：钢壳沉管横断面宽度通常为 30 ~ 40m，加上管节浇筑时管节与码头之间有 5 ~ 10m 间距，汽车泵通常无法完全覆盖，因此在汽车泵可覆盖范围内直接采用汽车泵浇筑，汽车泵无法覆盖的区域增设一台移动布料机连接汽车泵，使用移动布料机进行该区域的布料。

底板的浇筑工艺：若在管节内部布置移动布料机，并通过管道连接进行底板浇筑，可能存在较大难度，因此可以在顶板内外侧开孔，设置由上而下的下料孔进行布料。底板混凝土浇筑所用设备与顶板类似，在汽车泵直接覆盖区域采用汽车泵直接下料，在汽车泵无法覆盖的区域采用汽车泵 + 移动布料机进行布料。

墙体浇筑工艺：墙体混凝土浇筑与底板浇筑类似，在钢壳顶部开孔进行布料。

4.1.2.2　下料管、排气管设置

钢壳内部由多个 10m^3 左右的隔仓构成，每个隔仓都灌满自密实混凝土。为了使混凝土能够充满隔仓的各个角落，需在每个隔仓顶部设置下料孔用于混凝土的浇灌，设置排气孔用于混凝土浇灌时隔仓气体的排出。为了使隔仓内部混凝土达到一定的密实度，通常会在下料孔和排气孔处设置一定高度的辅助管道。当辅助管道内充满高流动性混凝土时，在管道底部形成的压力有助于混凝土高密度地充满隔仓的每一个角落。此种工艺在国内应用较少。基于国外钢壳沉管管节预制施工资料，再结合物理模型试验，研究适用于深中通道钢壳隔仓的排气管、下料管设置参数。

神户港港岛钢壳沉管隧道由 6 个管节构成，每个箱体的尺寸为高 9.1m、宽 34.6m、长 87.4m，质量约 27000t。其浇筑过程中下料孔、排气孔设置如图 4-6 所示，从图中可知，其隔仓尺寸为 3m × 3m，下料孔设置在隔仓中间部位，直径为 200mm；排气孔布置在隔仓四周，共 8 个，直径为 50mm，间距约为 1.3m。

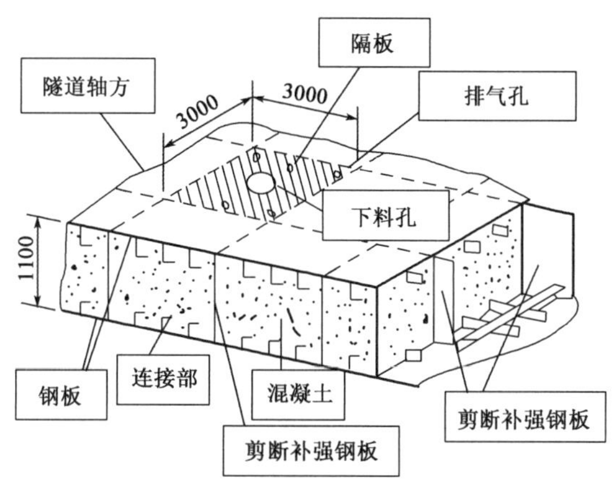

图4-6　神户港港岛隧道隔仓排气孔布置图(尺寸单位:mm)

由于墙体隔仓水平隔板的顶板部位密实度较难检查确认,墙体浇筑通常采用一次浇筑到顶的方式进行浇筑施工,以更好保证质量。在排气孔、下料管间距、大小参数一致的情况下,墙体上下隔仓只设下料引导管,确保浇筑管道能够顺利进入,不设排气管。通过对国外钢壳隧道浇筑辅助管道进行研究,初步提出深中通道钢壳管节下料管、排气管采用以下设置:

(1)排气管间距1000mm,高600mm,孔径80mm;下料管高1200mm,直径300mm。

(2)钢壳管节墙体上下隔仓只设下料引导管,确保浇筑管道能够顺利进入,不设排气管。

(3)下料管及排气管可采用"两段式"活动连接:下料孔、排气孔部分焊接相应孔径的内套管,内套管高5cm;下料管及排气管分别采用外套式管道套住内套管。

4.1.2.3　肋板通气孔设置

钢壳内部由纵隔板与横隔板分割成10m³左右的狭窄隔仓,钢壳内外钢板均有角钢与肋板加固。虽然在隔仓顶部设置有排气管作为隔仓的排气通道,但是隔仓顶板内侧纵横交错的肋板仍会组成一个个小的密闭空间,导致隔仓顶部形成空洞。因此,需在隔仓顶部肋板上设置通气孔,使得肋板形成的密闭空间能够排气。肋板排气孔有或者无,对型钢周边的混凝土填充性有很大的影响,没有肋板排气,混凝土难以填充密实,浇筑质量差。另外,国外研究资料表明,肋板排气孔的大小,一般为最大颗粒尺寸的2~3倍比较合适。自密实混凝土的最大颗粒尺寸要求不超过25mm,因此,肋板排气孔尺寸为50~75mm。

在对国外相关资料进行研究的基础上,结合肋板受力规范(孔洞高度不超过肋板高度的1/2),为降低肋板对混凝土的阻隔影响,提出以下参数:在角钢上设置通气孔,角钢通气孔间距为250mm,位于角钢、扁钢交叉点以及交叉点中点部位,通气孔底部高30mm、宽30mm,开孔顶角为 $R40$ 半圆过渡。

4.2 浇筑工艺参数的模型试验研究

4.2.1 单仓足尺模型试验

4.2.1.1 模型尺寸

试验的主要目的为研究工艺孔布置位置对钢壳脱空的影响。试验使用以下五种设计方案的单仓模型(图 4-7 ~ 图 4-11),方案一、方案二、方案三 3 组单仓模型对厚薄钢板位置进行优化,方案四及方案五模拟最大隔仓浇筑工艺,图中 t 表示钢板厚度。

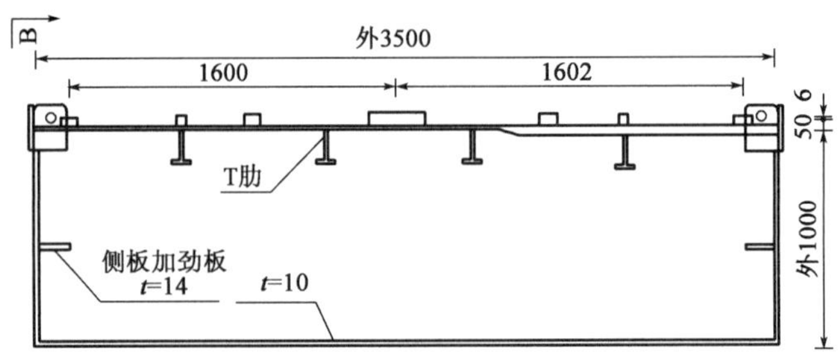

图 4-7 方案一立面图(尺寸单位:mm)

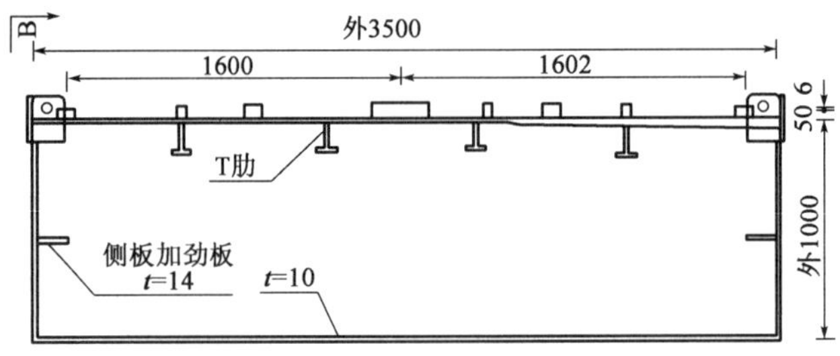

图 4-8 方案二立面图(尺寸单位:mm)

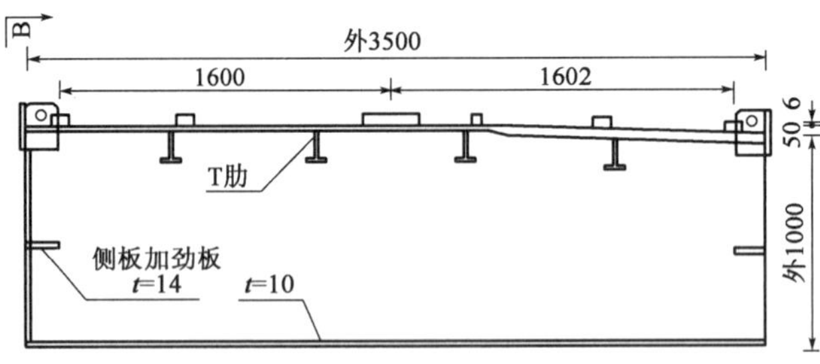

图 4-9 方案三立面图(尺寸单位:mm)

方案一:模型尺寸 3.0m × 3.5m × 1.0m(高),纵肋开孔间距 300mm,开孔处焊脚磨平,厚薄板拼接处不增设排气孔。

方案二:模型尺寸 3.0m × 3.5m × 1.0m(高),纵肋开孔间距 300mm,开孔处焊脚磨平,厚薄板拼接处增设排气孔,排气孔直径为 30mm。

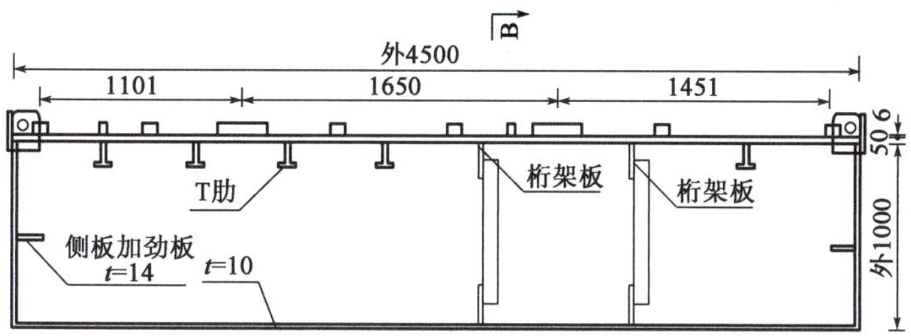

图 4-10　方案四立面图(尺寸单位:mm)

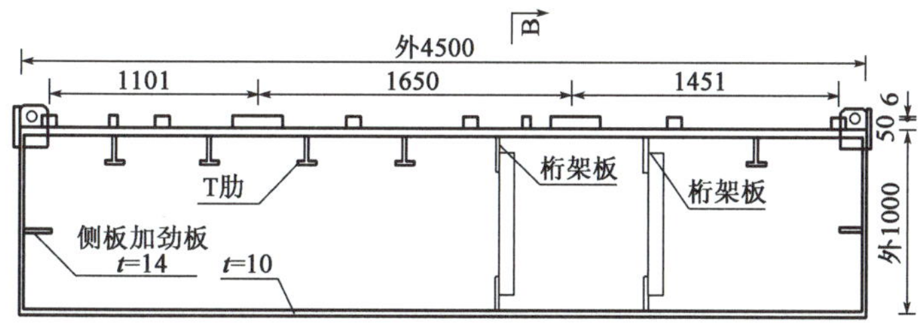

图 4-11　方案五立面图(尺寸单位:mm)

方案三:模型尺寸 3.0m×4.5m×1.0m(高),纵肋开孔间距 300mm,开孔处焊脚磨平,厚薄板拼接处增设排气孔,排气孔直径为 30mm,取消腰孔,排气管移位。

方案四:模型尺寸 3.0m×4.5m×1.0m(高),纵肋开孔间距 300mm,开孔处焊脚磨平。

方案五:模型尺寸 3.0m×4.5m×1.0m(高),纵肋开孔间距 300mm,开孔处焊脚不磨平,焊缝高度≤3mm。

4.2.1.2　模型混凝土浇筑

单仓模型(图 4-12)放置在混凝土板上,使用钢板进行精调,保证垫设的平整度。混凝土原材料情况见表 4-3,浇筑时间见表 4-4,混凝土浇筑速度设置见表 4-5。

图 4-12　单仓模型

混凝土原材料使用情况　　表 4-3

序号	项　　目	碎石	砂	水泥	粉煤灰	矿粉	外加剂
1	E300	广西贵港（辉绿岩）	中粗砂	英德海螺 P·Ⅱ 42.5	漳州电厂 Ⅰ级灰	唐山曹妃甸	苏博特

续上表

序号	项目		碎石	砂	水泥	粉煤灰	矿粉	外加剂
2	E200	底板	广西贵港（辉绿岩）	中粗砂	英德海螺 P·Ⅱ 42.5	漳州电厂Ⅰ级灰	唐山曹妃甸	苏博特
		顶板	广西盘隆石场（花岗岩）	中粗砂	英德海螺 P·Ⅱ 42.5	漳州电厂Ⅰ级灰	唐山曹妃甸	苏博特
3	单仓模型		广西盘隆石场（花岗岩）	中粗砂	英德海螺 P·Ⅱ 42.5	谏壁电厂Ⅰ级灰	唐山曹妃甸	苏博特

单仓模型浇筑时间 表 4-4

序号	模型编号	浇筑时间	备注
1	方案一①	2019 年 5 月 15 日	使用旧拖泵浇筑，混凝土为 E200 顶板浇筑配合比
2	方案二①	2019 年 5 月 15 日	使用旧拖泵浇筑，混凝土为 E200 顶板浇筑配合比
3	方案三②	2019 年 6 月 8 日	使用旧拖泵浇筑，混凝土为更换粉煤灰后的浇筑配合比
4	方案三①	2019 年 6 月 8 日	使用旧拖泵浇筑，混凝土为更换粉煤灰后的浇筑配合比
5	方案一②	2019 年 6 月 8 日	使用旧拖泵浇筑，混凝土为更换粉煤灰后的浇筑配合比
6	方案二②	2019 年 6 月 8 日	使用旧拖泵浇筑，混凝土为更换粉煤灰后的浇筑配合比
7	方案四①	2019 年 6 月 10 日	使用新拖泵浇筑，混凝土为更换粉煤灰后的浇筑配合比
8	方案四②	2019 年 6 月 10 日	使用新拖泵浇筑，混凝土为更换粉煤灰后的浇筑配合比
9	方案五①	2019 年 6 月 12 日	使用新拖泵浇筑，混凝土为更换粉煤灰后的浇筑配合比
10	方案五②	2019 年 6 月 12 日	使用新拖泵浇筑，混凝土为更换粉煤灰后的浇筑配合比

混凝土浇筑速度设置 表 4-5

序号	模型编号	浇筑速度		备注
		距隔仓顶 20cm 以上（m^3/h）	距隔仓顶 20cm 以内（m^3/h）	
1	方案一①	30	15	—
2	方案二①	30	15	—
3	方案三②	30	15	—
4	方案三①	30	15	—
5	方案一②	30	15	增开厚薄板 ϕ5cm 排气孔 2 个
6	方案二②	30	15	增开厚薄板 ϕ3cm 排气孔 1 个
7	方案四①	30	15	—
8	方案四②	30	15	—
9	方案五①	30	15	—
10	方案五②	30	15	—

单仓模型“方案一①”厚薄钢板处未开排气孔，开仓后厚薄钢板处脱空严重，脱空值最大达到 35mm，见图 4-13；单仓模型“方案二①”厚薄钢板处设置 2 个排气孔，开仓后厚薄钢板处脱空最大仍有 13mm，见图 4-14。

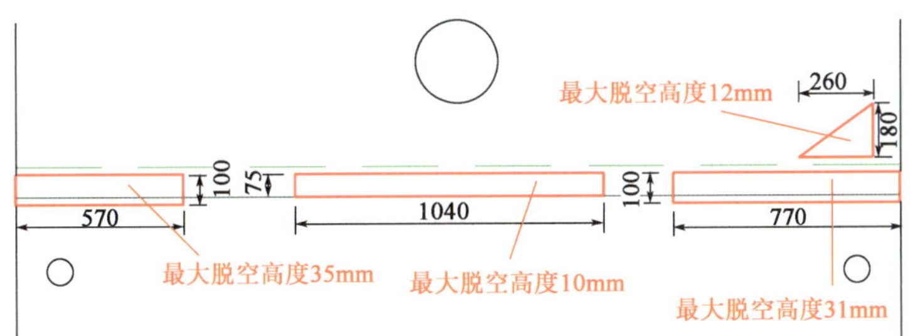

图 4-13 方案一①开仓后厚薄钢板位置脱空情况(尺寸单位:mm)

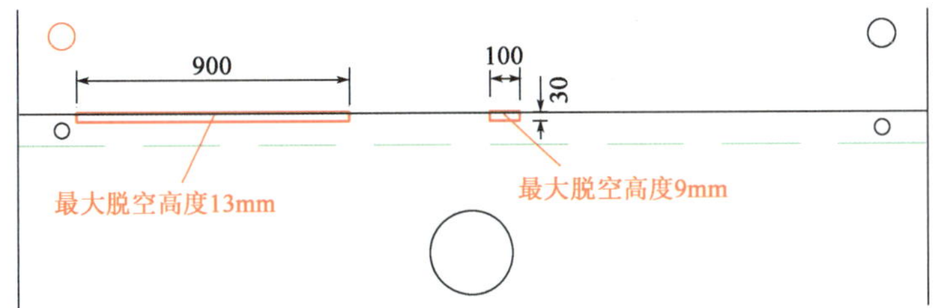

图 4-14 方案二①开仓后厚薄钢板位置脱空情况(尺寸单位:mm)

针对开仓后脱空情况对单仓模型进行调整,其中"方案一②"厚薄钢板T肋处增开2个直径为50mm的排气孔,"方案二②"厚薄钢板中间位置增开1个直径为30mm排气孔,通过进一步增开排气孔验证对浇筑质量的影响。具体变更情况见图4-15。

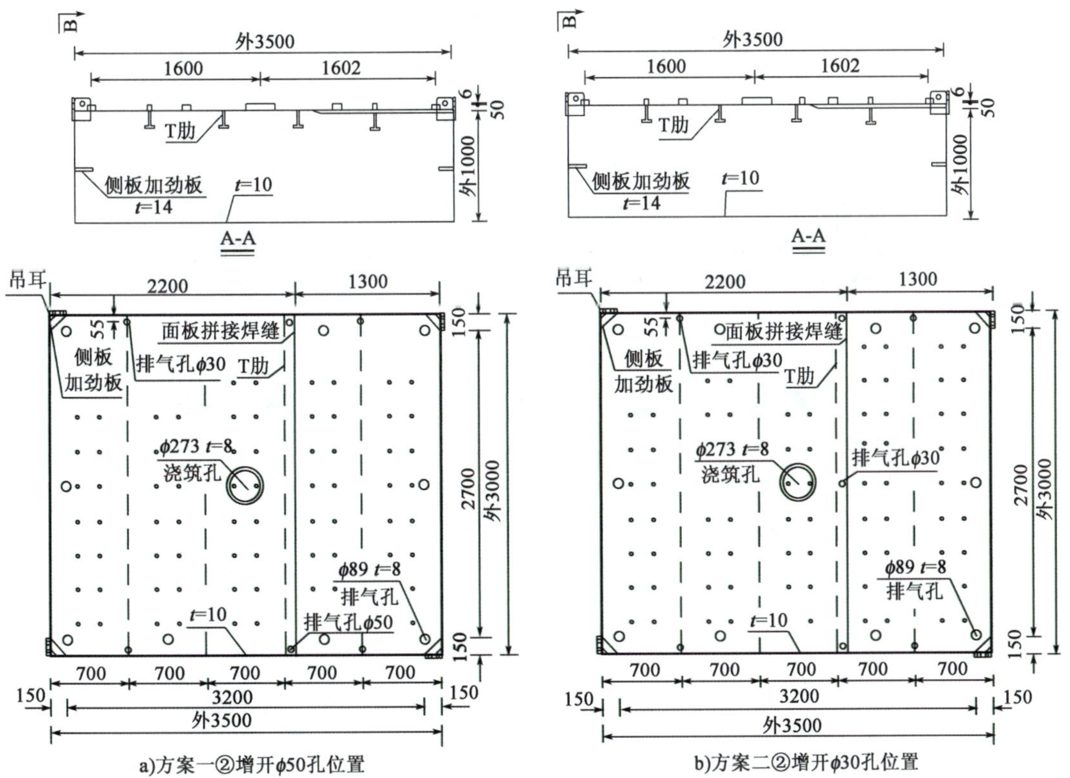

图 4-15 方案一②和方案二②增开排气孔位置(尺寸单位:mm)

4.2.1.3　模型浇筑试验分析

1)混凝土性能

单仓模型自密实混凝土生产控制情况见表4-6。

单仓模型自密实混凝土生产控制情况　　表4-6

参　数	指标要求	新拌混凝土性能
坍落扩展度(mm)	670±50	合格,可控
V形漏斗流出时间(s)	5~15	合格,可控
L形仪 H_2/H_1	≥0.8	合格,可控
混凝土密度(kg/m^3)	2300~2370	合格,可控
新拌混凝土含气量(%)	≤4	合格,可控

2)浇筑后排气管液面高度

10个单仓模型浇筑后排气管液面高度均大于30cm(新增排气管除外),未出现异常隔仓。排气管液面情况见图4-16~图4-21和表4-7、表4-8。

图4-16　方案一①浇筑结束排气管液面情况

图4-17　方案二①浇筑结束排气管液面情况

图4-18　方案一②、方案二②、方案三浇筑结束排气管液面情况

图4-19　方案四①浇筑结束排气管液面情况

图4-20　方案四②浇筑结束排气管液面情况

图 4-21 方案五浇筑结束排气管液面情况

单仓模型浇筑后排气孔(仅 ϕ89 排气孔)、下料孔液面高度汇总 表 4-7

编号	排气管液面高度均值(m)	下料管液面高度(m)	下料管与排气管液面均值差(m)
方案一①	0.350	0.66	0.31
方案一②	0.518	0.79	0.27
方案二①	0.459	0.6	0.14
方案二②	0.522	0.5	-0.02
方案三①	0.359	0.6	0.24
方案三②	0.391	0.56	0.17
方案四①	0.522	0.76	0.24
方案四②	0.374	0.55	0.18
方案五①	0.384	0.52	0.14
方案五②	0.355	0.5	0.15

单仓模型 ϕ35 排气孔液面高度 表 4-8

编号	排气管液面高度(m)							排气管液面高度均值(m)
	1 号	2 号	3 号	4 号	5 号	6 号	7 号	
方案一①	0.36	0.32	0.20	0.25	—	—	—	0.28
方案一②	0.29	0.30	0.55	0.21	0.30	0.41	—	0.34
方案二①	0.10	0.12	0.05	0.08	0.05	0.05	—	0.08
方案二②	0.29	0.05	0.38	0.16	0.13	0.21	0.30	0.22
方案三①	0.36	0.25	—	—	—	—	—	0.31
方案三②	0.25	0.15	—	—	—	—	—	0.20
方案四①	0.16	0.05	0.05	0.05	0.05	0.41	—	0.13
方案四②	0.19	0.38	0.37	0.18	0.38	0.05	—	0.26
方案五①	0.40	0.38	0.39	0.10	0.32	0.05	—	0.27
方案五②	0.07	0.15	0.35	0.33	0.05	0.05	—	0.17

大部分小排气管混凝土液面上升高度达不到0.3m,分析原因为:管口直径小,石料容易堵塞排气孔,建议混凝土液面高度不作为评判结束标准。

3)厚薄钢板浇筑情况

(1)未开孔浇筑情况。

厚薄钢板拼缝处脱空现象集中,最大脱空值为35mm,见图4-22。

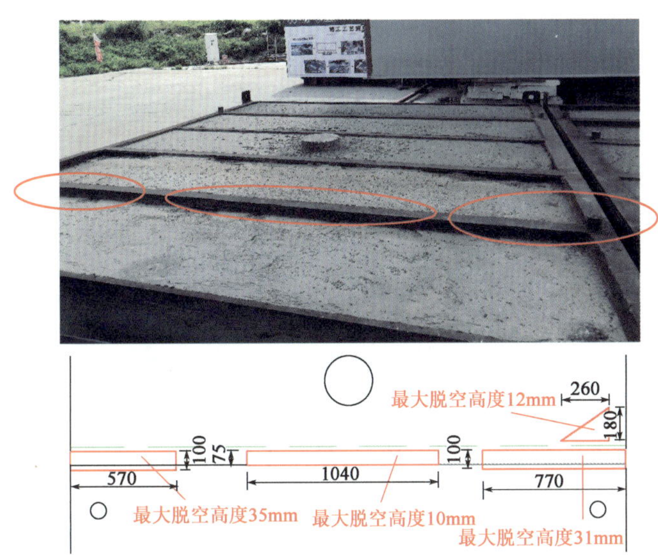

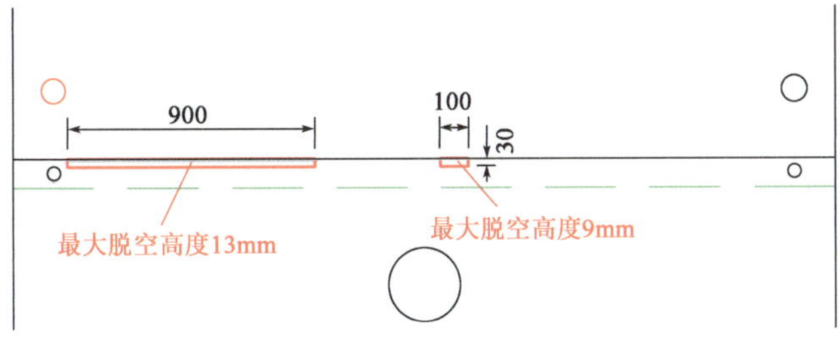

图4-22　方案一①厚薄钢板未增开排气孔(尺寸单位:mm)

(2)开2个ϕ30mm排气孔浇筑情况。

厚薄钢板拼缝处仍存在较大脱空,最大脱空值为13mm,见图4-23。

图4-23　方案二①厚薄钢板增开2个ϕ30mm排气孔(尺寸单位:mm)

(3)开 2 个 ϕ50mm 排气孔浇筑情况。

厚薄钢板拼缝处脱空情况较方案二①有所改善,但仍有部分位置填充不密实,最大脱空高度为 13mm,见图 4-24。

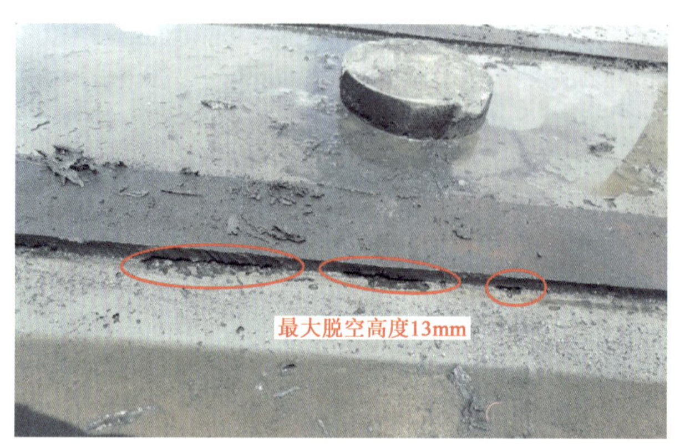

图 4-24 方案一②厚薄钢板增开 2 个 ϕ50mm 排气孔

(4)开 3 个 ϕ30mm 排气孔浇筑情况。

厚薄钢板拼缝处填充效果好,无脱空情况,见图 4-25。

图 4-25 方案二②厚薄钢板增开 3 个 ϕ30mm 排气孔

通过开仓结果观察,厚薄钢板处增开排气孔后浇筑质量明显提升,厚薄钢板处设置 3 个 ϕ30mm 排气孔浇筑质量优于增开 2 个 ϕ50mm 排气孔和 2 个 ϕ30mm 排气孔。

4)方案三浇筑情况

方案三排气管位置移动到 T 肋板正上方,共有 8 个排气孔,未开腰孔,浇筑情况如图 4-26 ~ 图 4-28 所示。

5)模型尺寸为 3m×4.5m×1m 时浇筑情况

模型尺寸为 3m×4.5m×1m 时浇筑情况如图 4-29 ~ 图 4-31 所示。

方案五①开仓后出现较大范围气泡,初步判断焊脚磨平更有利于混凝土填充。

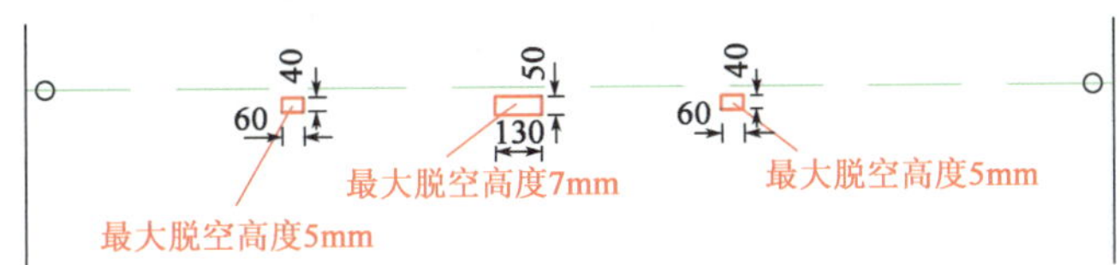

图4-26　方案三①未开腰孔位置脱空情况(尺寸单位:mm)

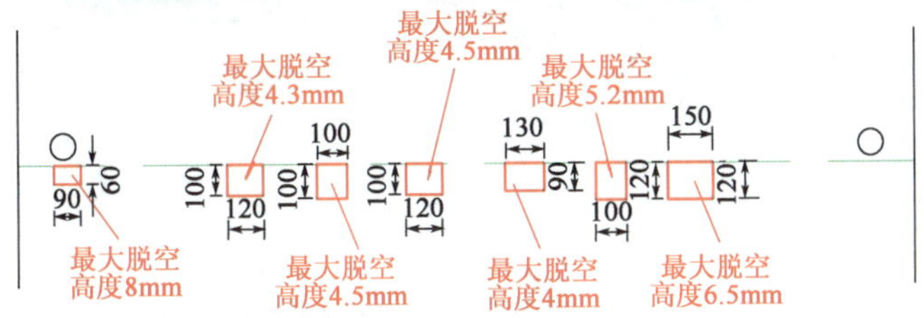

图4-27　方案三整体浇筑情况(尺寸单位:mm)

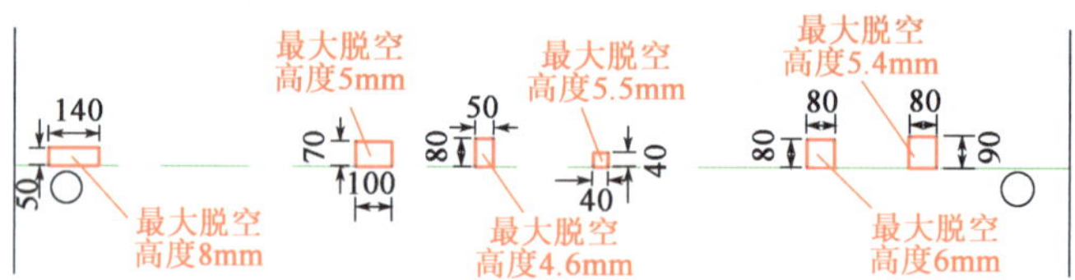

图4-28　方案三②未增开腰孔位置脱空情况(尺寸单位:mm)

图4-29　方案四开仓情况

图4-30　方案五①开仓情况

图4-31　方案五②开仓情况

4.2.1.4　试验结论

(1)根据单仓模型方案一、方案二及E200底板隔仓B2-2和B2-3开仓情况,在厚薄钢板接缝位置增开排气孔,显著提高了混凝土浇筑质量,其中增开3个排气孔效果最优,且有助于提高下料管附近混凝土浇筑质量。

(2)方案三未增开腰孔位置肋板处出现较大脱空,对比E200增开排气孔隔仓及单仓模型方案一、方案二,腰孔位置处增开排气孔有助于提高肋板位置处混凝土浇筑质量。增开排气孔可以明显提高浇筑质量,从6个单仓模型浇筑效果看,设置10个ϕ89mm排气孔、4个ϕ35mm肋板腰孔,并在厚薄钢板交界处设置3个ϕ35mm排气孔的隔仓的混凝土填充质量最好。

综上,通过单仓模型试验,研究了工艺孔设置位置对钢壳脱空的影响,进一步确定了以下工艺孔的布置参数:T肋位置宜均匀设置3个ϕ30mm排气孔(若隔仓面板内存在厚薄钢板拼接,应设置3个排气孔)。

4.2.2　局部足尺模型试验研究

4.2.2.1　试验目的

为了验证自密实混凝土的工作性能及可靠性、混凝土施工工艺及浇筑方法、钢壳与混凝土的黏结性、质量检测方法的可行性以及模型的抗弯性能等,制作钢壳混凝土管节试验模型,进行钢壳混凝土管节局部足尺模型试验研究。

4.2.2.2　试验模型选取及构造布置

模型选取结构顶板部位6m×6m足尺构造作为试验构件(图4-32),长×宽×高为6m×6m×1.6m,需浇筑混凝土约58m^3,钢材重约21t,模型重约160t。模型的顶板、底板、侧板为厚16mm的Q345钢板,隔板为厚10mm的Q345钢板,纵肋为L140mm×90mm×10mm角钢,横肋为－110mm×10mm。

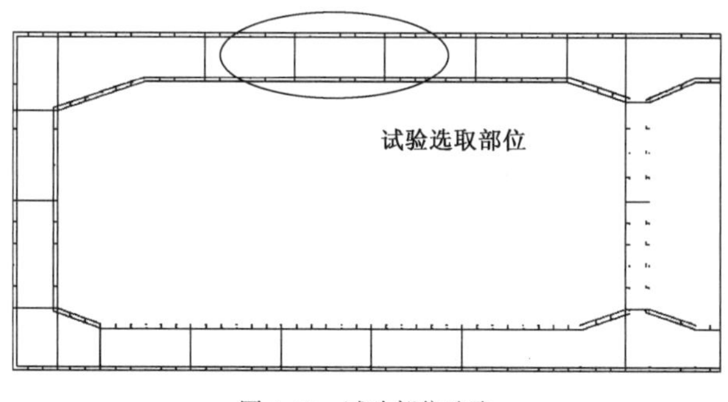

图4-32　试验部位选取

钢壳各隔仓上部与下部钢板主要承受拉应力与压应力,四周隔板承受剪力。隔仓上部与下部钢板通常还需焊接角钢与扁钢,以增强钢板承受拉压荷载能力(图4-33),确保钢壳在加工、运输及混凝土浇筑时安全、可靠,模型中隔仓进行了同样的处理。

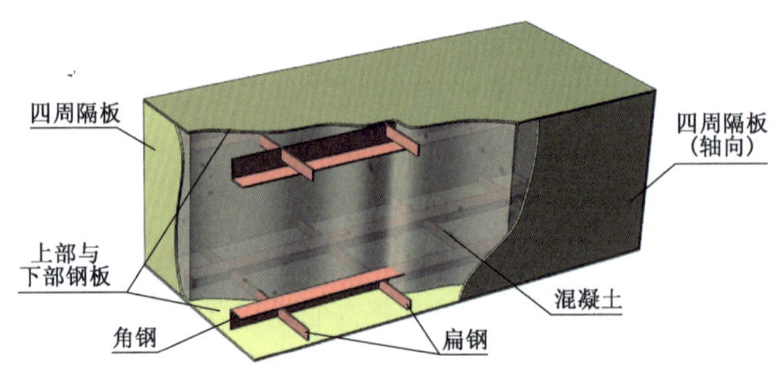

图 4-33　角钢与扁钢连接图

根据钢壳隔仓独特的构造,结合混凝土的流动性,为了确保浇筑时混凝土能顺利地充满每一个角落,在钢壳每一个隔仓的上部水平隔板边缘设置下料孔与排气孔,下料孔孔径 250mm,排气孔孔径 50mm。隔仓外部下料孔和排气孔均用管道接长,以便混凝土浇筑时混凝土在管道位置处形成一定压力,确保隔仓内混凝土的密实。为了提高隔仓混凝土浇筑效率,焊接在顶板上的加强角钢腹板上预留有通气孔,在上部钢板上焊接的扁钢与竖向钢板间预留 50mm 宽缝隙。隔仓结构示意如图 4-34 所示。

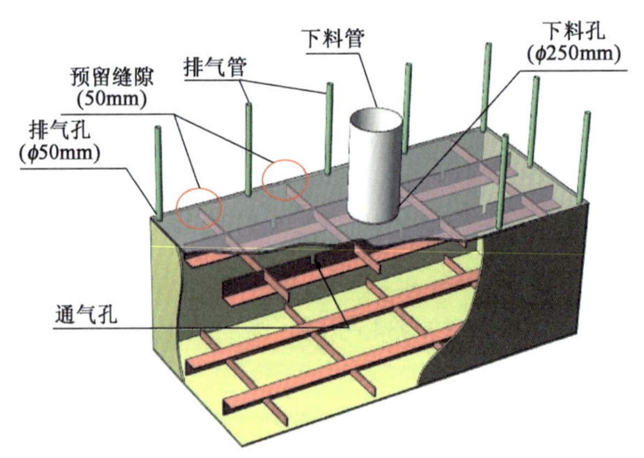

图 4-34　钢壳隔仓构造示意图

为了观察混凝土浇筑时的流动性,在钢壳隔仓 3、隔仓 4、隔仓 6 和隔仓 7 的顶部分别设置一个螺栓连接的亚克力板;为了取芯检测的需要,在隔仓 1、隔仓 3、隔仓 4、隔仓 6、隔仓 7 和隔仓 9 分别设置一个取芯孔,如图 4-35 所示;为了使用超声波测试混凝土浇筑的均匀性和缺陷,分别在隔仓 6 和隔仓 7 设置 5 根和 8 根钢质声测管。钢壳顶部构件分布如图 4-36 所示,钢壳结构示意图如图 4-37 所示。

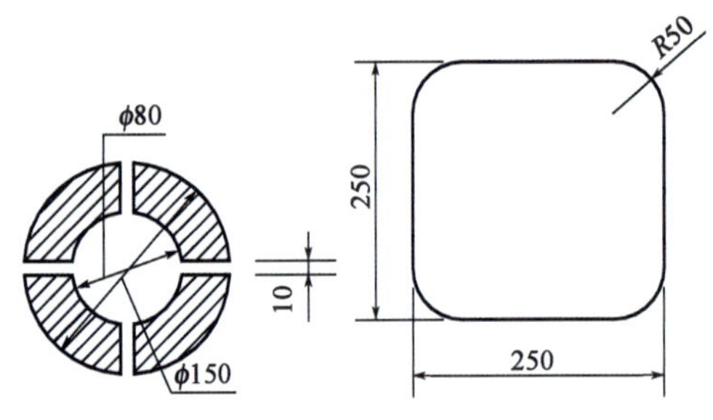

图 4-35　取芯孔和补板(尺寸单位:mm)

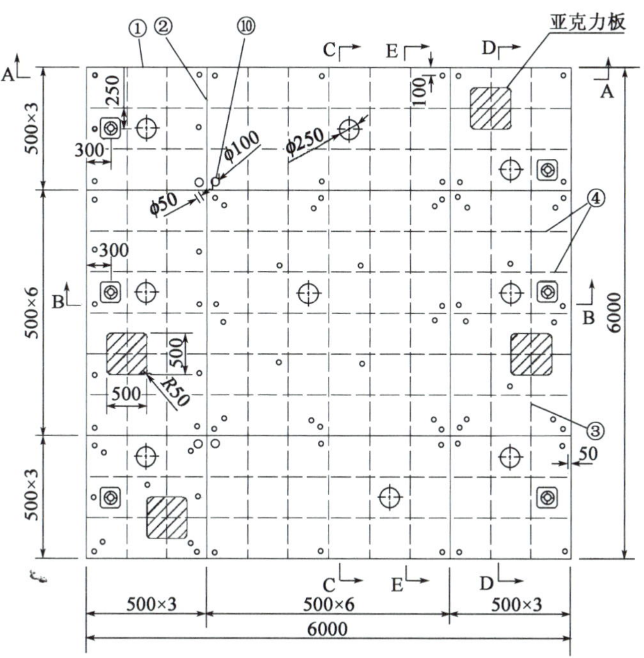

图4-36　钢壳顶部构件分布图(尺寸单位:mm)

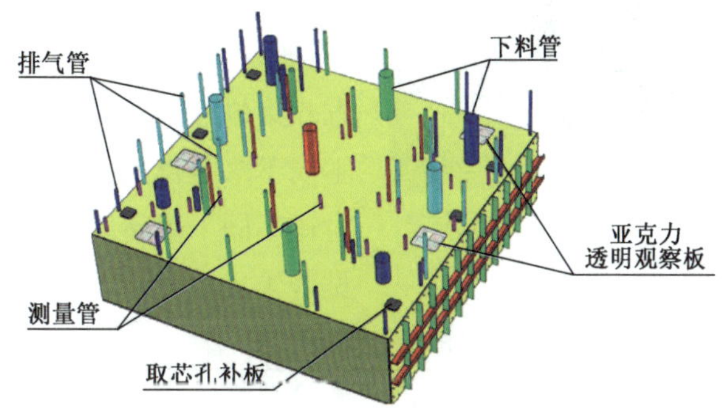

图4-37　钢壳结构示意图

4.2.2.3　混凝土浇筑

根据前期试验研究结果,确定钢壳混凝土管节局部足尺模型试验的混凝土配合比参数为胶凝材料用量不低于520kg/m³,水胶比0.32～0.34,胶凝材料体系为大掺量粉煤灰和小掺量矿粉复掺,碎石为反击破法生产的碎石,粒径范围5～20mm,由5～10mm和10～20mm两种级配碎石组成。模型试验的混凝土配合比见表4-9。

钢壳混凝土管节足尺模型试验混凝土配合比　表4-9

参数	水泥(胶凝材料质量百分含量,%)	粉煤灰(胶凝材料质量百分含量,%)	矿粉(胶凝材料质量百分含量,%)	水胶比	砂率(%)	减水剂(胶凝材料质量百分含量,%)
数值	50	35	15	0.32	50	1

室内试拌结果表明,当减水剂掺量控制在0.95%时,所配制的混凝土表现出良好的工作性能,混凝土坍落扩展度为680mm,扩展时间T_{500}为4.1s,V形漏斗流出时间为12s,L形仪高

度比为1,含气量为3.8%,密度为2340kg/m³,混凝土没有出现离析和泌水等不良现象,自密实混凝土各项性能满足设计指标要求。

在室内试拌的基础上,开展了拌和楼生产混凝土试拌,每盘拌制0.5m³混凝土,共试拌了3盘。每次试拌前,对砂、石的含水率进行了测试,根据含水率调整混凝土砂、石用量和用水量。在试拌过程中,分别将减水剂掺量设为0.9%、0.95%和1.0%,搅拌时间设置为120s、150s和180s,测试不同掺量下混凝土的工作性能。当减水剂掺量为1.0%时,混凝土坍落扩展度超过700mm,表现出轻微离析,表面浮浆;减水剂掺量在0.9%和0.95%时,混凝土坍落扩展度为650~700mm,混凝土黏聚性和流动性良好,表现为坍落良好的工作性能。搅拌时间为120s时,混凝土流动性没有完全达到,表现为坍落扩展度较小;搅拌时间为150s和180s时,混凝土流动性良好。综合室内和拌和楼试拌结果,确定混凝土的减水剂掺量为0.9%~0.95%,搅拌时间为150s。

图4-38　自由下落高度对自密实混凝土工作性能影响试验

在混凝土浇筑前,研究了不同自由下落高度对自密实混凝土工作性能的影响(图4-38),下落高度设置为1m、2m、3m和4m,分别进行坍落扩展度和L形仪高度比试验。试验过程为:通过调整串筒高度,控制串筒出料口到下方收集料斗的距离为1m、2m、3m和4m,收集不同下落距离的混凝土,进行工作性能测试,对比不同下落高度对混凝土性能的影响,结果见表4-10。

自由下落试验结果　表4-10

下落高度	坍落扩展度	L形仪高度比	下落高度	坍落扩展度	L形仪高度比
1m	700mm	0.9	3m	620mm	0.8
2m	650mm	1.0	4m	603mm	0.9

表4-10表明,自由下落过程对自密实混凝土的工作性能有一定的不良影响,具体表现为坍落扩展度随下落高度的提升不断降低,但在4m高度时混凝土的坍落扩展度仍保持在600mm以上,L形仪的试验结果则没有规律性变化。该试验结果表明,自由下落对自密实混凝土的性能有一定不良影响,本次足尺模型试验所配制的钢壳沉管自密实混凝土在自由下落高度为4m范围内仍表现出良好的工作性能,满足本研究中有关钢壳沉管自密实混凝土的工作性能指标要求。

试验分2次进行浇筑,第一次浇筑方量为21.6m³,第二次浇筑方量为36m³。从现场浇筑情况来看,所配制的自密实混凝土具有良好的泵送性能,现场浇筑过程流畅,混凝土在隔仓中流动性能良好,没有出现流速缓慢和局部不能填充等不良现象。

4.2.2.4　混凝土监测与检测

1)混凝土温度和应变监测

钢壳沉管自密实混凝土要求混凝土具有良好的体积稳定性,而导致体积稳定性下降的主要因素为混凝土的自收缩和温度收缩,因此本次试验选择足尺模型中尺寸为3m×3m×1.6m的足尺隔仓进行温度和应变监测,在钢壳制作过程中预埋了温度传感器和应变传感器,对混凝土硬化过程中的温度和应变进行连续监测,如图4-39所示。具体监测周期为模型浇筑后的7d内每2h采集一次数据,7d后每3d采集一次数据,直到模型进行抗弯试验为止,具体的试验数据将在后期进行不断采集和分析,作为判断混凝土体积稳定性的重要依据。

图4-39　温度和应变传感器埋设与数据现场采集

表4-11所示为钢壳混凝土管节足尺模型试验混凝土温度和应变监测结果。局部足尺模型隔仓中的温度监测显示,混凝土的最高温度为50.7℃,出现在浇筑后55h,自最高温度下降至环境温度过程中的最大下降温差为36.3℃。混凝土28d垂直方向上的应变为185.1×10^{-6},此应变为底板和顶板附近混凝土所测得的应变值。由于混凝土靠近中心位置的应变受到温度升高的膨胀应力影响,其应变应小于底板和顶板处的应变,因此可推测整个隔仓在垂直方向上的应变小于185.1×10^{-6}。

足尺模型试验混凝土温度和应变监测结果　　表4-11

<table>
<tr><td rowspan="2">温度监测</td><td>最高温度</td><td>最高温度位置</td><td>最高温度出现时间</td><td>最大降温温差</td></tr>
<tr><td>50.7℃</td><td>足尺隔仓中心位置</td><td>浇筑后55h</td><td>36.3℃</td></tr>
<tr><td rowspan="2">应变监测</td><td colspan="2">7d表层混凝土垂直方向应变($\times10^{-6}$)</td><td colspan="2">28d表层混凝土垂直方向应变($\times10^{-6}$)</td></tr>
<tr><td colspan="2">117.0</td><td colspan="2">185.1</td></tr>
</table>

2)混凝土强度测试

对混凝土进行留样,分别放置在标准养护室和模型现场进行养护,并将在规定龄期时进行抗压强度测试,与设计强度以及现场模型实体钻芯取样强度进行对比,分析混凝土强度发展,进一步验证混凝土的力学性能。现场留样的试件使用有机防水膏体进行密封,以模拟钢壳沉管中混凝土所处的绝湿状态,留样过程如图4-40所示。

图 4-40　钢壳沉管自密实混凝土现场留样

混凝土抗压强度测试结果见表 4-12，混凝土 28d 抗压强度在 50MPa 以上，56d 抗压强度较 28d 抗压强度有进一步提高，基本在 60MPa 以上。

留样混凝土抗压强度测试结果　　表 4-12

留样混凝土编号	标准养护(MPa)		同条件养护(MPa)	
	28d 抗压强度	56d 抗压强度	28d 抗压强度	56d 抗压强度
1.23-1	54.9	64.2	51.8	63.3
1.23-2	55.3	60.2	54.9	58.5
1.24-1	53.9	61.9	53.1	60.1
1.24-2	53.7	65.1	52.8	64.8

3)混凝土浇筑质量检测与验证

为了进一步验证模型试验混凝土的力学性能和填充性，对钢壳内混凝土进行了取芯测试和混凝土顶面与钢壳脱空的检测。

于 56d 龄期时对混凝土进行了取芯，具体取芯位置为 1 号、3 号、6 号、7 号、8 号隔仓，所有隔仓的取芯深度为 1.6m，芯样直径为 10cm。图 4-41 为进行模型试验混凝土现场取芯。后续将对芯样不同深度处抗压强度进行测试，根据不同深度强度差别分析混凝土的匀质性情况，同时通过观察芯样外观分析其完整性和填充性。

图 4-41　模型试验混凝土现场取芯

图 4-42 所示为 1 号、3 号、6 号、7 号隔仓自密实混凝土芯样的照片，每个隔仓的芯样分为顶、中、底三段。对比不同高度芯样混凝土的集料分布情况，可对自密实混凝土的匀质性进行初步判断。对比分析各隔仓混凝土的集料分布情况可发现，6 号隔仓混凝土芯样底部有轻微的集料分布较密集的情况，说明该隔仓混凝土匀质性略差，其原因可能是 6 号仓内的混凝土是由其相邻仓中的混凝土经过工艺孔流入的，混凝

土通过工艺孔时可能有一部分砂浆先通过，然后再是混凝土通过，先通过的砂浆被后通过的混凝土顶升，导致产生一定程度的集料分布不均匀现象。其他隔仓不同高度自密实混凝土的集料分布较为均匀，没有发生明显的集料下沉聚集的情况。由此可得出，本次足尺模型试验浇筑的自密实混凝土匀质性较好。此外，从混凝土芯样的外观来看，各隔仓混凝土芯样中均分布有一些气泡，但没有大尺寸的缺陷，说明自密实混凝土填充较密实。

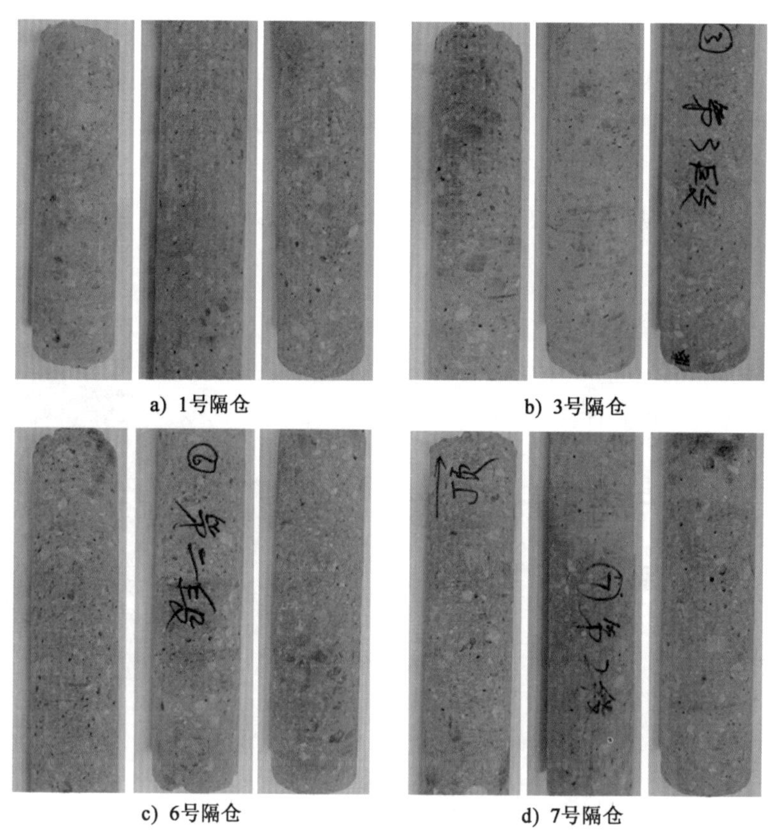

图4-42　模型试验部分隔仓混凝土芯样照片

对所有隔仓的芯样进行了切割和强度测试，切割后的芯样高度为100mm，每个隔仓的芯样由顶部向底部进行编号，强度测试结果见表4-13。

钢壳混凝土管节足尺模型试验混凝土芯样强度测试结果(单位:MPa)　　表4-13

隔仓编号	芯样编号								
	1	2	3	4	5	6	7	8	9
1	65.5	66.9	71.1	65.8	69.1	68.7	71.7	68.2	69.6
3	70.7	74.7	71.9	70.2	69.8	75.1	68.9	73.2	75.1
6	61.5	65.8	63.9	66.4	64.4	72.8	68.1	78.4	79.8
7	68.1	64.8	62.8	69.9	64.5	64.1	63.5	67.6	68.8
8	75.2	68.3	67.8	66.2	70.1	72.1	69.7	70.1	73.4

从芯样的抗压强度测试结果来看，所有隔仓的芯样混凝土抗压强度均满足设计强度要求。从单个隔仓不同高度处芯样强度测试结果来看，6 号隔仓上部混凝土芯样抗压强度较下部混凝土强度要低，其他隔仓混凝土的强度分布较均匀，从顶部到底部没有明显强度变化趋势。这也说明 6 号隔仓的自密实混凝土较其他隔仓混凝土匀质性略差，1 号、3 号、7 号、8 号隔仓混凝土的匀质性均良好。

4.2.2.5 模型静载试验

为了掌握钢壳混凝土组合结构受弯和受剪情况下组合结构中顶底板、隔板和加劲肋等钢构件的力学特性，揭示组合结构共同受力机理，进行模型的静载试验。

1）加载设备

采用图 4-43 所示的反力装置，试验反力由 4 台液压千斤顶提供，反力装置各主要组件数量及规格见表 4-14。

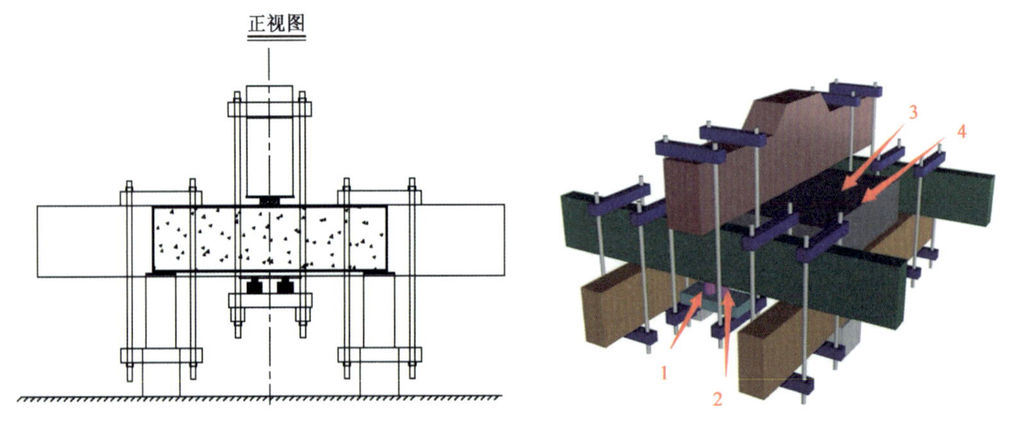

图 4-43　反力装置示意图（尺寸单位：mm）

反力装置主要组件清单及规格　　表 4-14

序号	名　称	数量	规　格	序号	名　称	数量	规　格
1	矩形钢梁一	2	(14×0.8×1.8)m	8	钢垫片二	2	—
2	矩形钢梁二	2	(12×0.6×1.77)m	9	钢垫片三	1	—
3	矩形钢梁三	1	(12×1.2×2.0)m	10	钢垫片四	4	(800×800×50)mm
4	挑梁	24	(0.35×0.35×2.14)m	11	钢质垫梁	2	(2.14×0.35×0.35)m
5	千斤顶	4	320t	12	拉杆一	8	ϕ110mm
6	混凝土墩	4	(1.0×1.5×1.2)m	13	拉杆二	16	ϕ110mm
7	钢垫片一	4	(800×800×50)mm	14	混凝土垫层	1	(6×0.5×0.20)m

注：组件的材料及规格按加载反力装置所能提供的反力大于最大加载量的 1.2 倍设计。

在图 4-43 中右图所示位置设置 4 个千斤顶。根据加载量，由 4 台额定加载量为 320t 千斤顶并联组成，用 1 台高压油泵（配套使用一个精密油压表）控制，4 台千斤顶的额定总加载量共为 1280t，最大荷载为 98000kN，可满足加载要求。

2)仪器及安装

(1)应变传感器。

应变传感器的设置考虑荷载及试验构件的对称性,在顶板和底板均安装了传感器,具体设置位置如图4-44所示。

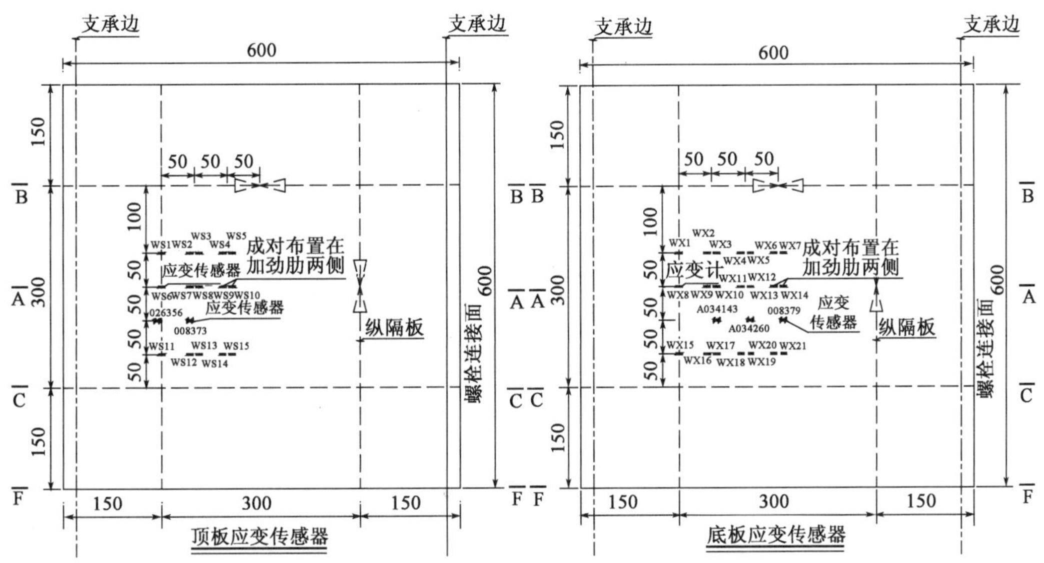

图4-44　应变传感器设置位置示意图(尺寸单位:cm)

(2)挠度观测仪器。

采用百分表测量试验构件纵向中轴线位置的挠度,百分表设置位置如图4-45所示。

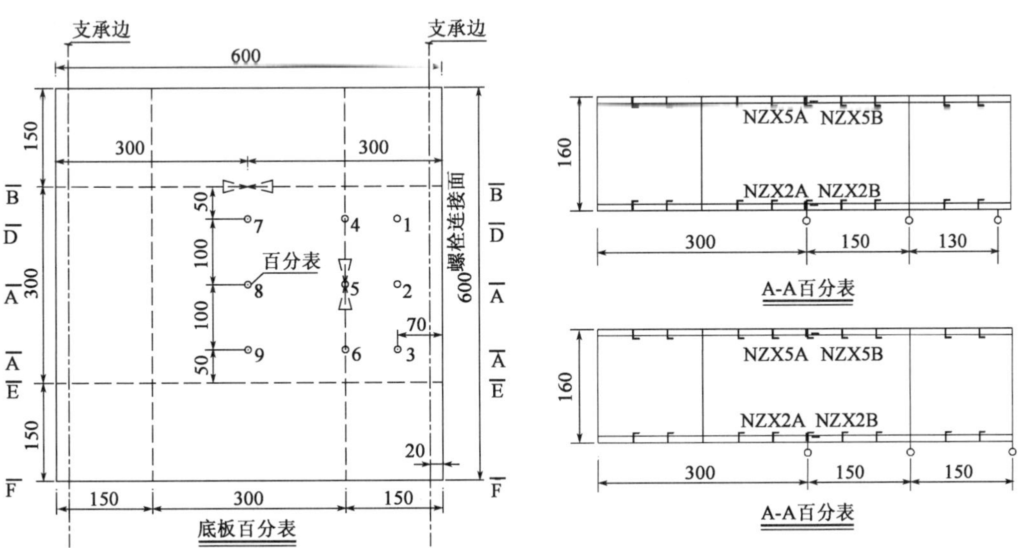

图4-45　挠度观测仪器(百分表)设置位置示意图(尺寸单位:cm)

3)试验步骤

(1)试验安装。

首先浇筑4个长宽高分别为1.5m、1m和1.2m的支墩,吊装底部的2个次梁并安装钢壳;其次进行钢壳内部混凝土的浇筑试验(图4-46);在混凝土达到规定龄期之后,进行上部次梁和顶部主梁的安装(图4-47);最后进行静载试验(图4-48)。

图4-46　浇筑完成的钢壳混凝土模型

图4-47　吊装顶部主梁

图4-48　静载试验俯视图

(2)加载方法。

加载方式为初读后加载至0.20倍设计荷载并测读;继续加载至0.4倍设计荷载并测读;如此逐级加载并测读,到1.0倍设计荷载后卸载,卸载完毕后回零读数。如此重复3次。详细加卸载步骤见表4-15。

4)观测程序

加载前初读并记录各应变片、应变花及百分表示值;加载过程中,每级加载后至百分表示值稳定时记录各应变片、应变花及百分表示值,且在任何情况下持续荷载时间不得小于表4-15中的值;卸载过程中,每级卸载后至百分表示值稳定时记录各应变片、应变花及百分表示值,且在任何情况下持续荷载时间不得小于表4-15中的值。

试验加卸载步骤表　　表4-15

荷载（P%）	荷载值（kN）	精密压力表示值（MPa）	荷载最小持续时间(min)	荷载（P%）	荷载值（kN）	精密压力表示值（MPa）	荷载最小持续时间(min)
20	1960	11.19	15	80	7840	41.77	5
40	3920	21.38	15	60	5880	31.58	5
60	5880	31.58	15	40	3920	21.38	5
80	7840	41.77	15	20	1960	11.19	5
100	9800	51.96	15	0	0	0.00	5
80	7840	41.77	5	20	1960	11.19	15
60	5880	31.58	5	40	3920	21.38	15
40	3920	21.38	5	60	5880	31.58	15
20	1960	11.19	5	80	7840	41.77	15
0	0	0.00	5	100	9800	51.96	15
20	1960	11.19	15	80	7840	41.77	5
40	3920	21.38	15	60	5880	31.58	5
60	5880	31.58	15	40	3920	21.38	5
80	7840	41.77	15	20	1960	11.19	5
100	9800	51.96	15	0	0	0.00	5

5)试验结果

加载过程中的编号为1～9的百分表所对应的测量点的挠度如图4-49所示，各点残余沉降约为0.5mm；钢壳管节顶部应变片的应变值随荷载值变化曲线如图4-50所示；钢壳管节底部应变片的应变值随荷载值变化曲线如图4-51所示，加载试验过程中未见钢壳有裂纹和脱焊的情况。

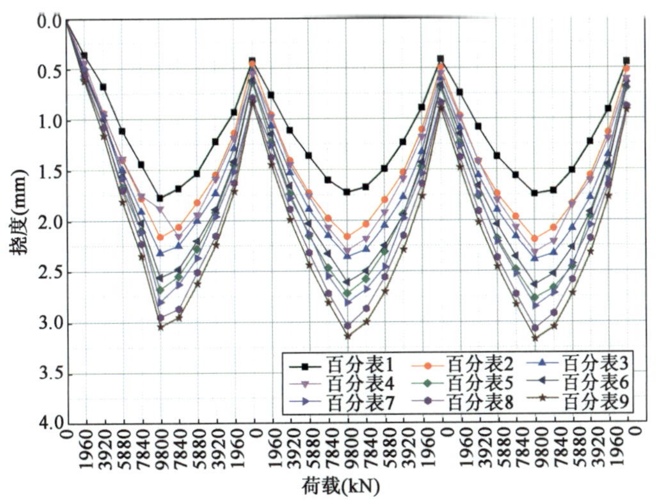

图4-49　荷载-挠度曲线

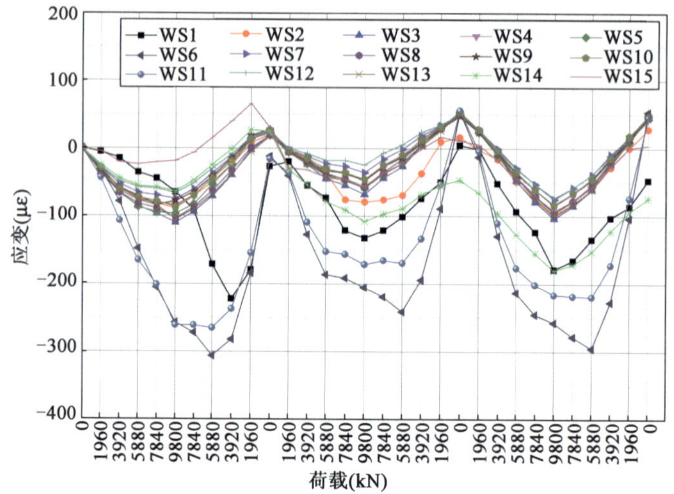

图 4-50　荷载-顶部应变片应变曲线

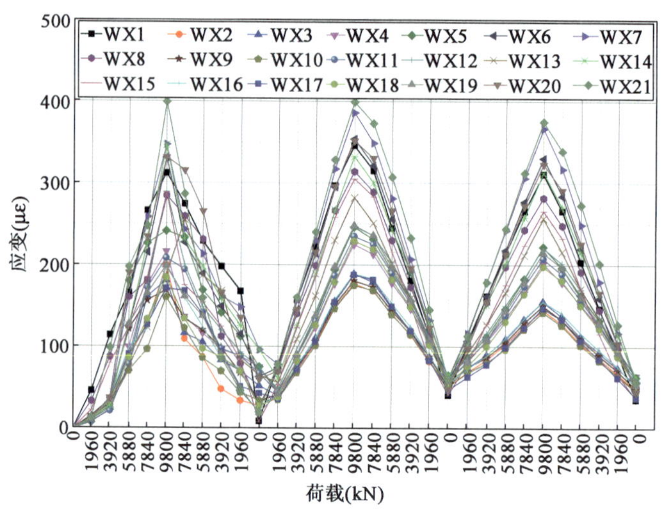

图 4-51　荷载-底部应变片应变曲线

6)静载试验数值模拟

使用有限元软件 ANSYS 建立钢壳混凝土管节模型，其中端板、隔板、扁钢和角钢均选用 Shell63 单元，端板和隔板采用 Q345，弹性模量为 2.06×10^{11}Pa，泊松比为 0.3，屈服强度为 345MPa，密度为 7850kg/m^3；扁钢和角钢采用 Q235，弹性模量为 2.06×10^{11}Pa，泊松比为0.2，屈服强度为 235MPa，密度为 7850kg/m^3。

混凝土采用 Solid45 单元，材料特性取值参照浇筑的混凝土留样的试验性能和《公路钢筋混凝土及预应力混凝土桥涵设计规范》(JTG 3362—2018)，根据试验时现场留样的抗压试验测得，其抗压强度为 50MPa，弹性模量为 3.6×10^{10}Pa，泊松比为 0.2，密度为 2400kg/m^3。

在钢壳底部两侧以简支形式安装垫片作为支撑，其接触面为 6m × 0.1m，垫片中心线距离钢壳侧边 0.2m。有限元分析中模型的隔板和骨材的网络模型图如图 4-52 所示。根据静载试验,在钢壳顶部的 6m ×0.5m 的范围内施加 9800kN 的均布荷载,边界条件和加载方式(图 4-53)不变。

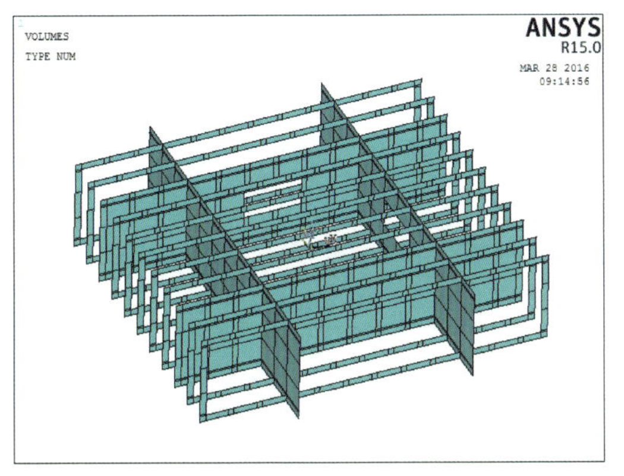

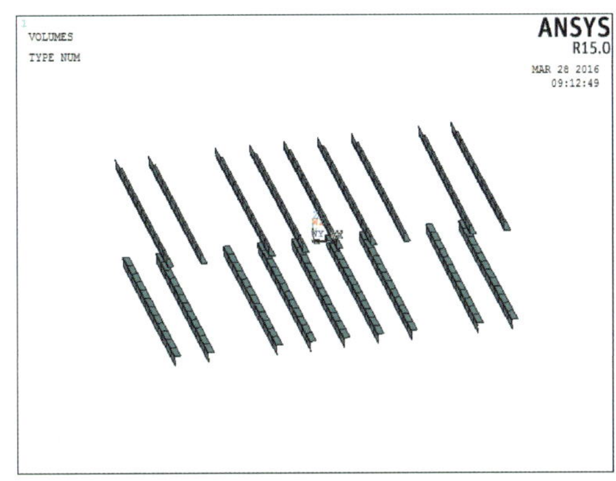

图 4-52　隔板和骨材的网格模型图

由于这类结构形式的钢壳与混凝土结构的受力机理尚不十分清晰,本书仅讨论以下两种计算模型,以便对钢壳混凝土结构的受力机理做初步的探讨。

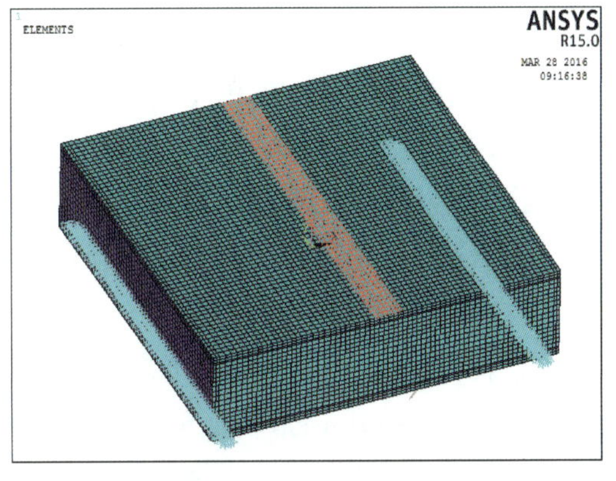

图 4-53　边界条件和加载方式

模型Ⅰ:钢壳混凝土结构共同受力。假定钢壳与混凝土协同受力,钢壳和混凝土采用共节点的形式,对钢壳与混凝土划分网格,共计生成 95282 个单元、114862 个节点。

模型Ⅱ:仅是钢壳受力。假定混凝土只是钢壳内填充物(建模计算时不再考虑混凝土的作用),对钢壳划分网格,共计生成 12323 个单元、13202 个节点。

为了探究钢壳与混凝土在静载时的共同受力情况,分别将两种建模方式的结果与静载试验结果进行对比。从上文的静载试验三个循环的挠度、应力等方面的结果来看,施加 9800kN 静载时钢壳还处于弹性阶段。将 9800kN 静载时钢壳底部的 9 个挠度测量值与 ANSYS 仿真值的结果列于表 4-16 中。试验时未能考虑钢壳结构下部钢梁支座压缩量的观测,经计算,钢梁支座的计算沉降值为 0.384mm。

钢壳底部挠度值对比(单位:mm)　　表 4-16

百分表编号	试验值			仿真值	
	第一循环	第二循环	第三循环	钢壳 + 混凝土	纯钢壳
1	0.886	0.836	0.856	0.059	0.625
2	1.276	1.276	1.306	0.058	0.418
3	1.436	1.476	1.506	0.059	0.624

续上表

百分表编号	试验值			仿真值	
	第一循环	第二循环	第三循环	钢壳+混凝土	纯钢壳
4	0.996	1.416	1.436	0.143	2.59
5	1.796	1.836	1.886	0.142	2.65
6	1.676	1.726	1.756	0.143	2.61
7	1.916	1.926	1.966	0.232	4.38
8	2.066	2.156	2.186	0.231	5.27
9	2.156	2.256	2.286	0.232	4.97

注：表中试验值剔除了残余沉降0.5mm和钢梁支座的压缩值0.384mm。

值得指出的是，钢壳混凝土局部足尺模型试验的静载加载系统复杂，受限于加载系统的试验能力及场地条件，各构件间存在一定的间隙和摩擦，且试验最大荷载9800kN远小于结构的极限承载力，试验过程中钢壳混凝土构件挠度很小。

4.2.2.6 试验结论

(1)通过钢壳混凝土管节局部足尺模型试验，对所配制的钢壳沉管自密实混凝土材料性能、生产过程质量控制等流程进行了验证，同时也完善了钢壳沉管自密实混凝土质量控制技术。试验进一步探索了现场生产工艺参数，所开发的钢壳沉管自密实混凝土质量稳定可控，性能指标满足深中通道项目针对钢壳沉管自密实混凝土提出的指标要求，混凝土填充于模型隔仓中匀质性良好。

(2)自由下落过程对自密实混凝土的工作性能有一定的不良影响，具体表现为坍落扩展度随下落高度的提升不断降低，但在4m高度时混凝土的坍落扩展度仍保持在600mm以上。

(3)模型试验的结构受力分析和验证结果表明，试验模型仍处于弹性变形范围内，远小于钢壳混凝土结构的极限承载力，所设计的钢壳混凝土结构形式能满足服役环境下的荷载需求。

4.2.3 大断面浇筑试验

4.2.3.1 试验目的

为了验证钢壳混凝土管节施工工艺可行性，进行大断面模型试验，对自密实混凝土性能、质量控制方法和质量检测方法的可行性进行验证，确保管节在施工过程的可靠性。

4.2.3.2 试验模型选取

大断面钢壳模型的尺寸为长16.0m、宽17.1m、高5.0m，纵向分为A～E共5段隔仓，顶板、底板、侧板、纵隔板为厚16mm的Q345钢板，纵肋为L140mm×90mm×10mm角钢，横隔板及横肋为厚10mm的Q345钢板。大断面模型的示意图如图4-54、图4-55所示，三维实体模型如图4-56所示。

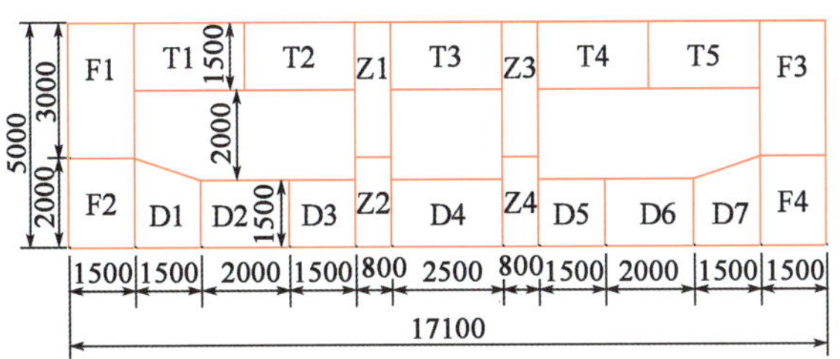

图4-54　大断面模型横截面图(尺寸单位:mm)

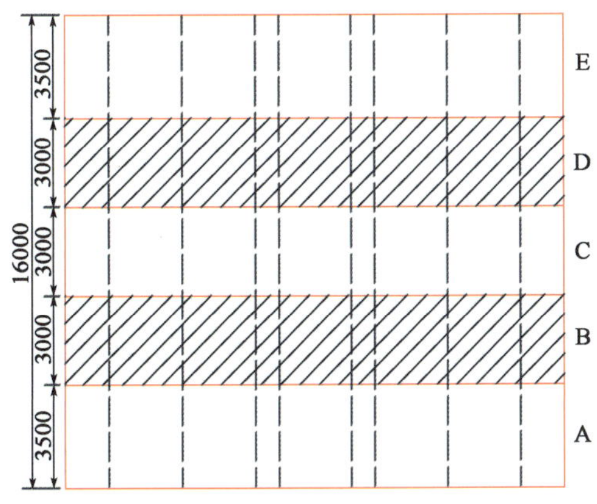

图4-55　大断面模型俯视图(尺寸单位:mm)

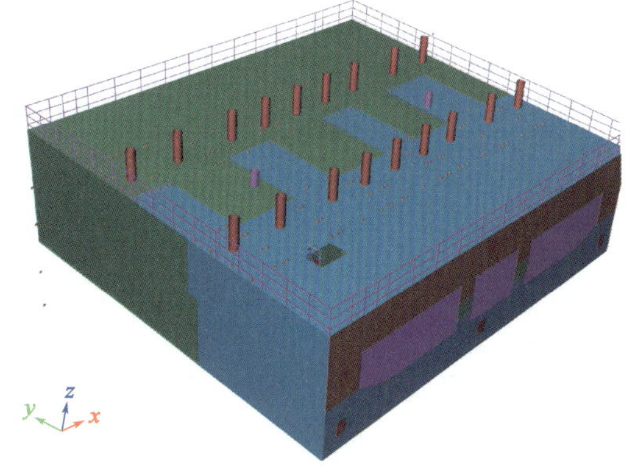

图4-56　大断面模型三维实体建模

4.2.3.3　大断面模型试验混凝土配制及性能

大断面模型试验环境温度为12～22℃,采用的配合比见表4-17。在进行室内试配时,对钢壳沉管自密实混凝土拌合物的坍落扩展度、坍落扩展度经时损失、L形仪H_2/H_1、V形漏斗流出时间、含气量、密度、泌水率等进行了测试。

大断面模型试验自密实混凝土试配配合比　　表4-17

参数	水泥(胶凝材料质量百分含量,%)	粉煤灰(胶凝材料质量百分含量,%)	矿粉(胶凝材料质量百分含量,%)	水胶比	砂率(%)	减水剂(胶凝材料质量百分含量,%)
数值	50	35	15	0.32	50	1.05

表4-18所示为室内试配试验混凝土性能测试结果。从表中可以看出,本次室内试配的混凝土拌合物性能满足指标要求。

大断面模型试验自密实混凝土室内试配结果　　表4-18

坍落扩展度(mm)			L形仪H_2/H_1	U形箱Δh(mm)	V形漏斗流出时间(s)	含气量(%)	密度(kg/m³)	泌水率(%)
初始	1h	1.5h						
680	670	610	1	0	16	2.8	2348	0

根据出机拌合物和浇筑前拌合物性能测试,判断钢壳沉管自密实混凝土性能是否满足基本指标要求。混凝土拌合物性能测试结果见表4-19。

大断面模型浇筑试验混凝土拌合物性能测试结果 表 4-19

车号	坍落扩展度(mm)		扩展时间 T_{500}(s)		出机至浇筑时间(min)	V形漏斗流出时间(s)	L形仪 H_2/H_1	密度(kg/m³)	含气量(%)		泌水率(%)
	出机	浇筑	出机	浇筑					初始	浇筑	
第一次浇筑											
8	645	645	5.4	5.4	29	—	—	2350	2.5	3.2	—
6	630	665	5.9	2.4	23	—	—	—	—	2.1	—
10	675	—	4.9	—	—	15.3	0.92	2342	3.5	—	—
7	700	695	3.5	2.7	82	—	—	2328	2.9	3.0	—
8	—	495	—	6.7	131	—	—	—	—	3.8	—
6	715	—	3.7	—	—	9.7	1.0	2330	3.3	—	—
4	—	605	—	3.6	—	—	—	—	—	2.9	—
9	670	560	6.0	3.8	118	—	—	2368	2.6	2.7	—
7	695	695	5.7	3.2	32	7.3	1.0	2357	2.7	2.5	0
6	705	480	4.6	—	180	—	—	2350	2.7	—	—
4	695	650	5.1	2.7	75	—	1.0	2357	3.4	2.8	—
3	730	—	4.6	—	15	14.6	—	—	—	—	—
第二次浇筑											
9	695	635	6.2	3.7	35	—	—	2370	2.4	3.2	0
8	665	630	6.4	3.8	24	13.0	—	—	—	3.2	—
3	700	660	5.9	5.6	28	—	—	2345	2.4	2.8	—
6	675	640	6.9	4.2	25	14.2	—	2365	2.2	2.8	—
8	695	640	5.9	4.1	32	—	—	2365	2.8	2.7	—
9	—	590	—	4.2	57	—	—	—	—	—	—
6	—	—	—	—	110	—	—	—	—	3.3	—
3	680	665	7.9	4.9	16	14.5	1.0	2377	2.5	2.2	—
8	655	—	7.4	—	—	—	—	2374	2.5	—	—
9	670	640	6.1	4.0	38	—	—	2370	2.6	3.5	—
6	670	640	7.5	4.9	23	—	—	2380	2.2	3.0	—
3	665	665	6.4	4.5	8	—	—	2385	2.2	2.8	0
第三次浇筑											
4	615	660	5.7	—	2	—	—	—	—	—	—
7	655	630	7.0	6.6	25	—	—	2371	2.2	2.8	—
6	700	690	6.7	4.9	23	14.6	1.0	2368	2.7	2.5	—
10	685	650	6.5	5.7	23	—	—	—	—	2.5	—
4	680	660	7.3	6.8	30	—	—	—	—	2.4	—
7	665	620	9.1	7.4	25	—	—	2382	2.5	2.4	—
6	665	680	8.0	4.8	40	—	—	—	—	2.2	0
10	680	500	6.7	6.9	92	—	—	2374	2.2	2.2	—

续上表

车号	坍落扩展度(mm)		扩展时间 T_{500}(s)		出机至浇筑时间(min)	V形漏斗流出时间(s)	L形仪 H_2/H_1	密度(kg/m^3)	含气量(%)		泌水率(%)
	出机	浇筑	出机	浇筑					初始	浇筑	
4	640	655	8.2	3.4	96	13.6	1.0	—	—	—	—
7	640	575	8.7	4.2	48	—	—	2377	2.5	—	—
6	630	655	9.1	3.4	—	—	—	—	—	—	—

从自密实混凝土拌合物性能测试结果来看,本次大断面模型浇筑试验中钢壳沉管自密实混凝土的生产过程控制良好,通过拌和楼和浇筑现场技术人员的控制,钢壳沉管自密实混凝土的性能较好地满足了施工要求。与本研究提出的钢壳沉管自密实混凝土基本性能指标进行对照,所生产的混凝土拌合物坍落扩展度基本保持在600~700mm,V形漏斗流出时间小于15s,L形仪测试的高度比大于0.9,混凝土密度为2300~2400kg/m^3,出机和浇筑前混凝土拌合物含气量低于4%,泌水率测试结果显示,混凝土未发生明显的泌水现象。以上结果表明,在此次大断面模型浇筑试验过程中,钢壳沉管自密实混凝土的性能可控。除此之外,还有部分混凝土由于等待时间过长,坍落扩展度损失过大,在泵送前已经不满足指标要求,具体包括6个车次共69m^3混凝土,其中有1个车次混凝土在运输车内等待3h,2个车次等待2h,1个车次等待1.5h,有2个车次等待近1h。另外,还有3个车次的混凝土虽然在运输车内等待超过1h,但浇筑前混凝土拌合物的性能仍然满足工作性能要求。

V形漏斗测试结果表明,本次试验过程中有个别测试结果超过15s,现场测试人员观察发现,该现象产生的主要原因是偶有超粒径的碎石在V形漏斗底部出料口发生堵塞导致,该结果也表明,在进行钢壳沉管自密实混凝土的V形漏斗测试时,需要排除超粒径碎石对测试结果的影响。从L形仪测试结果来看,抽样检测的混凝土拌合物L形仪测试结果基本满足设计指标要求,这也表明本次试验所生产的钢壳沉管自密实混凝土没有发生明显的离析现象。

图4-57 大断面模型浇筑

经过拌和楼和现场混凝土拌合物性能测试后,采用泵送方式进行模型浇筑试验。现场大断面模型浇筑如图4-57所示。

4.2.3.4 浇筑工艺及工序

大断面模型在纵向分为A~E五个区域,其中B、D为浇筑区,混凝土浇筑总量为367.5m^3。结合现场具体施工条件,大断面模型B、D区域分别按照“墙体—底板—顶板”及“底板—墙体—顶板”的顺序分3次在粉料码头浇筑,浇筑时间分别为2017年1月9日、2017年1月11日和2017年1月13日。

大断面模型分3次采用2台布料机同时浇筑,每次浇筑分为若干小步,浇筑流程如图4-58~图4-60所示。

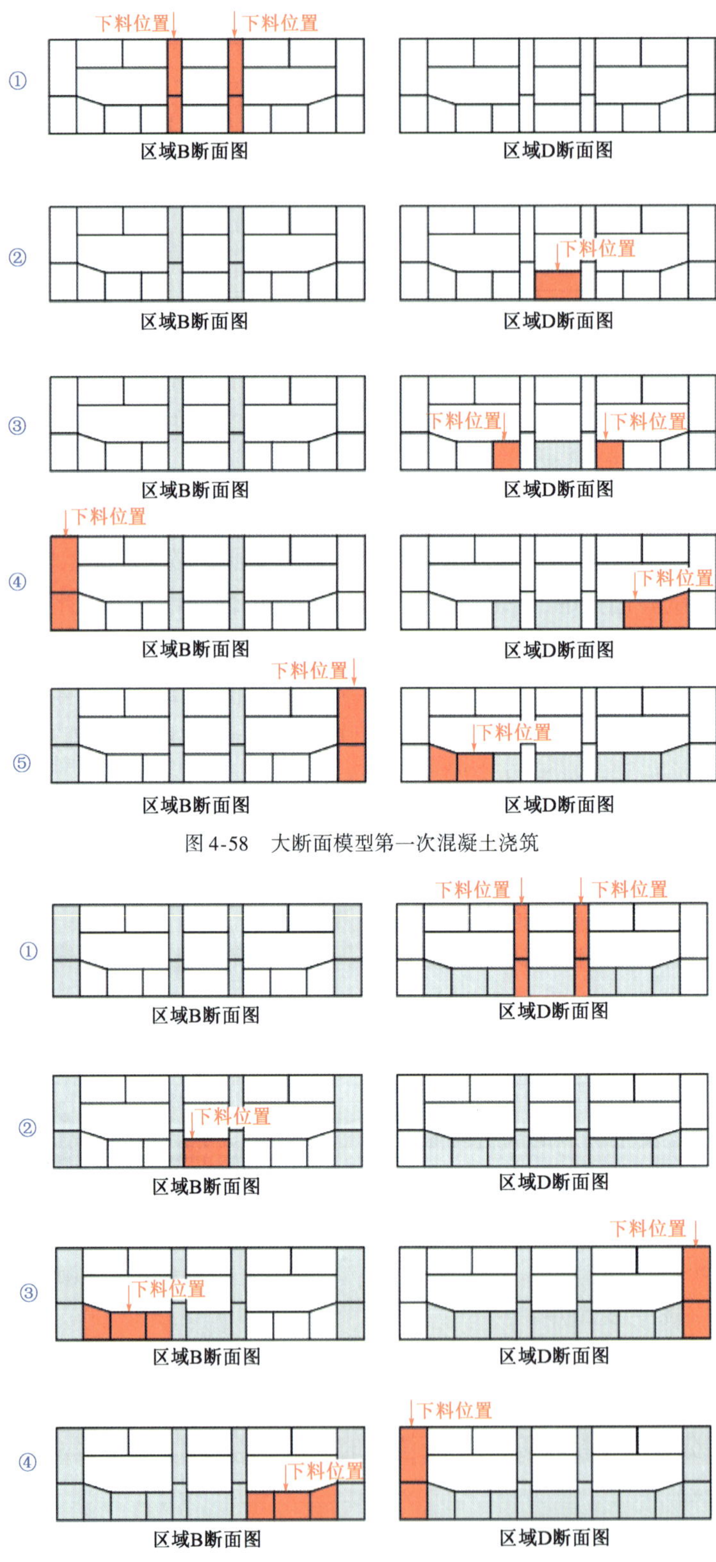

图 4-58　大断面模型第一次混凝土浇筑

图 4-59　大断面模型第二次混凝土浇筑

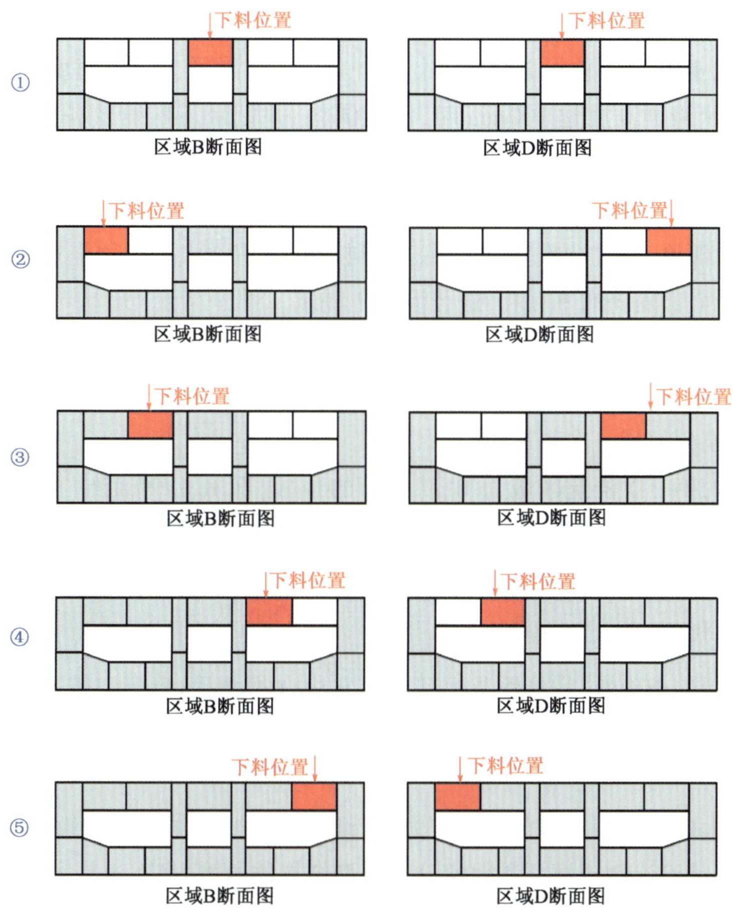

图4-60　大断面模型第三次混凝土浇筑

大断面模型的第一次浇筑区域为B断面的墙体、D断面的底板，其中B断面主要为F1、F2、F3、F4、Z1、Z2、Z3、Z4隔仓，D断面主要为D1、D2、D3、D4、D5、D6、D7隔仓，浇筑总量为127.5m^3。

自密实混凝土拌制完成，在搅拌站检测合格后方可运输至浇筑现场，过泵检测合格后开始进行浇筑。浇筑时，每台布料机配置2名技术人员记录相关的数据，1名技术员负责浇筑过程的下料控制，如图4-61所示。

图4-61　底板浇筑

底板浇筑前期,按 3.3m/h 的液面上升速度进行浇筑,浇筑过程中测量混凝土液面高度,待混凝土液面上升至离顶板 200mm 时,停止布料,将混凝土浇筑速度调整为 1.67m/h,待排气管内混凝土液面高度达 300mm 时,停止供料,并记录下料管及各排气管内混凝土液面数据。

墙体底部难以观察隔仓排气管情况,为避免停止时间点控制不当,导致混凝土溢出至上部隔仓,出现断层的现象,本次试验墙体采用一次到顶的浇筑方式。墙体浇筑采用总长为 4.5m 的下料串筒,穿过上部隔仓的下料孔,进行混凝土浇筑。

大断面模型的第二次浇筑区域为 B 断面的底板,即 B 断面 D1、D2、D3、D4、D5、D6、D7 隔仓,以及 D 断面的墙体,即 D 断面 F1、F2、F3、F4、Z1、Z2、Z3、Z4 隔仓,浇筑总量为127.5m^3。浇筑过程与大断面模型的第一次浇筑相同。

大断面模型的第三次浇筑区域为 B、D 断面的顶板,即 B、D 断面的 T1、T2、T3、T4、T5 隔仓,浇筑总量为 112.5m^3。在第三次模型浇筑前需对模型顶板底部的开孔进行焊接封孔,并进行水密试验。

4.2.3.5 过程监测及质量检测

为了施工分析的准确性,完善管节模型试验方法,在大断面模型浇筑过程中,对管节的应变和变形进行监测。在浇筑完成之后,对钢壳混凝土的浇筑质量进行检测。

1)应变监测

对钢壳管节大断面模型关键截面的应力进行监测,将监测结果与物理模型试验和数值分析结果进行比较,是验证物理模型和数值分析模型结果的基本方法,也是完善物理模型试验方法和数值分析模型的重要环节。大断面模型 B、C、D 的跨中断面均为关键截面,测点布置如图 4-62 所示。

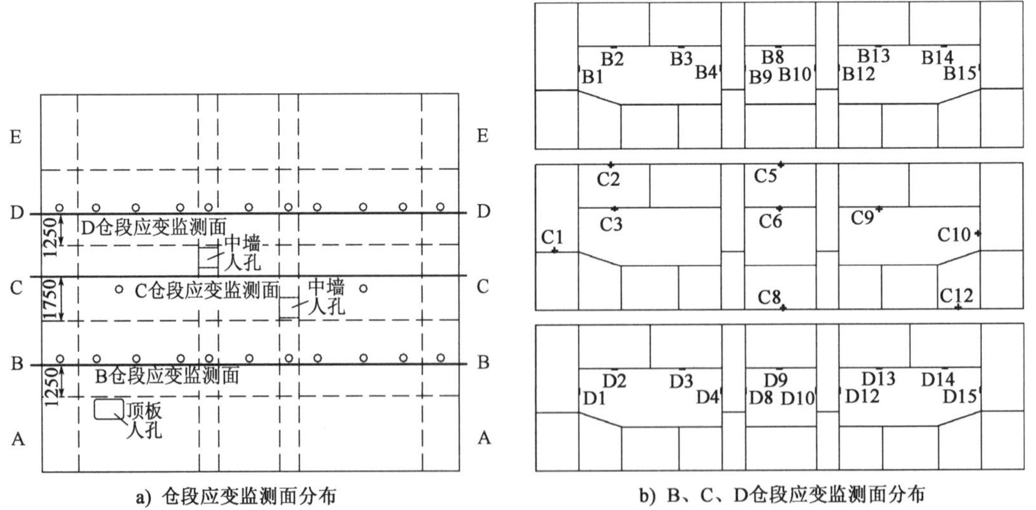

图 4-62 关键断面应变测点布置

三个关键断面上应变测点的应变变化如图4-63所示。其中，浇筑过程中最大的应变为276με（应力约为57MPa），整个浇筑过程中，三个关键断面上的钢壳满足强度要求，施工对结构安全的影响很小。

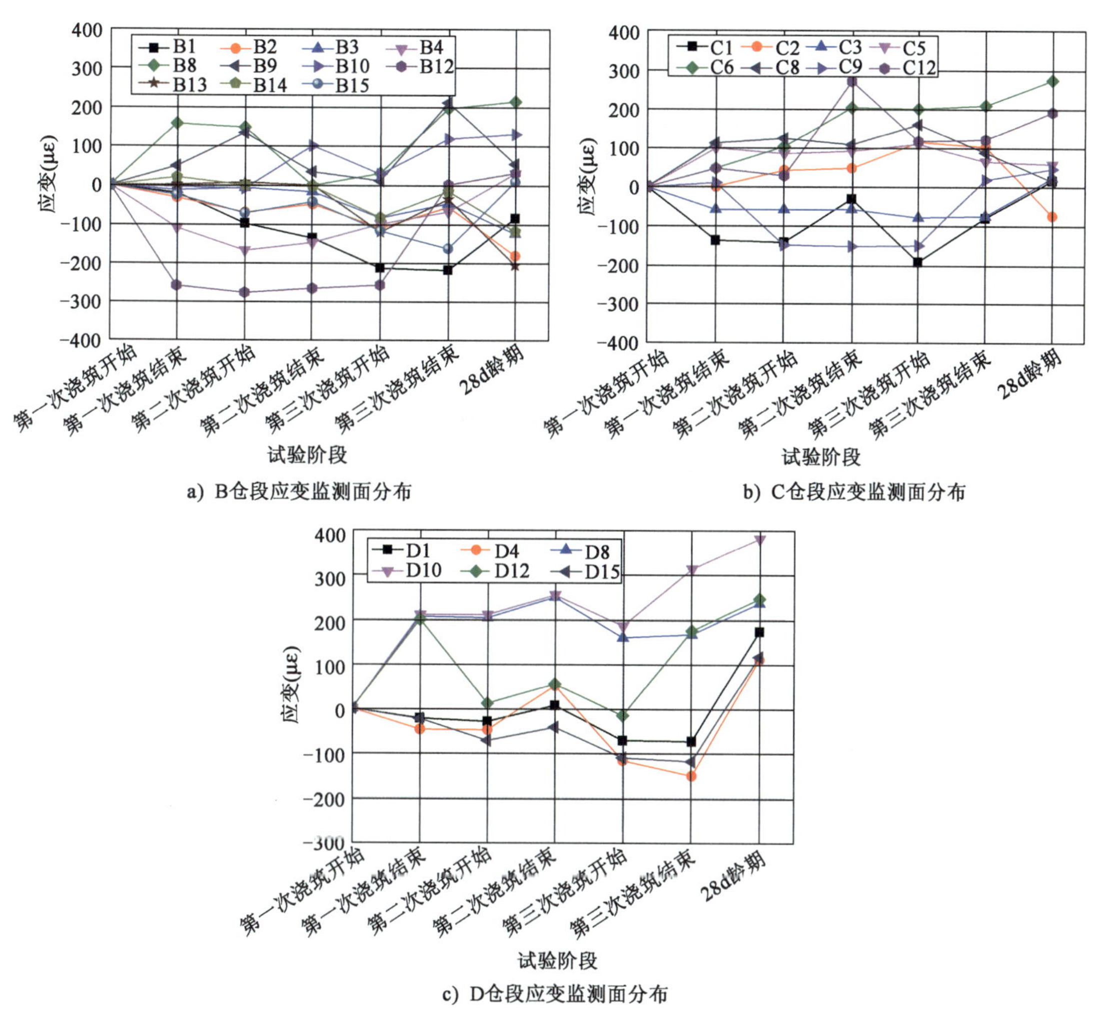

图4-63　浇筑试验各仓段应变测点应变值

2）变形监测

为了对大断面模型浇筑时管节廊道的变形进行监测，对钢壳管节内的关键控制点进行测量。测量时，通过反射标志点获取被测块体的整体关键点坐标，获取被测量点位的三维坐标点云，通过软件分析位置和偏差大小，如图4-64所示。

各区域的三维变形和长度变化列于表4-20，可以看出，整个浇筑过程中，钢壳混凝土管节廊道内的最大变形长度为2.8952mm。

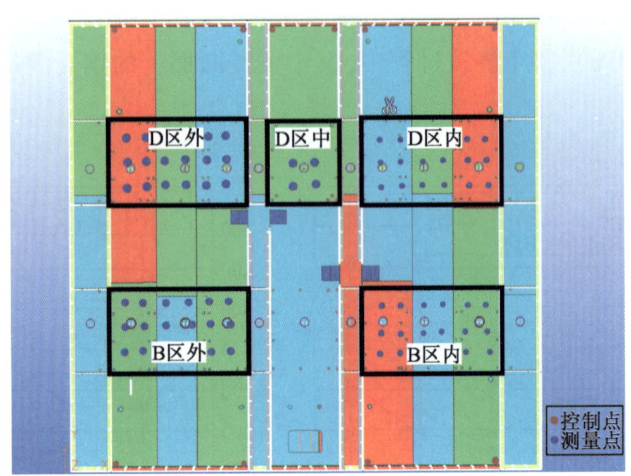

图 4-64 试验段模型测量区域划分及布点示意图(俯视)

钢壳管节廊道最大变形(单位:mm)　　表 4-20

区　域	测量类别	第一次浇筑	第二次浇筑	第三次浇筑
B 区内	Δx	2.7809	0.8004	0.4986
	Δy	0.5503	1.5339	0.8270
	Δz	-0.1312	0.4421	0.4632
	长度	2.8952	1.7350	1.0231
B 区外	Δx	-0.1919	0.2238	1.1462
	Δy	1.5478	0.1811	1.5048
	Δz	0.1610	0.3616	-0.1132
	长度	1.5789	0.5709	2.7426
D 区内	Δx	0.7305	-0.3996	-0.1042
	Δy	1.4989	2.3812	1.7564
	Δz	1.3001	-0.1209	0.2386
	长度	2.0303	2.4447	2.1004
D 区外	Δx	0.3216	-0.7033	-0.1956
	Δy	-0.7207	0.1572	-0.1405
	Δz	0.7348	0.5948	0.2461
	长度	1.7412	2.5326	2.4103
D 区中	Δx	0.4466	0.1940	2.8805
	Δy	0.2325	1.6579	0.3940
	Δz	0.3943	0.3997	-0.4976
	长度	0.6116	1.8707	3.1375

3)混凝土温度和应变监测

对于温度和应变监测,选择了B仓段的底板、侧板以及顶板的3个隔仓埋设温度和应变传感器,所选取的隔仓如图4-65所示。

表4-21列出了大断面模型浇筑试验混凝土温度和应变监测结果,可知大断面模型试验不同位置(底板、顶板和侧板)钢壳沉管自密实混凝土的最高温度较接近,在66.8~68.3℃,最高温出现时间约在混凝土浇筑后的55h,混凝土的最大温升在43.3~45.4℃,最高温度出现在隔仓的中心位置,自密实混凝土温度得到较好控制。

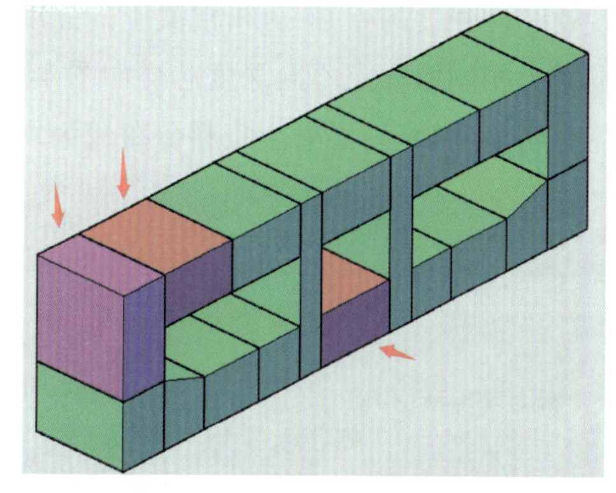

图4-65　混凝土温度、应变监测隔仓

大断面模型浇筑试验混凝土温度和应变监测结果　　表4-21

位置	底板	顶板	侧板
最高温度(℃)	68.3	66.8	68.0
最高温度位置	隔仓中心	隔仓中心	隔仓中心
温峰时间(h)	55.5	55.0	55.0
最大温升(℃)	45.4	43.3	44.6
28d垂直方向应变($\times10^{-6}$)	141.7	135.9	132.3

从应变监测结果来看,3个隔仓钢壳沉管自密实混凝土28d的体积变形表现为收缩应变,收缩值不高于150×10^{-6}。由于钢壳沉管自密实混凝土处于近似封闭环境,混凝土的收缩主要为自收缩,收缩主要发生在早期。可见,本研究所配制的钢壳沉管自密实混凝土具有较好的体积稳定性。

4)混凝土强度测试

大断面模型试验混凝土强度的测试分为两个部分,分别为现场混凝土留样强度测试和模型实体钻芯取样强度测试。对于留样强度,对本次模型试验过程中3次浇筑的混凝土进行了留样,留样混凝土试件的尺寸为150mm×150mm×150mm,每次留样3组,放置于标准养护室进行养护,分别测试混凝土7d和28d抗压强度,混凝土留样强度测试结果见表4-22。从强度测试结果来看,本次模型试验留样混凝土的28d抗压强度在50MPa以上,满足配制指标要求。

大断面模型浇筑试验混凝土留样强度测试结果(单位:MPa)　　表4-22

试验日期	第一次浇筑	第二次浇筑	第三次浇筑
7d抗压强度	44.4	47.5	46.8
28d抗压强度	54.6	60.0	59.8

除了测试留样混凝土强度外，对模型上层不同隔仓进行了实体取芯，取芯具体位置为隔仓的下料孔，针对选择的隔仓，钻取从顶部到底部的全部芯样，通过测试芯样强度以及对比不同高度处芯样强度的差别，分析混凝土的强度是否到达要求及其匀质性。取得的钢壳沉管自密实混凝土相同取样点不同深度芯样如图4-66所示，从芯样的外观来看，混凝土结构较为致密，未见有明显的缺陷、混凝土集料分布较为均匀，没有明显的集料分层现象。

图4-66　大断面模型试验钢壳沉管自密实混凝土芯样（相同取样点不同深度芯样）

共对5个隔仓进行了钻芯取样，将所取的芯样由顶部至底部切割成9个高为100mm的圆柱体，并进行抗压强度测试，测试结果见表4-23。从芯样抗压强度测试结果来看，模型实体混凝土28d抗压强度均在50MPa以上，混凝土强度分布较为均匀，表明混凝土内部没有发生明显的不密实等缺陷，混凝土密实性和匀质性较好。

大断面模型试验混凝土芯样强度测试结果（单位：MPa）　　表4-23

隔仓编号	芯样编号								
	1	2	3	4	5	6	7	8	9
1	66.5	69.0	71.1	69.8	69.1	75.5	71.7	67.2	72.3
2	63.7	72.5	65.8	70.2	72.1	71.1	69.9	71.2	71.3
3	67.8	75.1	71.5	69.3	71.4	74.6	70.9	76.1	71.3
4	75.4	70.1	71.2	68.7	69.5	73.1	72.3	72.6	72.8
5	66.2	70.1	71.8	69.9	71.3	70.8	67.9	71.3	71.5

4.2.3.6　浇筑工艺评价

通过试验，基本确定了排气孔、下料管的设置和浇筑速度等工艺参数，具体工艺结论如下：

（1）对比三种排气孔孔径的试验结果，直径80mm的排气孔可以满足浇筑要求。排气孔孔径为50mm的D-D6隔仓，在下料管内液面高度达到1200mm时，排气管内混凝土液面高度最高571mm，最低69mm，与下料管混凝土液面高差为934.5mm，排气管混凝土液面上升过程存在阻塞和跳跃现象。排气孔孔径为80mm的B-D6隔仓，在下料管内液面高度达到820mm时，排气管内混凝土液面高度均为600mm，与下料管混凝土液面高差为220mm，排气孔内混凝土液面均匀上升。排气孔孔径为100mm的B-D2隔仓，在下料管内液面高度达到800mm时，排气管内混凝土液面高度最高540mm，最低460mm，平均高度492.1mm，与下料管混凝土液面高差为307.9mm。

（2）对比三种排气孔孔径的试验结果，设置的1000mm排气孔间距满足工艺要求。排气孔间距为800mm的D-D5隔仓，在下料管内液面高度达到700mm时，排气管内混凝土液面高度均为600mm，与下料管混凝土液面高差100mm。排气孔间距为1000mm的B-D5隔仓，在下料管内液面高度达到835mm时,排气管内混凝土液面高度最高448mm,最低332mm,平均高度381mm,与下料管混凝土液面高差为454mm。排气孔间距为1200mm的B-D3隔仓,在下料管内液面高度达到745mm时,排气管内混凝土液面高度最高570mm,最低430mm,平均高度479.5mm,与下料管混凝土液面高差为265.5mm。

(3)采用2台布料机对称、跳仓布料,基本达到了平衡浇筑的要求,使用姿态仪和水准仪进行检测,最大倾斜约50cm,与浇筑前计算的基本相同。

(4)底板浇筑时,采用贯穿顶板的方式布置浇筑串筒,基本满足底板浇筑要求,但开孔后带来后续的封孔等问题。采用焊接方式封闭工作孔,焊接过程内部烟雾较大,仰焊焊缝成型困难;焊接完成后,对焊缝进行水密试验,其中有8个出现滴水现象,2个焊缝位置出现水印。

(5)以排气孔内混凝土液面高度达到300mm作为混凝土停止供料的时间点,基本可控,但拖泵停止后,混凝土泵送存在惯性,共浇筑40个隔仓,有11个隔仓存在混凝土从排气管内溢出问题。

(6)试验分4个不同的时间段(8h、6.5h、5h、2h)拆除下料管和排气管。从4个不同的时间段拆除效果来看,浇筑完成2h后,管内混凝土清理和管口混凝土抹平较为困难,考虑混凝土初凝时间,建议浇筑完成2h左右拆除下料管和排气管。

(7)底板及顶板的下料孔、排气孔的焊接封闭、气密、水密试验基本满足要求,在焊接封闭过程中,设置有2台空调(制冷量约5kW)进行通风,管内烟雾排出时间大约为4h,单个下料孔封闭及水密时间大约为40min。

(8)搅拌站生产前准备41min,单车($12m^3$/车)搅拌时间15min,检测等待用时10min,搅拌站检测用时10min,运输用时3min,搅拌车单次移位时间3min,现场检测时间10min,速度调整停顿时间3min,下料管拆除及更换停顿时间约10min,隔仓间转换约7min。浇筑完成后洗管及现场清理时间120min。单车下料完成用时最长约71min。在最大隔仓为3m×3m×1.5m的情况下,浇筑速度按$30m^3/h$(液面上升3.33m/h),距离顶板20cm后,浇筑速度按$15m^3/h$(液面上升1.67m/h),其工效列于表4-24。

工效对比表 表4-24

浇筑次序	日期	方量	入仓速度	混凝土浇筑开始至结束的工效	混凝土生产开始至结束的工效
第二次	2017年1月11日	$127.5m^3$	$21.73m^3/h$	$11.30m^3$/(h·台)	$10.65m^3$/(h·台)
第三次	2017年1月13日	$112.5m^3$	$22.35m^3/h$	$12.16m^3$/(h·台)	$11.42m^3$/(h·台)

4.2.3.7 试验结论

对钢壳混凝土管节预制涵盖的自密实混凝土配制、混凝土浇筑工艺工效以及质量检测技术进行了全面验证,取得了预期的试验成果。具体结论如下:

(1)从大断面模型浇筑试验中钢壳沉管自密实混凝土的配制和性能检测结果来看,本研究针对钢壳沉管自密实混凝土提出的坍落扩展度、V形漏斗流出时间、L形仪H_2/H_1、含气量、密度等基本性能指标,用于现场混凝土质量控制时适用性良好;选用以大掺量粉煤灰、小掺量矿粉复掺为主要特征的材料体系及优化后的专属外加剂,所配制的钢壳沉管自密实混凝土拌合物性能满足流动性、填充性和抗离析性能等基本性能要求;自密实混凝土质量可控,28d 抗压强度在 50MPa 以上,较好地满足了浇筑试验的泵送施工要求。

(2)验证排气孔 100mm、80mm、50mm 三种孔径及 1200mm、1000mm、800mm 三种间距的排气效果,综合浇筑质量、后期结构补强工程量等因素,推荐排气孔设计为孔径 80mm、间距 1000mm。

(3)验证 $15m^3/h$、$20m^3/h$、$30m^3/h$ 三种浇筑速度。根据试验检测结果,对于 3m×3m×1.1m的隔仓尺寸,初期浇筑速度为 $30m^3/h$(液面上升 3.33m/h),在距离隔仓顶部 20cm 后,浇筑速度调整为 $15m^3/h$(液面上升 1.67m/h),脱空(气泡)情况控制良好,可满足浇筑质量要求。

(4)隔仓尺寸为 3m×3m×1.1m 时,浇筑速度按 $30m^3/h$(液面上升 3.33m/h),距离顶板 20cm 后浇筑速度按 $15m^3/h$(液面上升 1.67m/h)时,对每车混凝土坍落扩展度、含气量、T_{500} 等性能分别进行搅拌站和现场检测,以及按照精细化要求严格控制混凝土浇筑质量的情况下,按第二次、第三次浇筑统计,从混凝土浇筑开始至浇筑结束的综合工效为 $11.73m^3/(h·台)$,入仓浇筑速度为 $22m^3/h$。实际工程中,各个隔仓大小不一致,需根据实际情况调整浇筑速度。

(5)通过合理设置浇筑孔、排气孔及控制浇筑速度等浇筑工艺参数,可较好地实现自密实混凝土在钢壳内的流动、填充和密实,脱空情况得到较大改善。从检测来看,顶部钢壳与混凝土之间的脱空较小,80% 以上都是小于 2mm 的脱空,无大于 5mm 的脱空出现。

(6)顶板开工作孔浇筑底板混凝土的方式存在工效低、工作孔修复困难等问题,在实际工程中,管节内设有压载水系统,底板隔仓的排气孔、下料孔易与其相互干扰,设计时需考虑合理的布置方案。

(7)自密实混凝土会受减水剂、泵送管道、气温等变量的影响,从本次试验看,自密实混凝土性能生产后至入仓,时间控制在 1h 内为宜,实际工程中,需根据运输距离、管道布置方式、气温、原材料等提前考虑浇筑方案,严格控制各个环节的衔接。

综上,通过大断面模型试验,确定了钢壳沉管的浇筑工艺参数。推荐排气孔设计为孔径 80mm、间距 1000mm;推荐初期浇筑速度为 $30m^3/h$,在距离隔仓顶部 20cm 后调整为 $15m^3/h$。

4.2.4 半幅足尺模型试验

为了验证浇筑装备的控制精度,继续优化混凝土性能和配比,研究浇筑速度和排气孔位置对浇筑质量的影响,分析钢壳混凝土预制工效和验证取消内支撑的可行性,开展了半幅足尺模型试验。半幅足尺模型试验包括 2 个长 18m、宽 23m、高 10.6m 的模型(沿纵向中部切开)。单个模型钢材重约 737t,使用混凝土约 $1417m^3$,如图 4-67 所示。

4.2.4.1　试验目的

(1)混凝土配合比的稳定性。通过足尺模型试验,在原有混凝土配合比的基础上进行不断优化,稳定混凝土性能,为实际管节的浇筑做好充分准备。

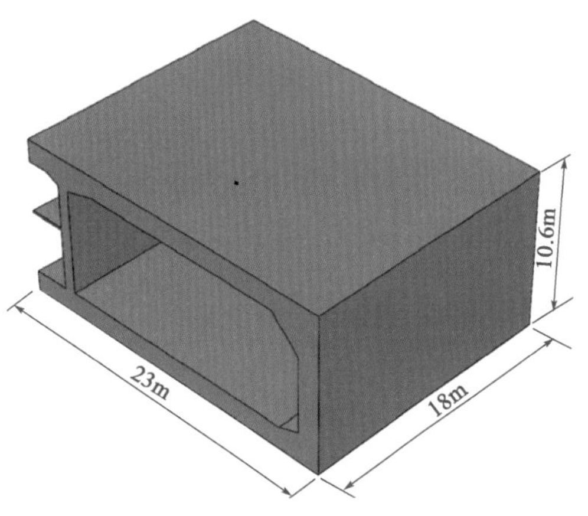

图4-67　半幅足尺模型示意图

(2)肋板通气孔设计。按照足尺模型设计图纸,通气孔间距为3000mm、1500mm和1000mm,与大断面模型肋板通气孔布置间距250mm、日本通气孔间距300mm相比,相差较大。因此,通过本次试验验证通气孔设置对浇筑质量的影响。

(3)排气孔布置设计。足尺模型隔仓下料孔均布置在隔仓中部,排气孔分别按照单个标准隔仓(3m×3.5m×1.5m)10个孔或8个孔布置等。本试验将验证不同隔仓在不同排气孔布置下的浇筑效果,优选出最佳排气孔布置形式。

(4)自由下落高度。根据已有相关试验参数,同时考虑模拟实际工艺,在隔仓混凝土浇筑过程中,布料机管节末端距离混凝土液面高度不大于100cm,即混凝土自由下落高度不超过100cm。根据局部足尺模型试验及其他相关经验,自密实混凝土自由下落高度在不超过4m的情况下性能均能保持在较好的状态。因此,本试验将验证不同的自由下落高度对混凝土浇筑质量的影响。

(5)隔仓浇筑结束条件。隔仓浇筑接近完成时,当所有排气管中的混凝土液面高度上升超过50cm时,可结束该隔仓的浇筑;而混凝土浇筑按照前期科研研究成果中推荐的浇筑方法进行时,隔仓结束条件为所有排气管中的混凝土液面高度上升超过30cm。因此,本试验将验证这两种不同的结束条件对隔仓浇筑质量的影响。

(6)混凝土的浇筑顺序。本试验将验证不同的浇筑顺序对管节变形的影响,并在管节变形满足要求的情况下选择施工效率最高的浇筑顺序作为混凝土浇筑优选顺序。

(7)混凝土可使用时间。根据设计图纸,混凝土的可使用时间被设定为60min。为使得混凝土可使用时间能够正确指导后续施工,本试验将在不同的温度条件下分别验证自密实混凝土的可使用时间。

(8)混凝土输送泵管长度。本试验将定量地验证泵管长度对混凝土性能的影响。

(9)浇筑速度验证。根据大断面模型试验及有机模型试验结果,隔仓的推荐浇筑速度为:前期浇筑速度为30m^3/h,在液面距离隔仓顶板20cm时调整为15m^3/h。在这个基础上,本试验将验证在更快的浇筑速度下,隔仓是否能达到相同的浇筑质量。

(10)钢壳混凝土预制工效分析。对钢壳足尺模型试验中的混凝土浇筑进行工效分析,为实施阶段管节预制人员、设备组织提供依据。

(11)底板排气孔、下料孔封孔工效分析。单个165m长标准管节底板有770个浇筑孔、7040个排气孔,在隔仓浇筑完成后,这些排气孔、下料孔均应进行封闭。焊接封孔数量多,工作量大,建议钢壳制作标段在足尺模型试验中对底板下料孔及排气孔封孔效率进行验证,为标准管节的施工安排做准备。

4.2.4.2 模型结构及参数设置

1)模型试验标准参数

(1)排气孔布置在隔仓边缘,外径89mm,排气管使用有机玻璃管,内径为90mm(设置成两段式)。

(2)下料孔布置在隔仓中部,外径325mm,下料管根据现场情况选用内径328mm和外径300mm其中一种(设置成两段式)。

(3)浇筑时,下料口距离混凝土液面高度不大于1000mm。

(4)隔仓所有排气管内混凝土液面高度达到30cm,即可认为该隔仓浇筑结束。

2)排气孔、下料孔平面布置

根据设计图纸,足尺模型隔仓下料孔均布置在隔仓中部,排气孔分别按照单个标准隔仓(3m×3.5m×1.5m)10个孔或8个孔布置。E200足尺模型各隔仓排气孔、下料孔布置如图4-68~图4-71所示。根据试验需求,底板B2-2、B2-3各增开6个孔径为30mm的小排气孔,顶板T3-4、T4-4各增开4个孔径为30mm的小排气孔。

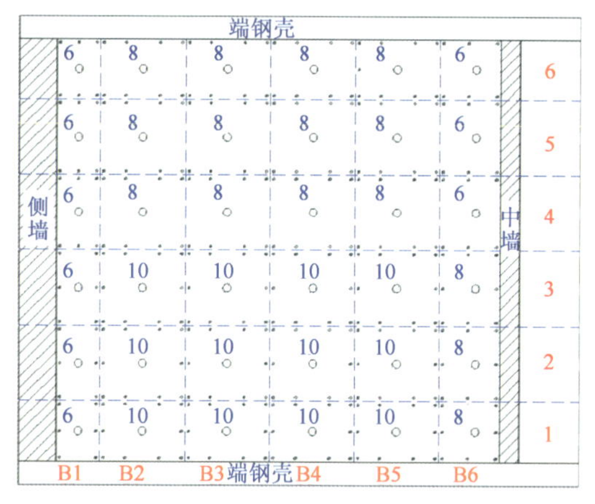

图4-68 底板下料孔、排气孔布置平面图

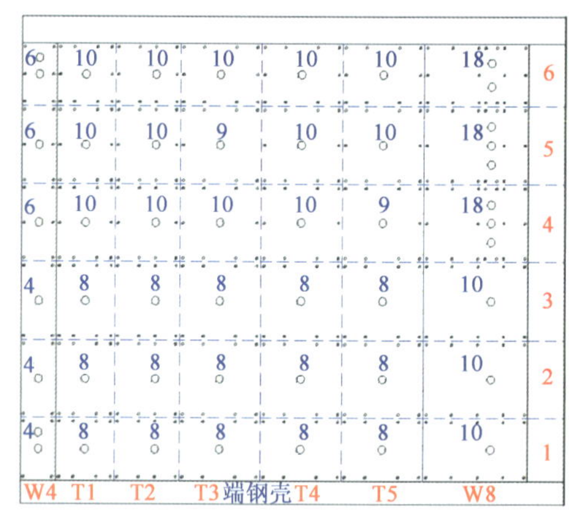

图4-69 顶板下料孔、排气孔布置平面图

3)顶板、底板下料管及排气管的设置

标准隔仓下料管、排气管为两段驳接。下段配套钢管(高50mm)与开孔钢板面焊接,上段为外套插入式管道,其具体构造如图4-72所示。

平面隔仓排气管长度均为600mm,斜面隔仓排气管长度分别设置为1080mm、850mm、600mm,以保证排气管顶面高度一致,避免浇筑结束时液面溢出,同时便于浇筑机测距仪测量浆面高度。斜面倒角位置隔仓布置如图4-73所示。

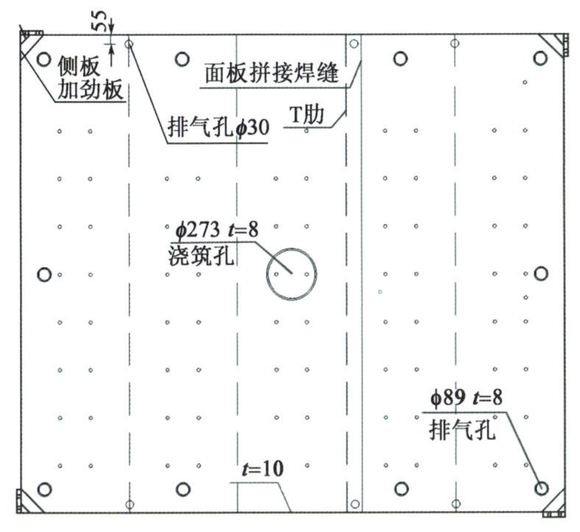

图 4-70 底板增开排气孔布置位置(尺寸单位:mm)

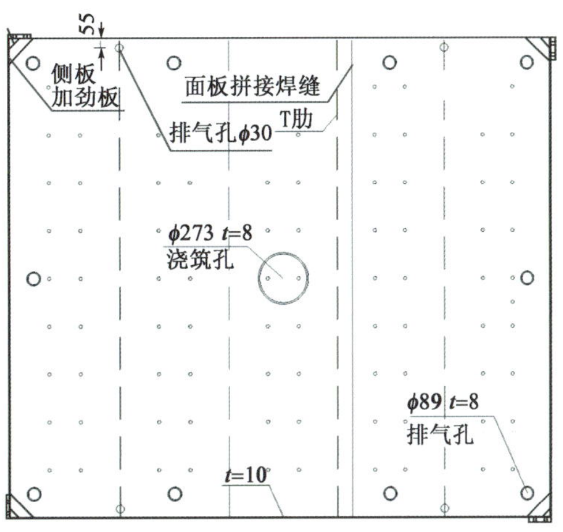

图 4-71 顶板增开排气孔布置位置(尺寸单位:mm)

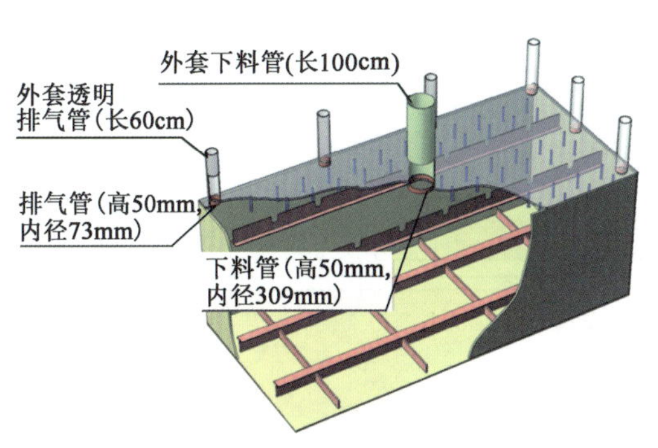

图 4-72 足尺模型顶板、底板排气管及下料管构造图

图 4-73 斜面倒角位置隔仓布置

4)通气孔设置

足尺模型 E200 长 18m,包括 6 排隔仓,根据设计图纸,其中第 1、第 4 排通气孔间距为 1000mm,第 2、第 5 排通气孔间距为 1500mm,第 3、第 6 排间距为 3000mm。单个通气孔宽 60mm,高 90mm,端部为直径 60mm 的半圆,具体如图 4-74 所示。

4.2.4.3 混凝土浇筑

本次足尺模型试验于 2019 年 1 月 15 日正式开始浇筑,2019 年 2 月 26 日完成首个 E300 足尺模型的浇筑试验,历时 43d,实际浇筑时间 32d。本次试验采用泵车浇筑,整体浇筑顺序为由底板到墙体再到顶板,浇筑过程中严格控制浇筑速度,及时监测模型沉降、位移、变形等情况。具体实施方法如下:

1)浇筑顺序

(1)底板先采用顺仓方式浇筑 4 ~ 6 排,再采用跳仓方式浇筑 1 ~ 3 排,浇筑顺序如图 4-75 所示。

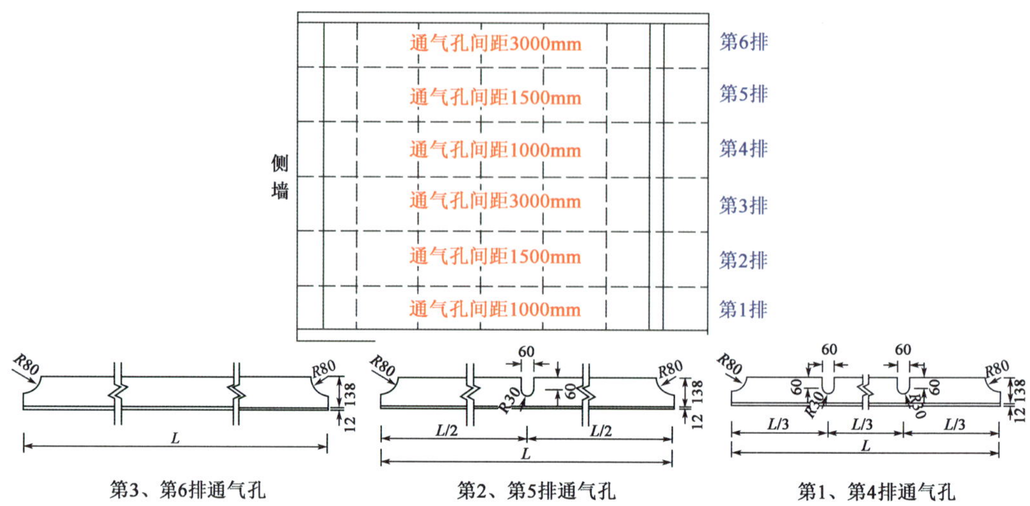

图 4-74　墙体内部隔仓通气孔布置示意图(尺寸单位:mm)

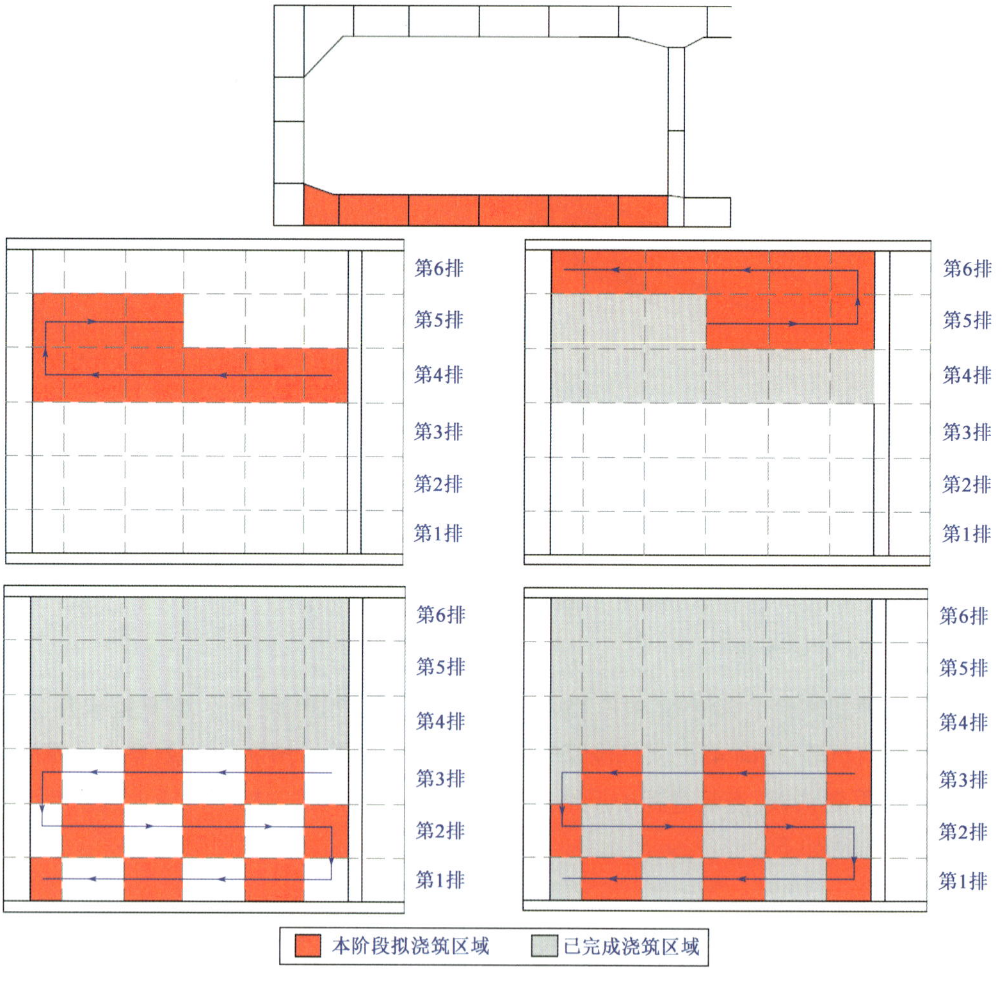

第6排
第5排
第4排
第3排
第2排
第1排

本阶段拟浇筑区域　已完成浇筑区域

图 4-75　底板浇筑顺序示意图

(2)墙体先采用顺仓方式浇筑4～6排,再采用跳仓方式浇筑1～3排,浇筑顺序如图4-76所示。

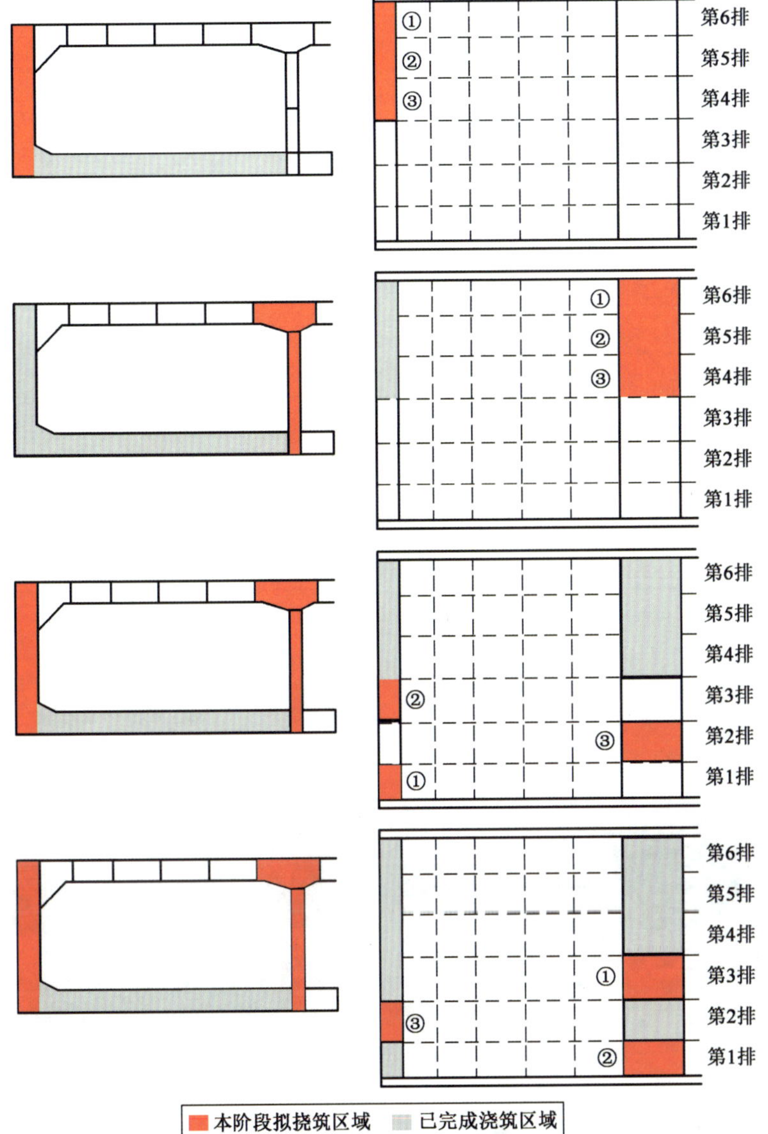

图4-76　墙体浇筑顺序示意图

(3)顶板先采用顺仓方式浇筑4～6排,再采用跳仓方式浇筑1～3排,浇筑顺序如图4-77所示。

2)浇筑方法

(1)底板和顶板的浇筑方法。

顶板和底板部分,使用泵车进行浇筑,如图4-78所示。

(2)墙体浇筑方法。

墙体部分,采用串通辅助浇筑的方式。串管辅助浇筑示意图如图4-79所示。

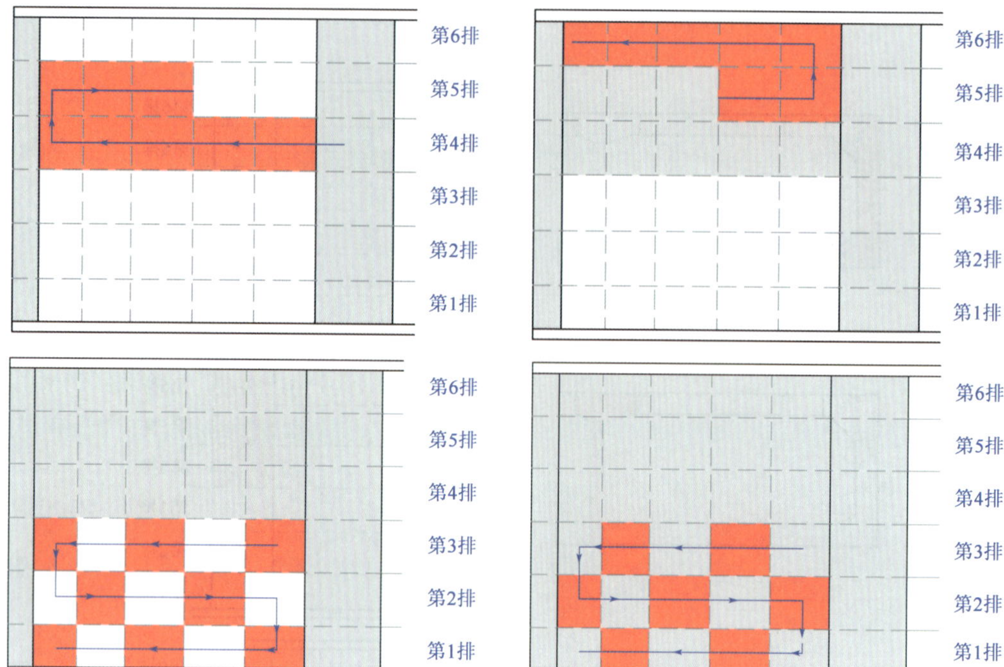

图 4-77　顶板浇筑顺序示意图

图 4-78　底板和顶板的浇筑示意图

图 4-79　串通辅助浇筑示意图

3)速度的控制

本次试验使用泵车进行浇筑,通过调节泵车泵送档位控制浇筑速度,同时,通过激光测距仪实时监测隔仓内混凝土液面变化情况,并计算出实际浇筑速度,实时调整泵速,从而保证浇筑速度达到设计要求,有效控制速度对隔仓浇筑质量的影响。

4)混凝土下落高度的控制

本次试验,通过观测浇筑末端管上的刻度、隔仓高度和下料管高度,可确定浇筑末端管伸进下料管的深度；浇筑过程中，通过激光测距仪实时监测隔仓内混凝土液面上升情况，并根据上升高度，同步提升末端管高度，从而保证混凝土下落高度控制在1m以内，T5区6个隔仓为试验隔仓，下落高度分别控制在1.5m、2m和2.5m。

4.2.4.4　试验结果分析

1）肋板通气孔

以底板B2～B5区前3排隔仓为例，排气孔数量都为8个，肋板通气孔第1排间隔3m，第2排间隔1.5m，第3排间隔1m。

底板B2～B5区前3排脱空检测结果如图4-80所示。

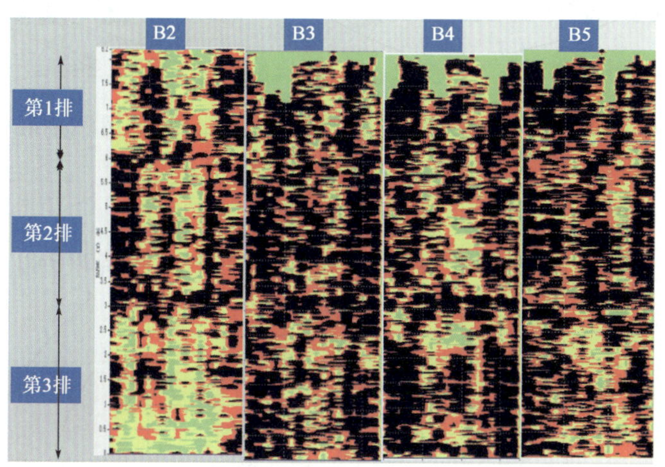

图4-80　底板B2～B5区前3排脱空检测效果图

图中绿色表示钢壳和混凝土结合非常密实；黄色表示钢壳和混凝土有结合不紧密的情况，但厚度在允许范围内；红色表示钢壳和混凝土结合不紧密，厚度超出了允许范围；黑色表示钢壳和混凝土完全脱空，脱空厚度较大。

初步判断通气孔间距1m的隔仓脱空情况好于间距1.5m的隔仓，间距1.5m的隔仓脱空情况好于间距3m的隔仓。

2）排气孔布置

对底板B2～B5区标准隔仓脱空检测结果进行比较，1～3排单个隔仓排气孔数量为8个，4～6排单个隔仓排气孔数量为10个，两种排气孔的布置形式如图4-81所示。

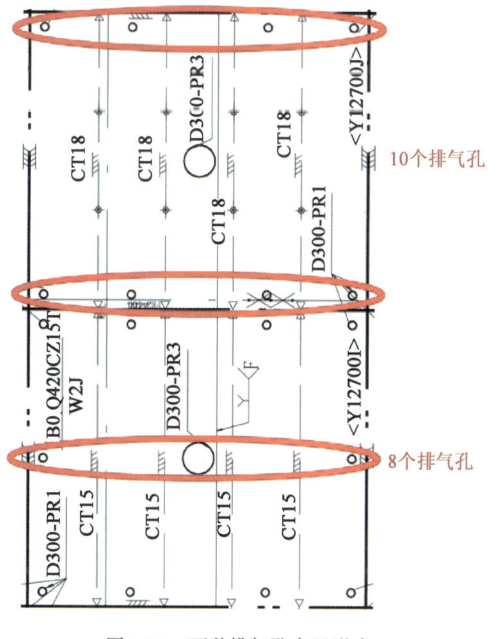

图4-81　两种排气孔布置形式

底板B2～B5区标准隔仓的脱空检测结果如图4-82所示。

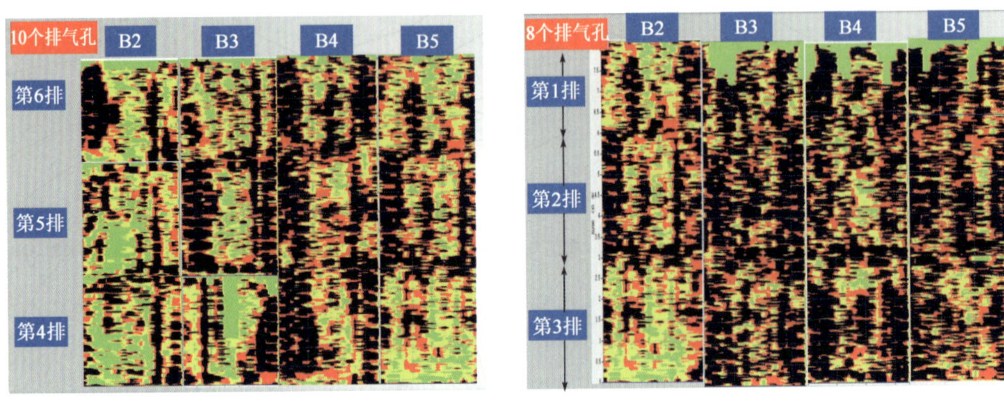

图 4-82 底板 B2 ~ B5 区标准隔仓的脱空检测结果

从图 4-82 检测结果可初步判断，有 10 个排气孔的隔仓脱空情况普遍好于有 8 个排气孔的隔仓。

3）混凝土的浇筑顺序

顶板采用跳仓和顺仓两种浇筑顺序，如图 4-83 所示。对于采用两种浇筑顺序进行浇筑的顶板，共设 6 个点位（图 4-84），对其变形情况进行监测。

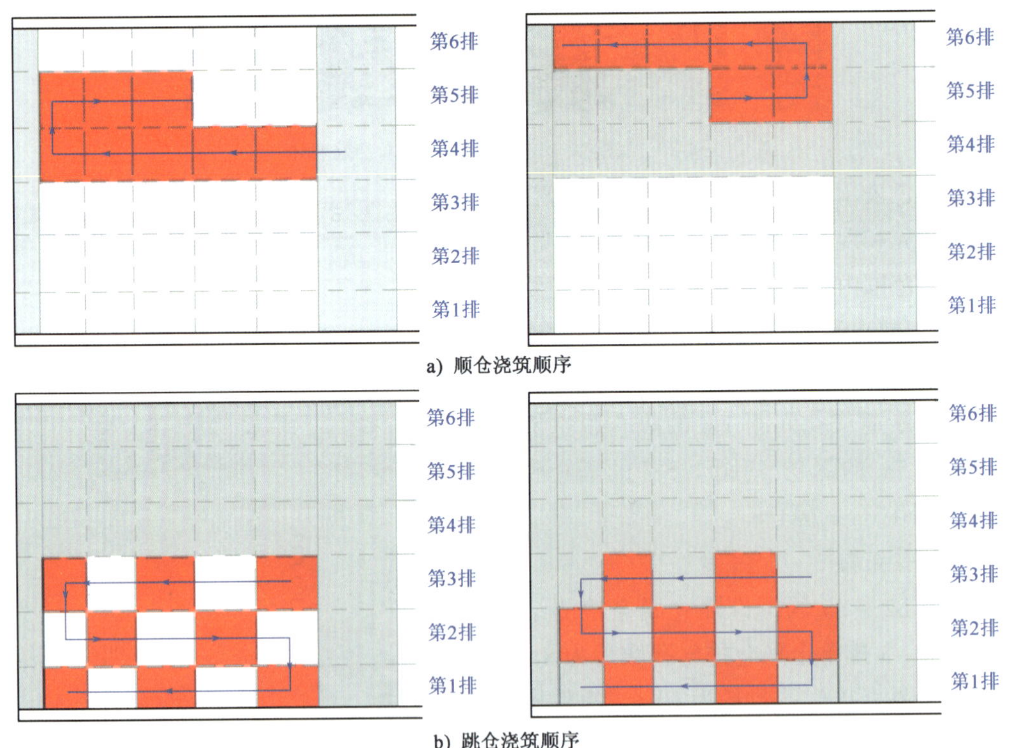

a) 顺仓浇筑顺序

b) 跳仓浇筑顺序

图 4-83 顶板浇筑顺序示意图

图4-84　顶板测点布置示意图

监测结果见表4-25，由数据可知，两种浇筑顺序引起的变形基本相同。

顶板不同的浇筑顺序变形监测　　　表4-25

浇筑顺序	顺仓浇筑			跳仓浇筑		
测量点位	1	2	3	4	5	6
顶板浇筑前内孔净高(m)	7.590	7.586	7.6	7.594	7.582	7.590
顶板浇筑后内孔净高(m)	7.585	7.578	7.596	7.589	7.573	7.584
内孔净高总变形(mm)	-5	-8	-4	-5	-9	-6

4)浇筑速度验证

浇筑速度设计见表4-26。

浇筑速度设计方案　　　表4-26

序号	区域	浇筑速度
1	T3-1	前期40m³/h，距离顶板200mm以后调整为20m³/h
2	T3-2	前期40m³/h，距离顶板200mm以后调整为15m³/h
3	T3-3	前期35m³/h，距离顶板200mm以后调整为15m³/h
4	T3-4	前期40m³/h，距离顶板200mm以后调整为20m³/h
5	T3-5	前期40m³/h，距离顶板200mm以后调整为15m³/h
6	T3-6	前期35m³/h，距离顶板200mm以后调整为15m³/h
7	其余隔仓	前期30m³/h，距离顶板200mm以后调整为15m³/h

浇筑前期，即混凝土液面与顶板的距离大于200mm时，以30m³/h、35m³/h、40m³/h的速度进行浇筑，测得的隔仓内混凝土液面高差基本相同。

4.2.4.5　试验结论

(1)出机时，自密实混凝土坍落扩展度、含气量、强度指标满足要求；V形漏斗试验合格率为85%，L形仪试验合格率为90%；混凝土密度基本在2380～2420kg/m³之间；当坍落扩展度控制在 680 ~ 700mm 时，V 形漏斗流出时间和 L 形仪试验结果合格率高，并且泵后混凝土的工作性能良好。

（2）自密实混凝土采用汽车泵泵送 42m 后，坍落扩展度损失平均约 100mm，汽车泵对浇筑速度的操控受人为因素影响；自密实混凝土各项性能指标出机后 60min 内能满足设计要求，出机后 80min 内基本能满足设计要求，100min 后有少部分混凝土性能不满足指标要求。

（3）标准隔仓四个角液面平均高差为 2.3cm，浇筑结束后，四个角排气管内混凝土液面平均高差为 4.9cm；从施工过程情况来看，将排气管内混凝土液面上升至 30cm 或 50cm 作为结束条件，浇筑结束时，排气管内混凝土液面高差基本没有区别，需根据具体的脱空高度做进一步分析。

（4）从现有脱空检测结果来看，通气孔间距 1m 的隔仓脱空情况明显好于间距 1.5m 的隔仓，间距 1.5m 的隔仓脱空情况明显好于间距 3m 的隔仓；从现有脱空检测结果来看，3m × 3.5m × 1.5m 的标准隔仓，有 10 个排气孔的脱空情况比有 8 个排气孔的要好。

（5）混凝土液面与顶板的距离大于 200mm 时，以 $30m^3/h$、$35m^3/h$、$40m^3/h$ 的速度进行浇筑，测得的隔仓内混凝土液面高差基本相同，初步判断采用 $30 \sim 40m^3/h$ 的浇筑速度对隔仓内混凝土的浇筑和排气效果基本无影响。下落高度为 1m、1.5m、2m、2.5m 时，混凝土性能无明显变化。

综上，通过半幅足尺模型试验，研究了通气孔间距和排气孔位置对钢壳脱空的影响，进一步确定了以下工艺孔的布置参数和浇筑工艺参数：

①隔仓的通气孔间距宜控制为 1m；②标准隔仓的排气孔数量宜控制为 10 个；③将排气管内混凝土液面上升至 30cm 作为结束条件。

综合单仓模型试验、局部足尺模型试验、大断面模型试验和半幅足尺模型试验的结果，不断优化钢壳沉管的浇筑参数和工艺参数，最终确定为：

（1）隔仓内部 T 肋位置宜等间距设置 10 个通气孔（T 肋通气孔间距宜设置为 30cm）；

（2）隔仓顶部宜设置 1 个浇筑孔，沿着隔仓周边宜均匀设置 10 个直径为 90mm 的排气孔，T 肋位置宜均匀设置 3 个直径为 30mm 的排气孔（若隔仓面板内存在厚薄钢板拼接，应设置 3 个排气孔）。

（3）浇筑过程中，下料口距离混凝土液面高度不大于 500mm（起始下落高度不大于 1000mm）。

（4）钢壳沉管自密实混凝土前期浇筑速度不宜超过 $30m^3/h$，以保证钢壳沉管管节隔仓的有效填充，保证混凝土的密实度。在浇筑底板和顶板隔仓时，混凝土液面距离顶板仅剩最后 20cm 时，浇筑速度严格控制在 $15m^3/h$ 以内，以助于气泡从排气管排出，混凝土液面距离顶板不足 5cm 时，浇筑速度可控制在 $10m^3/h$ 左右，进一步促进排气。在浇筑侧墙隔仓时，混凝土液面距离隔仓顶部超过 20cm 时，浇筑速度严格控制在 $30m^3/h$ 以内，混凝土液面距离隔仓 20cm 内时，浇筑速度宜控制在 $10m^3/h$ 以内，混凝土液面距离隔仓顶部不足 5cm 时，浇筑速度

宜控制在 $5m^3/h$ 左右。

(5)提管速度应与混凝土液面上升速度匹配,并保证管末端距离浆面高度始终不大于 50mm。

(6)隔仓所有孔径为 89mm 的排气管内混凝土液面高度达到 30cm 时,即可认为该隔仓浇筑结束。

4.3　钢壳混凝土浇筑过程管节变形控制

为支撑深中通道钢壳混凝土沉管高精度高效率预制,考虑混凝土强度时变性、自收缩及徐变的影响,基于仿真计算形成钢壳混凝土沉管施工变形计算方法,分析混凝土水化热温度场对沉管变形的影响规律,分析管节隔仓浇筑顺序及有无设立支撑系统对沉管变形的影响规律,基于沉管变形控制要求指导钢壳混凝土沉管浇筑工艺优化。

4.3.1　管节变形控制要求

深中通道沉管预制精度控制要求较高,钢壳成品及管节浇筑后预制成品主要控制参数允许偏差见表 4-27、表 4-28。

深中通道沉管钢壳成品主要控制参数允许偏差　　表 4-27

主控项目	允许偏差(mm)	主控项目	允许偏差(mm)
内孔净宽	±10	管节高度	±5
内孔净高	−10,+20	底板、侧墙水平精度	±10
壁厚	±10	顶板水平精度	±15
垂直度	±10	管节纵向挠度	±10
管节长度	±[10+(L−20)/10]	端钢壳曲板平整度	≤5
管节宽度	+10,−20	端钢壳平整度	≤1

深中通道沉管浇筑后预制成品主要控制参数允许偏差　　表 4-28

主控项目	允许偏差(mm)	主控项目	允许偏差(mm)
内孔净宽	±15	管节宽度	+15,−25
内孔净高	−15,+25	管节高度	±10
壁厚	±10	底板、侧墙水平精度	±15
垂直度	±15	顶板水平精度	±20
管节长度	±[15+(L−20)/10]	管节纵向挠度	±10

沉管混凝土浇筑过程中的管节变形控制要综合考虑钢壳制作存在的偏差,当钢壳预制精度较高时,沉管混凝土浇筑过程中各项控制参数允许偏差可以达到 10~20mm,当钢壳制作已

达到表中钢壳成品的允许偏差,则混凝土浇筑过程中各项控制参数允许偏差需要控制在5mm以内,因此,应尽量选取对管节变形影响较小的浇筑工艺,实现沉管高精度预制。

根据深中通道沉管预制工艺,隔仓浇筑对管节顶板竖向变形影响较大,在自重与温度场作用下,管节顶板变形相对较难控制,而顶板变形主要影响管节净高,考虑钢壳制作误差,混凝土浇筑过程中,管节顶板竖向变形控制在±10mm之内。

深中通道沉管混凝土浇筑管节变形控制要求:

(1)管节顶板竖向变形在10mm以内。

(2)综合考虑智能台车浇筑效率和管节变形控制要求,优选浇筑工艺方案,保证管节变形控制的同时,提高工效。

4.3.2 混凝土水化热分析及温控研究

大体积的混凝土浇筑,水化热导致的变形不可忽视,若最终残余变形过大,将难以实现管节拼接,也不足以满足正常使用要求。沉管顶板变形相对较难控制,因而本研究主要分析沉管顶板变形。

4.3.2.1 有限元模型构建

采用数值仿真计算分析混凝土水化热温度场对沉管变形影响规律。仿真模型中,混凝土采用实体单元、钢壳采用板单元,混凝土弹性模量为35GPa,密度为2500kg/m^3;混凝土比热容取0.973kJ/(kg·℃),导热系数为9.54kJ/(m·h·℃),钢材比热容为0.46kJ/(kg·℃),导热系数为180kJ/(m·h·℃)。模型的荷载主要为自重及混凝土水化热,边界条件为约束底板支撑位置处竖向位移。

合理温度场的获取是进行混凝土水化热分析的关键之一。现场选取了2个隔仓,对隔仓混凝土核心温度进行了测试。测试结果表明,计算温度场与实测温度场较为吻合,如图4-85、图4-86所示。

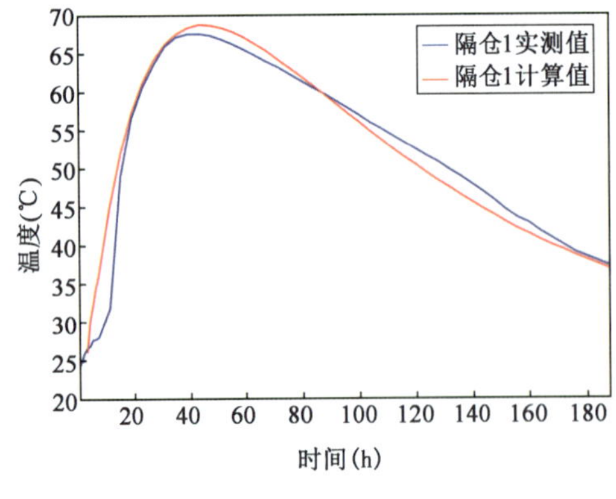

图4-85 隔仓1计算与实测温度场对比图

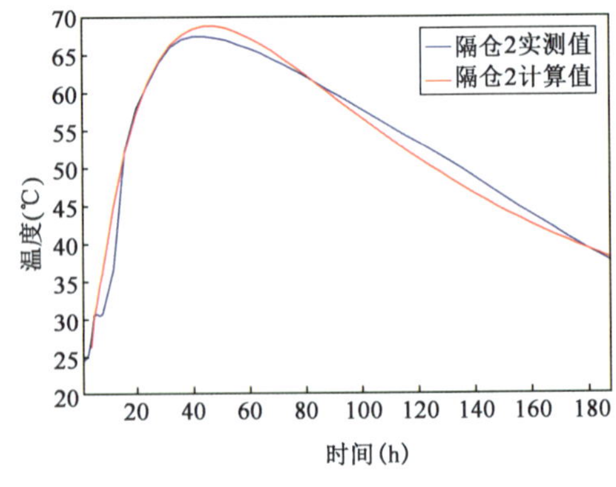

图4-86 隔仓2计算与实测温度场对比图

4.3.2.2　温度场对管节整体变形影响分析

对比分析了单独自重作用、自重与混凝土水化热共同作用下沉管变形的差异，图4-87为自重作用下沉管变形图，顶板最大变形为4.5mm，图4-88为自重与水化热共同作用下沉管变形图，顶板最大变形为4.2mm，混凝土水化热在一定程度上减小了沉管顶板变形，这是由于温度升高，混凝土体积膨胀挤压，在一定程度上给顶板施加了预压力。

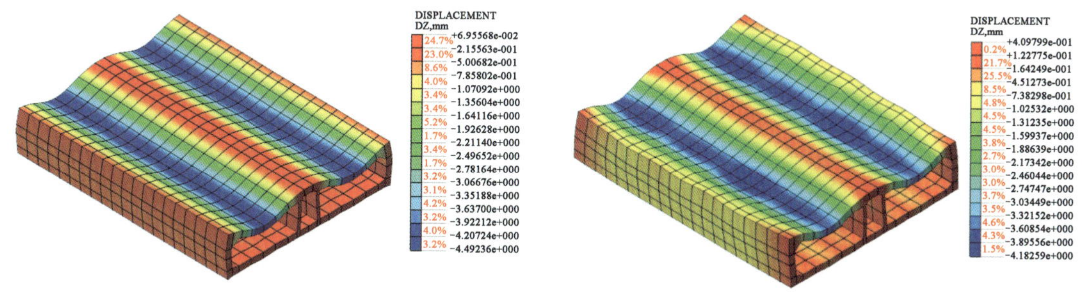

图4-87　自重作用下沉管变形图　　　　图4-88　自重与水化热共同作用下沉管变形图

为进一步分析混凝土水化热对沉管变形的影响，选取跨中断面对比分析顶板在整个浇筑过程中变形规律，分析结果如图4-89、图4-90所示。图中顶板1～4为顶板的浇筑工序，流塑状态指混凝土浇筑初期强度较低时的状态，完全降温指混凝土由于水化热产生的温度场完全降低至恒温，顶板节点为左管廊顶板沿横向的等分节点。

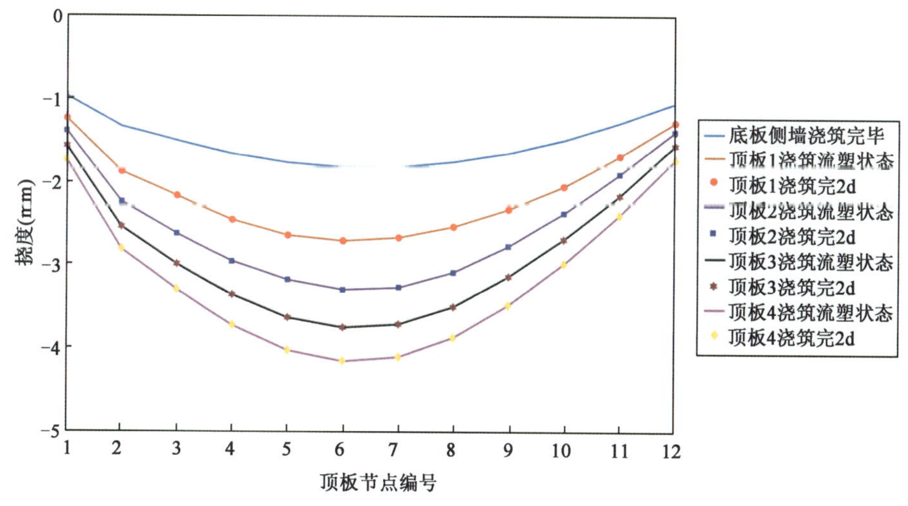

图4-89　自重作用下跨中断面顶板变形图

由图4-89和图4-90可知，相比单纯自重作用，考虑混凝土水化热作用，随着混凝土强度增大，在温度场作用下，顶板产生向上变形，已浇筑混凝土形成强度后也会减小后续施工中顶板的变形，因而混凝土水化热在一定程度上有利于沉管顶板变形控制。但是，温度场对顶板最终变形影响不大。

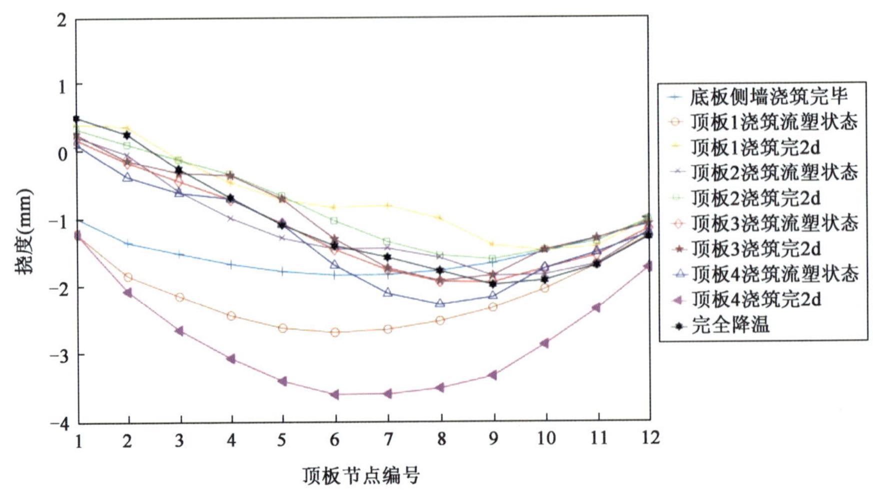

图 4-90　自重与水化热作用下跨中断面顶板变形图

为获取沉管预制过程中温度控制指标，分析混凝土不同入模温度对管节变形的影响，选取 4 种入模温度（20℃、22℃、24℃、26℃）进行比较，相应隔仓温度变化曲线如图 4-91 所示。

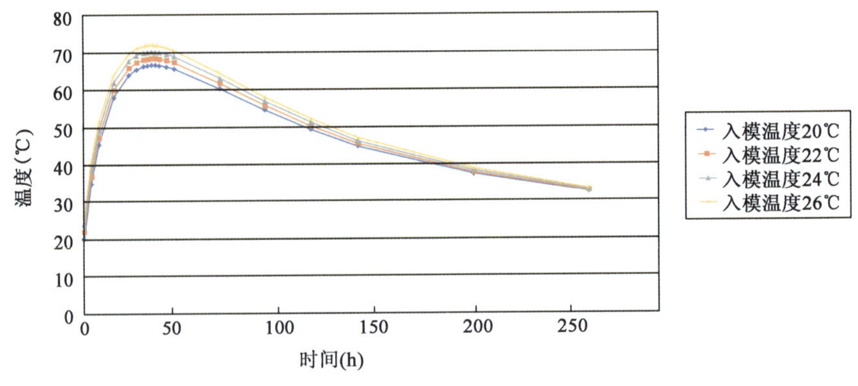

图 4-91　自重与温度场作用下管节顶板变形图

图 4-92 为温度场单独作用下管节顶板变形图。由图可知，温度场减小了沉管顶板最终状态变形，但相应增大了变形不均匀性，4 种入模温度对管节最终变形影响很小，量级约为 0.1mm。

综上所述，混凝土水化热温度场减小了沉管施工过程及最终状态顶板竖向整体变形，在一定程度上有利于管节变形控制，但影响的量级较小，且不同入模温度对管节变形影响很小，因此，混凝土温度场对管节整体变形的影响较小。

4.3.2.3　隔仓局部受力及变形分析

对混凝土水化热温度场对隔仓局部受力及变形的影响规律进行分析。当隔仓浇筑且四周隔仓还未浇筑时（图 4-93），混凝土水化热温度场降至常温后，隔仓（混凝土、钢壳）局部受力及变形如图 4-94 ~ 图 4-96 所示。

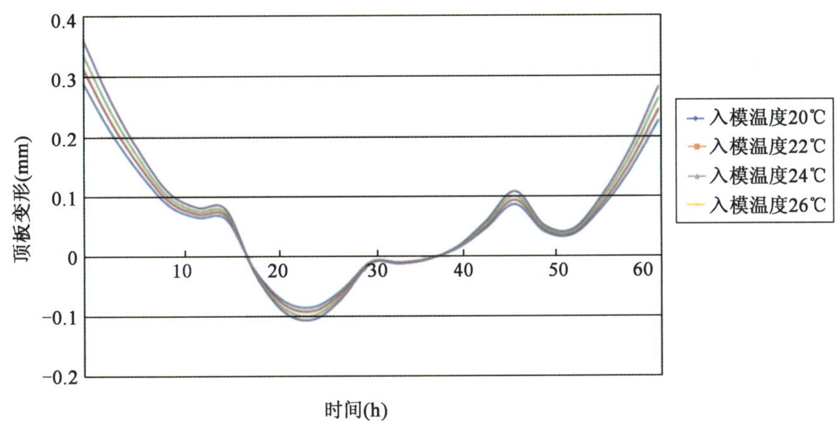

图 4-92　温度场单独作用下管节顶板变形图

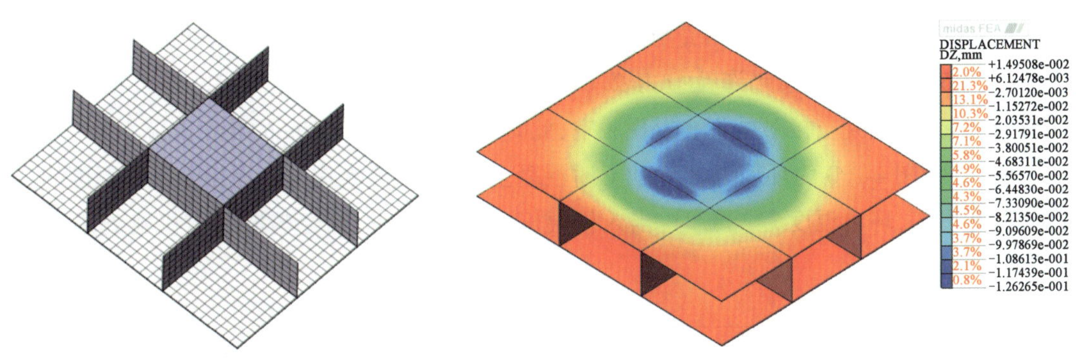

图 4-93　隔仓浇筑且四周隔仓未浇筑模型图

图 4-94　钢壳竖向变形图

由图 4-94 可知，混凝土水化热温度场降至常温后，钢壳存在残余变形，但残余变形较小，约为 0.1mm。由图 4-95、图 4-96 可知，由于钢壳的约束作用，钢壳与混凝土连接处存在温度次应力，且钢壳连接角处应力较大，因为此处约束相对较大。钢壳与混凝土黏结质量直接影响钢壳混凝土结构的受力特性，而温度次应力使得钢壳与混凝土存在开裂风险。

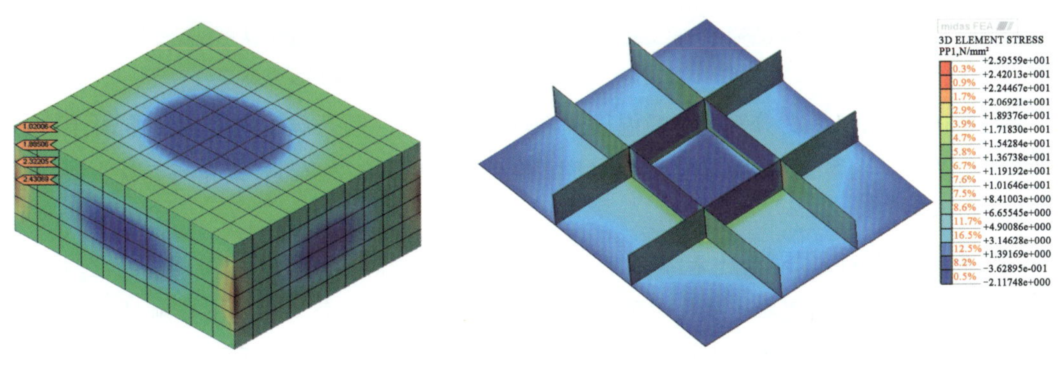

图 4-95　隔仓混凝土主拉应力图

图 4-96　钢壳主拉应力图

对混凝土不同入模温度对隔仓局部受力的影响规律进行分析。图4-97、图4-98为环境温度为25℃时混凝土、钢壳温度次应力随混凝土入模温度的变化图。

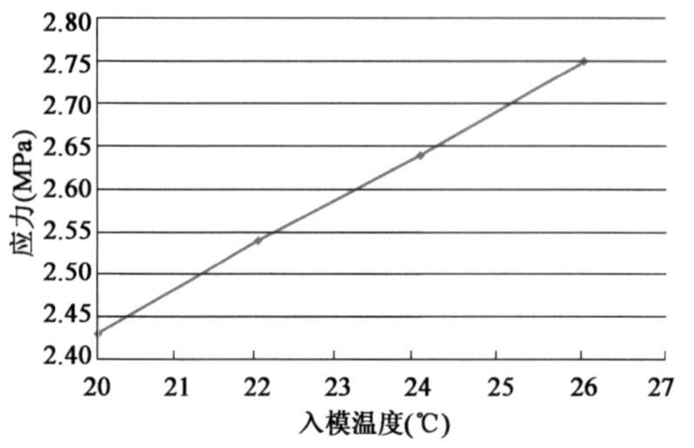

图4-97 混凝土温度次应力随混凝土入模温度变化图（环境温度为25℃）

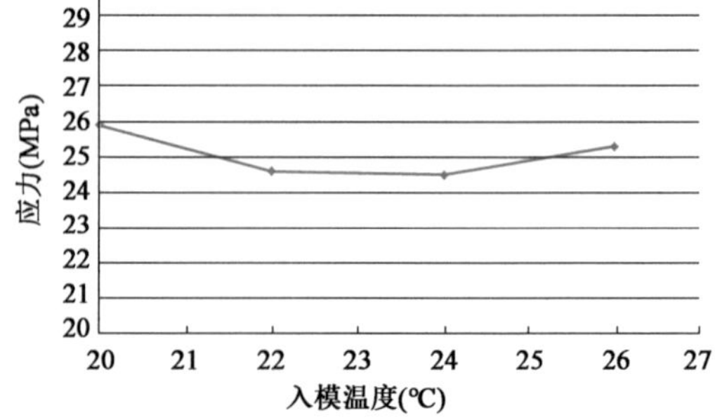

图4-98 钢壳温度次应力随混凝土入模温度变化图（环境温度为25℃）

由图4-97、图4-98可知，钢壳与混凝土接触处混凝土温度次应力随入模温度增大呈直线上升，按C50混凝土规范允许拉应力2.64MPa控制，环境温度为25℃时，当入模温度小于24℃时，钢壳与混凝土接触处不会出现脱空，此时钢壳产生约25MPa的温度次应力。

图4-99、图4-100为环境温度为28℃时混凝土、钢壳温度次应力随混凝土入模温度的变化图。由图可知，环境温度为28℃时，当入模温度小于27℃时，钢壳与混凝土接触处不会出现脱空。

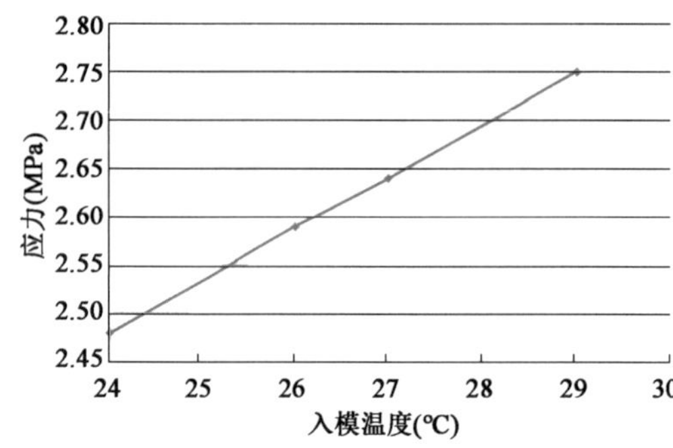

图4-99 混凝土温度次应力随混凝土入模温度变化图（环境温度为28℃）

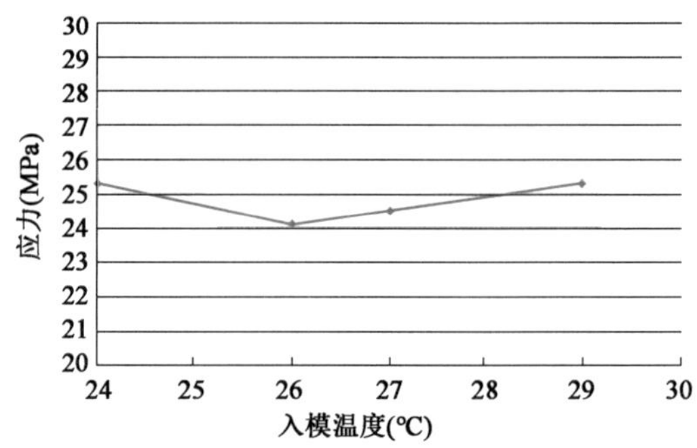

图4-100 钢壳温度次应力随混凝土入模温度变化图（环境温度为28℃）

图4-101和图4-102分别为环境温度为30℃时混凝土、钢壳温度次应力随混凝土入模温度的变化图。由图可知，环境温度为30℃时，当入模温度小于29℃时，钢壳与混凝土接触处不会出现脱空。

当隔仓浇筑且四周隔仓还未浇筑时，由于钢壳的约束作用，温度场使得钢壳与混凝土连接处产生温度次应力，当混凝土入模温度≤环境温度－1℃时，钢壳与混凝土接触处不会出现开裂，当混凝土入模温度>环境温度－1℃时，钢壳与混凝土接触处存在开裂风险，不利于钢壳混凝土结构整体受力特性。

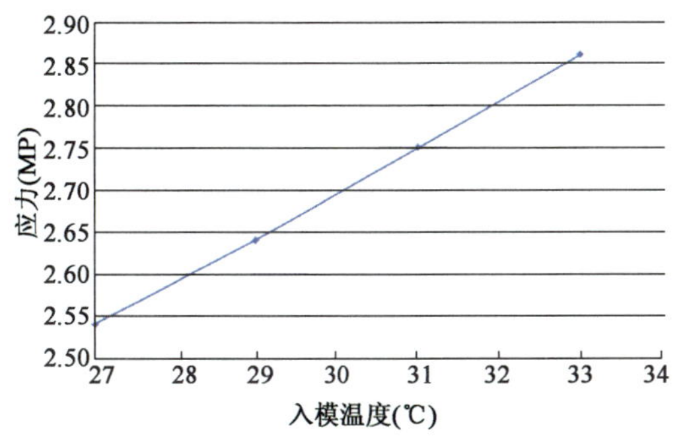

图 4-101　混凝土温度次应力随混凝土入模温度变化图（环境温度为 30℃）

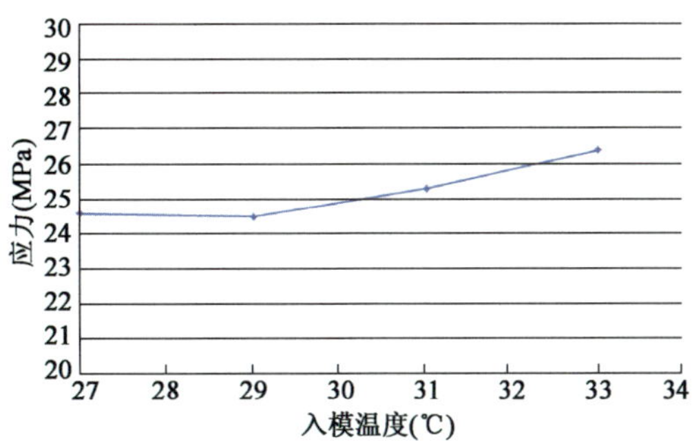

图 4-102　钢壳温度次应力随混凝土入模温度变化图（环境温度为 30℃）

当隔仓浇筑且两侧隔仓已经浇筑时（图 4-103），混凝土水化热温度场降至常温后，隔仓（混凝土、钢壳）局部受力及变形如图 4-104 ~ 图 4-106 所示。

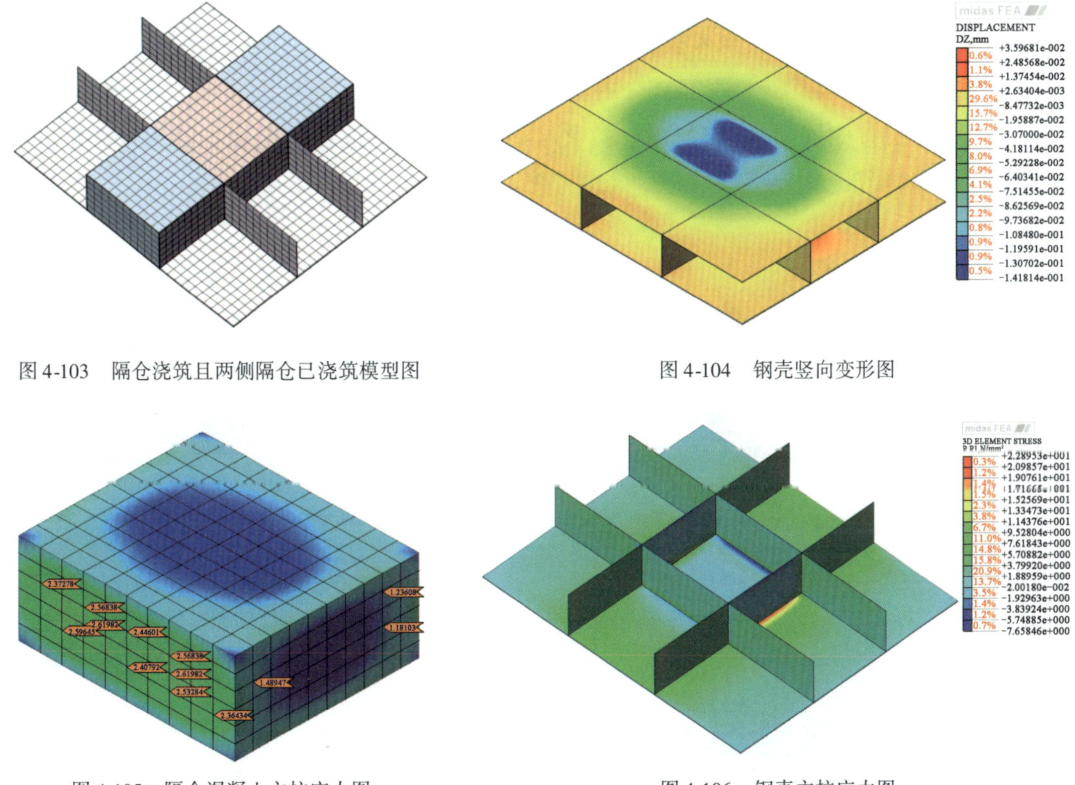

图 4-103　隔仓浇筑且两侧隔仓已浇筑模型图

图 4-104　钢壳竖向变形图

图 4-105　隔仓混凝土主拉应力图

图 4-106　钢壳主拉应力图

由图 4-104 可知，混凝土水化热温度场降至常温后，钢壳存在残余变形，但残余变形较小，约为 0.1mm。由图 4-105、图 4-106 可知，由于钢壳及已浇筑隔仓的约束作用，钢壳与混凝土连接处存在温度次应力，尤其是已浇筑隔仓侧钢壳与混凝土连接面应力相对较大，因为已浇筑隔仓使得此处约束相对较大。

对混凝土不同入模温度对隔仓局部受力的影响规律进行分析。图 4-107、图 4-108 为环境温度为 25℃时混凝土、钢壳温度次应力随混凝土入模温度的变化图。

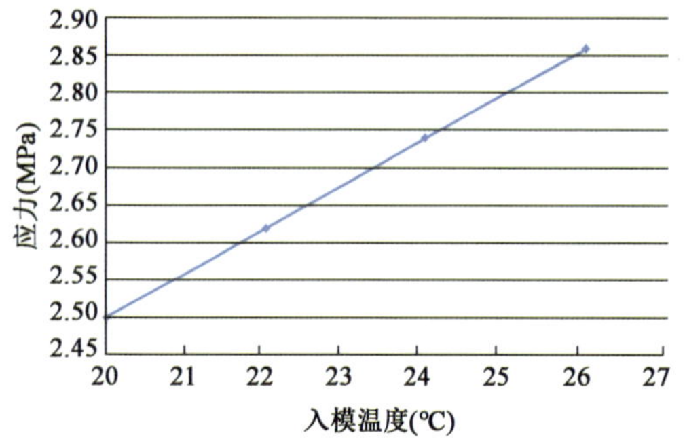

图 4-107　混凝土温度次应力随混凝土入模温度变化图（环境温度为 25℃）

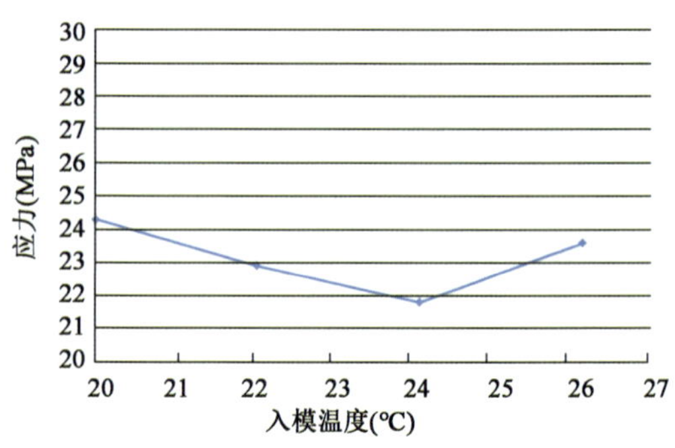

图 4-108　钢壳温度次应力随混凝土入模温度变化图（环境温度为 25℃）

由图 4-107、图 4-108 可知，钢壳与混凝土接触处混凝土温度次应力随入模温度增大呈直线上升，环境温度为 25℃时，当入模温度小于 22℃（环境温度 -3℃）时，钢壳与混凝土接触处不会出现开裂，此时钢壳产生约 23MPa 的温度次应力。

当隔仓浇筑且四周隔仓已经浇筑时（图 4-109），混凝土水化热温度场降至常温后，隔仓（混凝土、钢壳）局部受力及变形如图 4-110 ~ 图 4-112 所示。

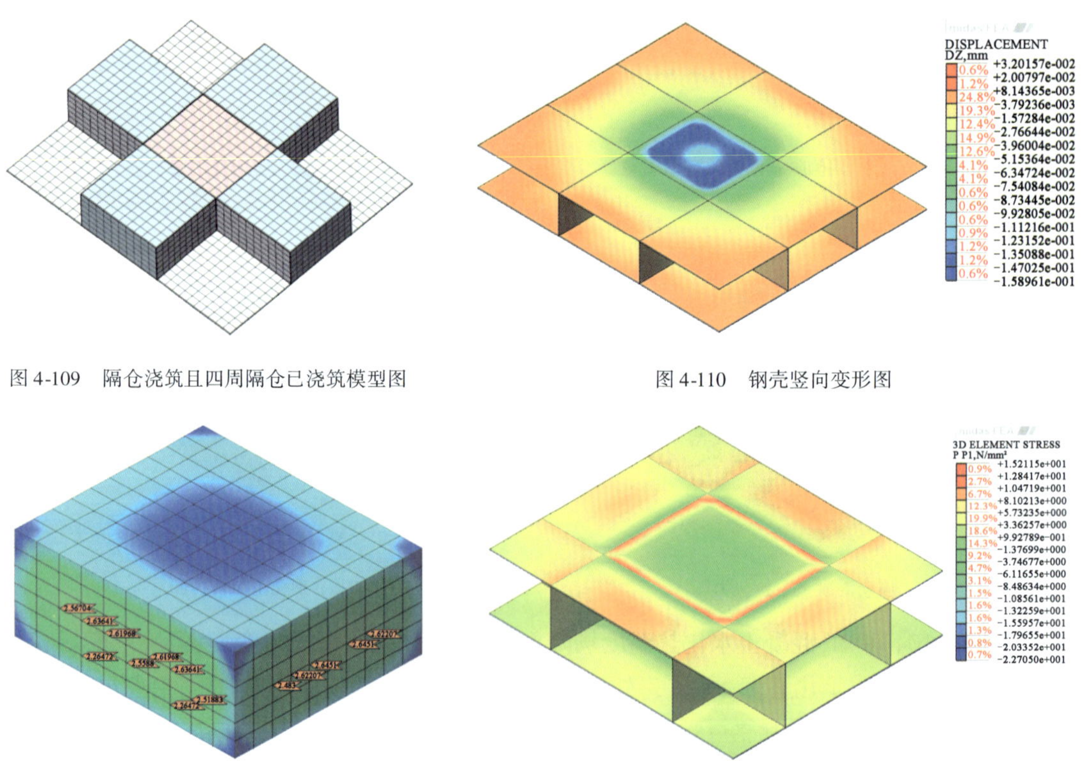

图 4-109　隔仓浇筑且四周隔仓已浇筑模型图

图 4-110　钢壳竖向变形图

图 4-111　隔仓混凝土主拉应力图

图 4-112　钢壳主拉应力图

由图4-110可知，混凝土水化热温度场降至常温后，钢壳存在残余变形，但残余变形较小，约为0.1mm。由图4-111、图4-112可知，由于钢壳及已浇筑隔仓的约束作用，钢壳与混凝土连接处存在温度次应力，隔仓四周钢壳与混凝土连接面应力相对较大，已浇筑隔仓使此处约束相对较大。钢壳与混凝土接触面处混凝土拉应力为2.64MPa，此时环境温度、混凝土入模温度分别为25℃、22℃。

综上所述，隔仓混凝土浇筑时，混凝土水化热温度场降至常温后，由于钢壳的约束作用，温度场使得钢壳与混凝土连接处产生温度次应力，当混凝土入模温度≤环境温度－3℃时，钢壳与混凝土接触处不会出现开裂，当混凝土入模温度＞环境温度－3℃时，钢壳与混凝土接触处存在开裂风险，不利于钢壳混凝土结构整体受力特性。因此，将钢壳与混凝土接触处开裂风险作为控制目标时，混凝土入模温度应控制在小于环境温度3℃以下。

4.3.3　管节无支撑隔仓式浇筑工艺

4.3.3.1　支撑系统对管节变形影响分析

顶板浇筑时，虽有钢管作为永久模板，但混凝土自重会造成顶板的挠曲，若顶板挠度超过最大限值，需要考虑在管节内布设系列支撑杆，并在混凝土具备一定强度后拆除支撑杆。本部分主要分析两种支撑布置方式（两道支撑和四道支撑）对沉管变形的影响，图4-113、图4-114为两道支撑和四道支撑示意图。

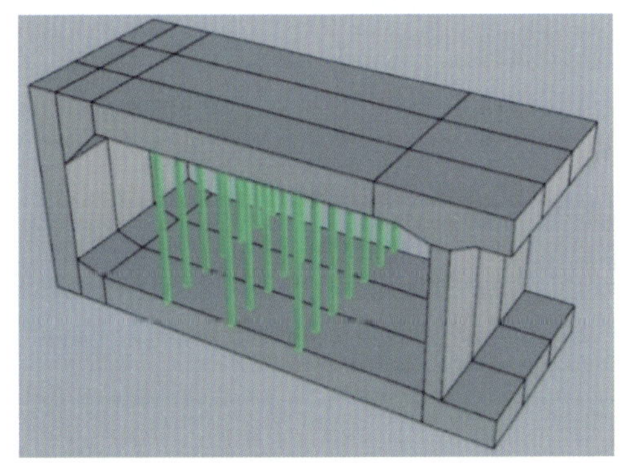

图4-113　两道支撑示意图

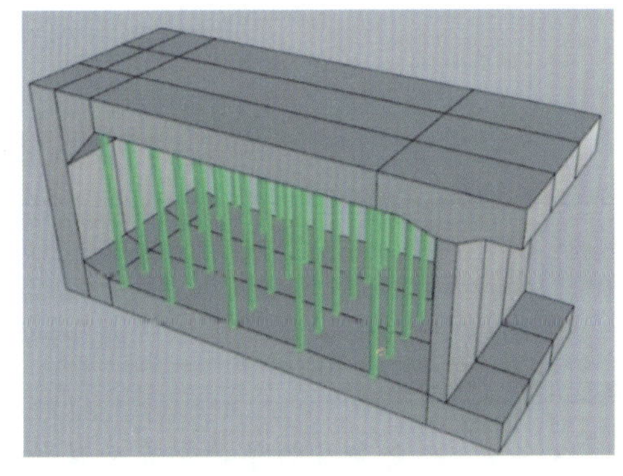

图4-114　四道支撑示意图

对于提出的两道支撑和四道支撑的方案，建立9m局部模型进行顶板挠度位移比较。为控制变量，可设定两种模型浇筑支墩都为固定支座，选取支撑杆截面尺寸为50mm×5mm，均沿长度方向间隔1.5m布置，浇筑3d后撤去，位移计算结果如图4-115所示。

始终无支撑模型顶板最大挠度为7.2mm，两道支撑模型拆除支撑之前顶板最大挠度为5.9mm，拆除后为6.5mm，四道支撑模型拆除支撑前为5.8mm，拆除后为6.5mm，可见支撑在一定程度上起到了减小顶板挠度的作用，但两种支撑方式在拆除支撑前后，顶板挠度几乎没有差别，这是因为四道支撑模型中，多出的支撑布置在顶板两侧，即施加在顶板支座处，而支座本身的下沉很小，多加的支撑其应力很小，无法发挥充分作用。

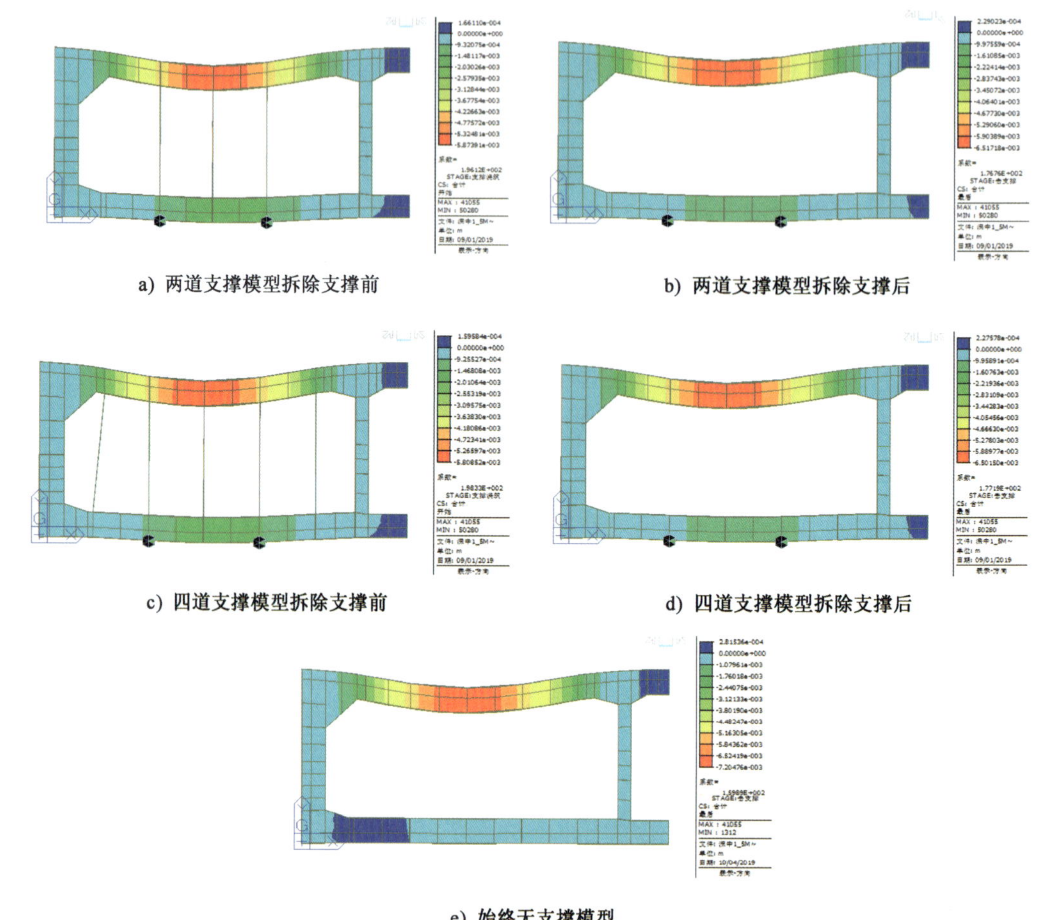

a) 两道支撑模型拆除支撑前　b) 两道支撑模型拆除支撑后

c) 四道支撑模型拆除支撑前　d) 四道支撑模型拆除支撑后

e) 始终无支撑模型

图 4-115　支撑数选取比较(截图)

在拆除支撑前,四道支撑和两道支撑顶板挠度相差 0.1mm,拆除支撑后顶板挠度基本一致。可得出以下结论:设立支撑系统能够减小顶板变形,但影响较小,影响量级为 1 ~ 2mm,对管节变形控制作用不大。

4.3.3.2　隔仓浇筑顺序对管节变形影响分析

大体积混凝土无法短时间、一次性浇筑完成,必定是分阶段浇筑的,不同浇筑方案将导致不同的重力与水化热效应叠加的变形,因此,有必要探究隔仓浇筑顺序对沉管变形的影响规律,为工程实施提供科学指导,控制沉管的预制精度。选取 3 种浇筑顺序(图 4-116)进行研究:

(1)浇筑顺序 1:分段棋盘式浇筑工艺,此浇筑顺序下智能浇筑台车浇筑效率最高。

(2)浇筑顺序 2:先浇筑侧墙附近隔仓,再向中部隔仓推进,该浇筑顺序可利用已浇筑完成的侧墙减小顶板变形。

(3)浇筑顺序 3:先横向浇筑几排隔仓,形成横向刚度,再采用棋盘式浇筑方式浇筑剩余隔仓。

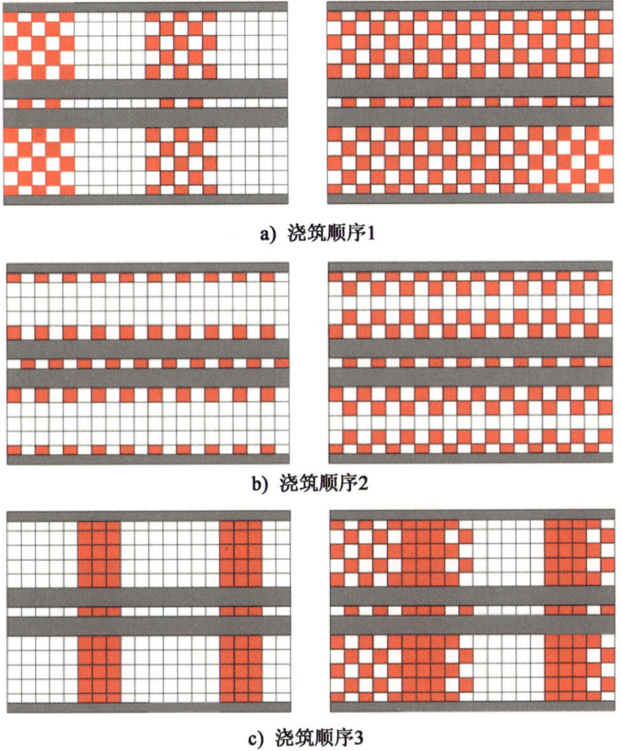

a) 浇筑顺序1

b) 浇筑顺序2

c) 浇筑顺序3

图4-116　隔仓浇筑顺序

由图4-117可知,浇筑顺序1沉管顶板最大变形约为4.2mm,浇筑顺序2沉管顶板最大变形约为4.3mm,浇筑顺序3沉管顶板最大变形约为5.1mm,浇筑顺序1变形略小于浇筑顺序2,这是由于管节浇筑过程中浇筑顺序1横向刚度相对于浇筑顺序2较大,有利于变形控制。浇筑顺序3沉管变形最大,为进一步分析浇筑顺序3沉管变形规律,选取跨中和1/4断面进行沉管顶板变形分析,分析结果如图4-118、图4-119所示。

对比图4-118与图4-119可知,浇筑顺序3虽然保证了沉管的横向刚度,但顶板1(第1道浇筑工序)浇筑时隔仓较为集中,此时顶板形成较大的变形,从而影响沉管后续变形的发展,且浇筑顺序3顶板变形协调性较差,隔仓集中浇筑处的变形相对较大,因此,钢壳混凝土沉管浇筑时,浇筑不应太集中,均匀分布浇筑有利于管节变形控制。

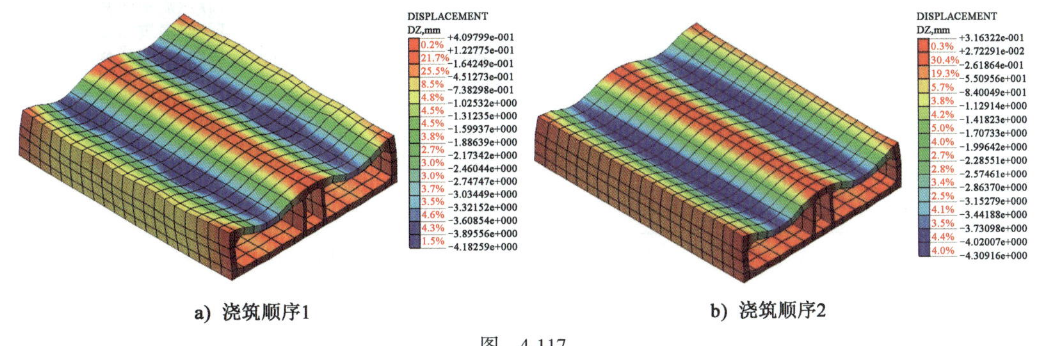

a) 浇筑顺序1　　b) 浇筑顺序2

图　4-117

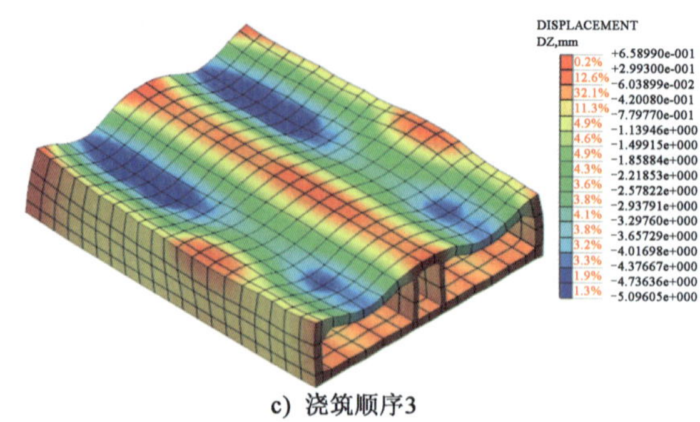

c) 浇筑顺序3

图 4-117　3 种隔仓浇筑顺序管节变形图

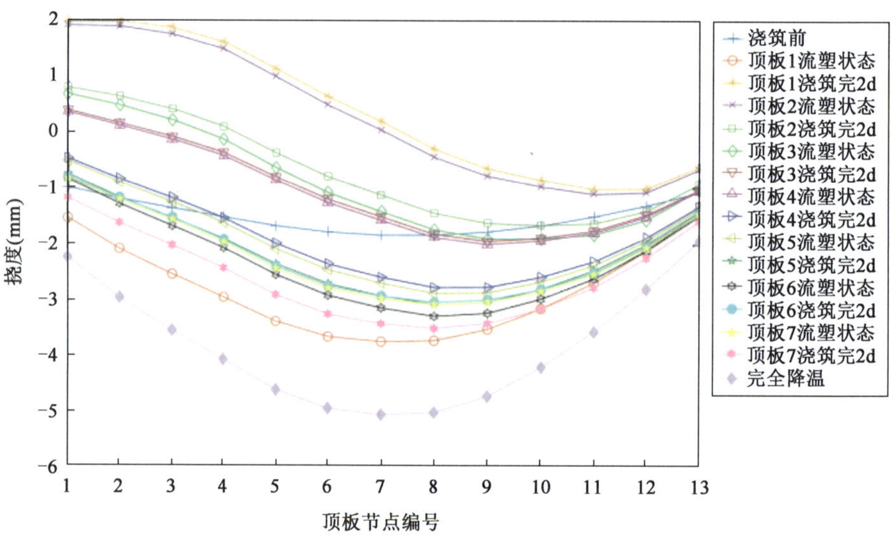

图 4-118　浇筑顺序 3 沉管跨中顶板变形图

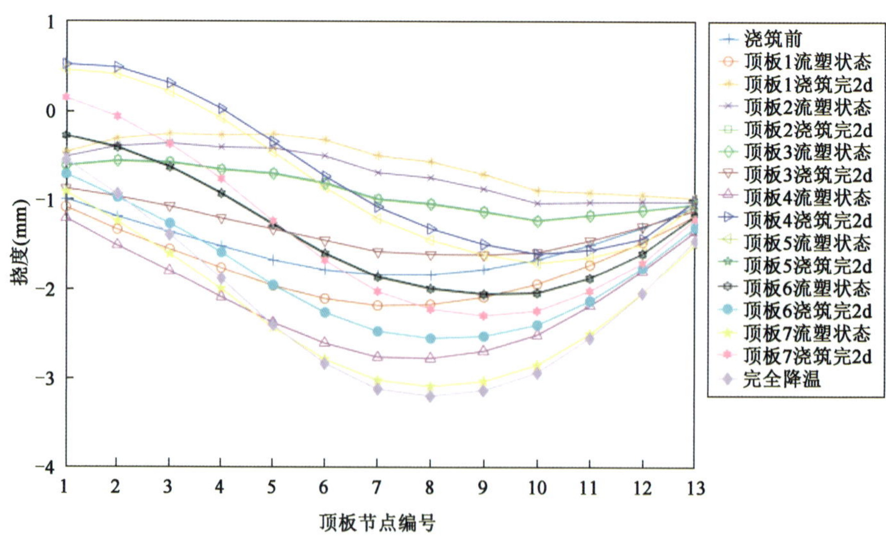

图 4-119　浇筑顺序 3 沉管 1/4 跨顶板变形图

综上所述,3 种浇筑顺序对顶板变形的影响差异不大,都能满足沉管变形控制要求,浇筑顺序 1(分段棋盘式跳仓浇筑工艺)变形最小,且变形协调性较好,管节预制精度相对较优。且考虑智能台车的浇筑效率,分段跳仓浇筑工序最优。

4.4 管节变形的监测与分析

4.4.1 深中通道管节浇筑顺序

基于隔仓浇筑顺序及支撑系统对沉管变形影响的分析结果,深中通道管节采用无支撑隔仓棋盘式浇筑工艺。标准管节浇筑时长为 57d,其中底板 19d,墙体 19d,顶板 16d,底板与墙体浇筑之间间隔 3d。隔仓浇筑顺序如图 4-120 所示,图中数字为隔仓浇筑时间节点。

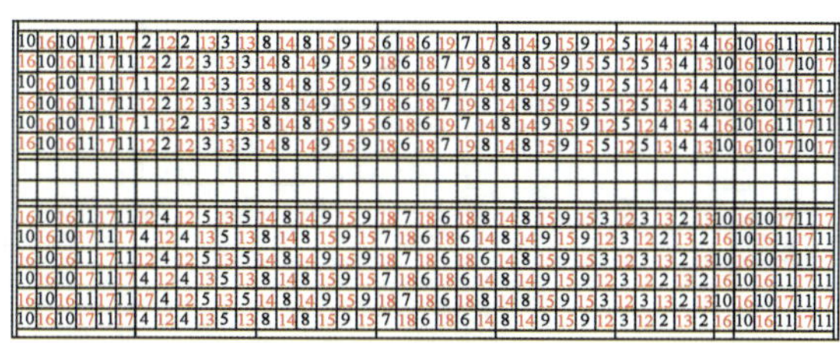

a) 底板隔仓浇筑顺序

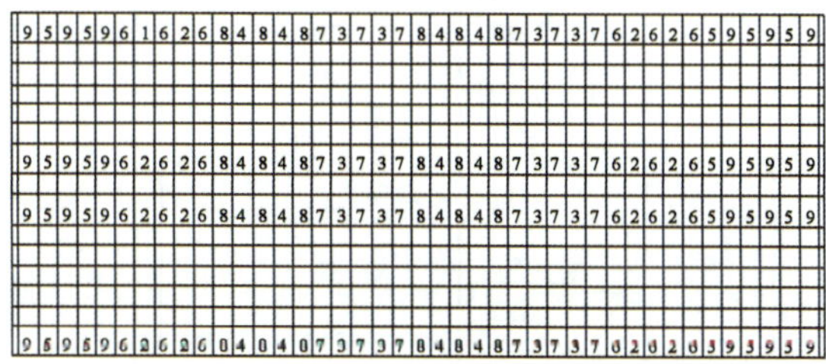

b) 侧墙隔仓浇筑顺序

c) 顶板隔仓浇筑顺序

图 4-120　深中通道管节隔仓浇筑顺序图

4.4.2 浇筑全过程变形分析及验证

4.4.2.1 管节竖向变形

选取 4 个断面,分别距管端 6m、24m、42m 和 60m,每个断面选取 8 个分析点(图 4-121),4 个断面不同节点竖向变形计算结果如图 4-122 所示。

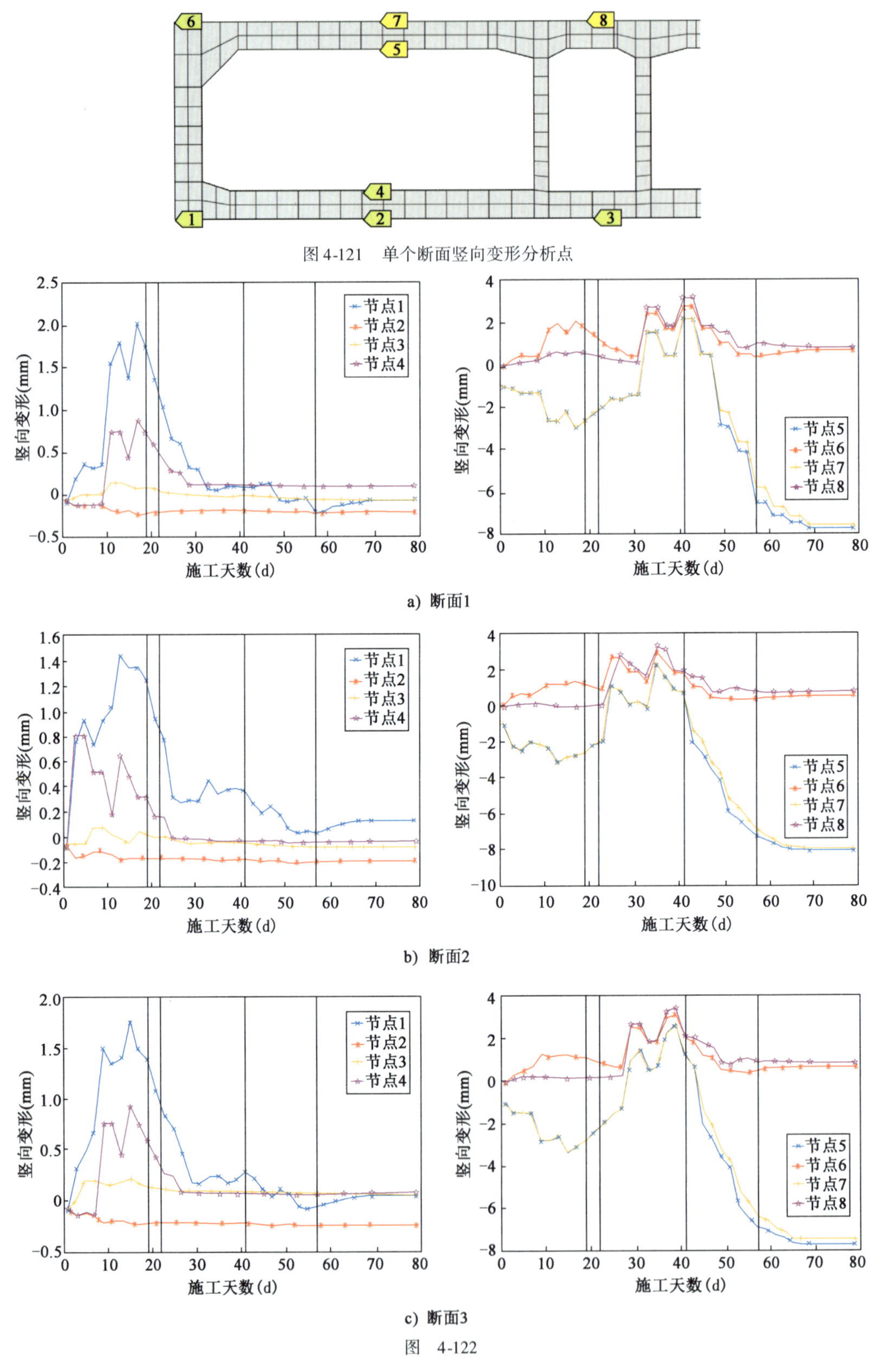

图 4-121　单个断面竖向变形分析点

a) 断面1

b) 断面2

c) 断面3

图　4-122

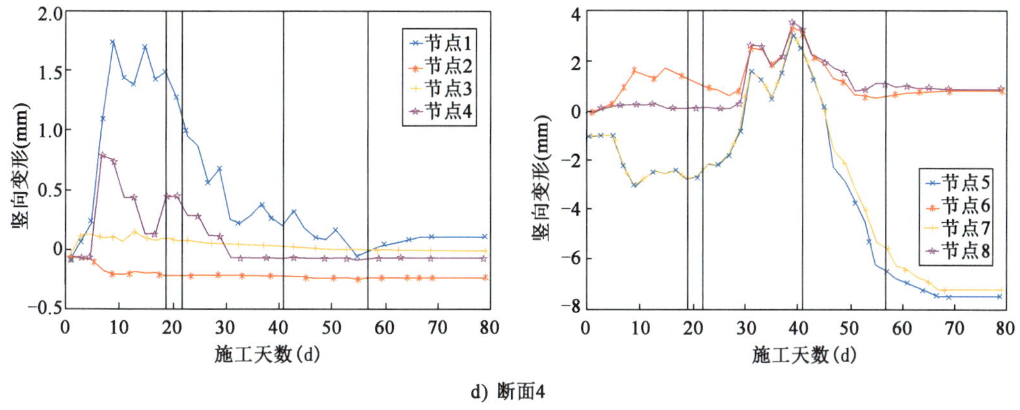

d) 断面4

图 4-122　管节竖向变形(mm)

由图 4-122 可知,底板浇筑时,由于水化热作用,底板产生 2mm 上拱,底板浇筑完成后,随着底板温度逐渐下降稳定,底板上拱逐渐减小,后续墙体及顶板施工对底板变形的影响较小;底板浇筑时,顶板产生下挠,最大挠度为 3.6mm,随着底板温度逐渐下降稳定,顶板下挠逐渐变小;墙体浇筑时,顶板产生上拱,最大拱度为 3.7mm,随着墙体温度逐渐下降稳定,拱度逐渐减小;顶板浇筑时,顶板产生下挠,随着施工的进行,挠度逐渐增大,顶板浇筑完成时最大挠度为 6.6mm,完全降温后最大挠度为 8.1mm。

4.4.2.2　管节纵向变形

在沉管端头选取 6 个节点(图 4-123),分析混凝土浇筑过程中管节纵向长度的变化,结果如图 4-124 所示。由图 4-124 可知,底板浇筑时,沉管伸长 22mm,底板浇筑完成后,随着底板温度逐渐下降稳定,伸长量逐渐变小,墙体及顶板浇筑时,混凝土水化热对沉管长度的影响相对底板浇筑要小得多,这是因为浇筑墙体和顶板时,底板混凝土强度已形成,整个沉管刚度相应较大。浇筑完成后,最终沉管缩短 3mm。

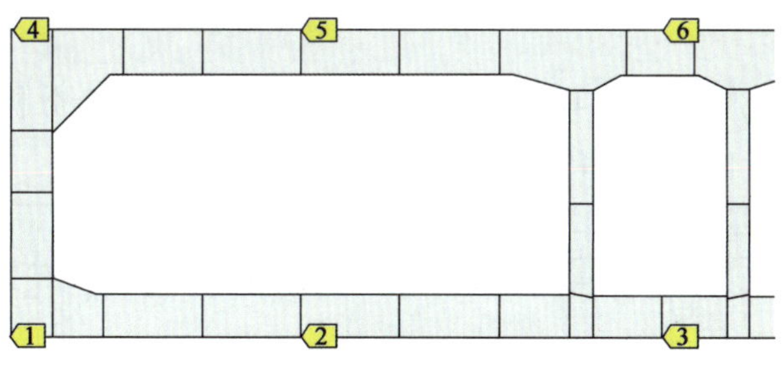

图 4-123　纵向变形分析点

4.4.2.3　管节横向变形

在墙体侧面选取 5 个节点(图 4-125),分析混凝土浇筑过程中沉管横向变形,结果如图 4-126 所示。

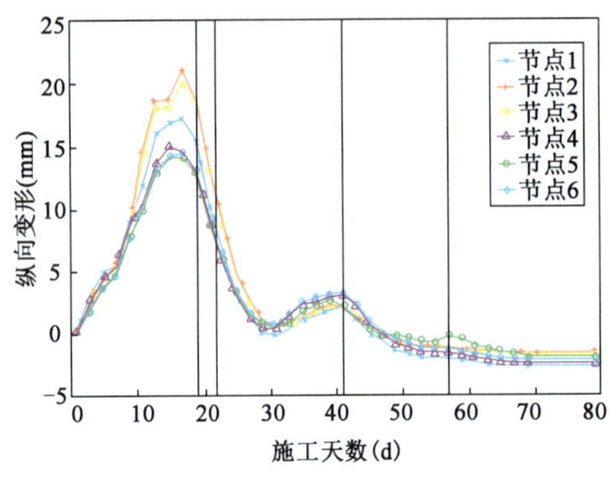

图 4-124　沉管长度变化图(mm)

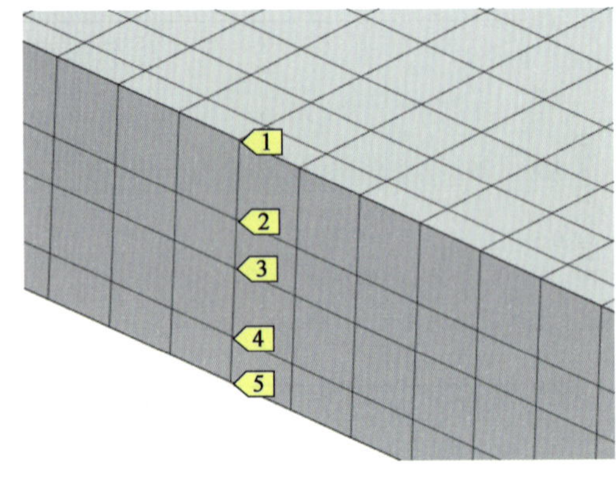

图 4-125　横向变形分析点

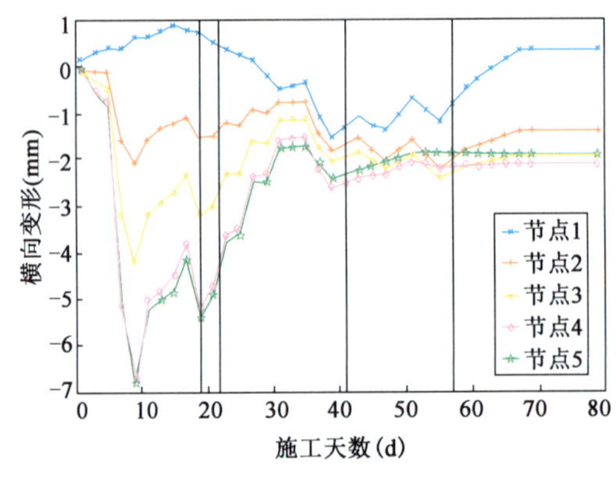

图 4-126　沉管横向变形图(mm)

由图 4-126 可知,底板浇筑对沉管横向变形影响较大,横向最大变形为 6.8mm(向外侧),当底板混凝土形成强度后,墙体和顶板浇筑对横向变形影响较小,最终变形为 2mm(向外侧)。

4.4.2.4　支撑系统影响分析

(1)管节竖向变形。

选取 2 个断面,分别距管端 24m、42m,每个断面顶板选取 4 个分析点(图 4-127),无支撑及加支撑计算结果对比如图 4-128、图 4-129 所示。

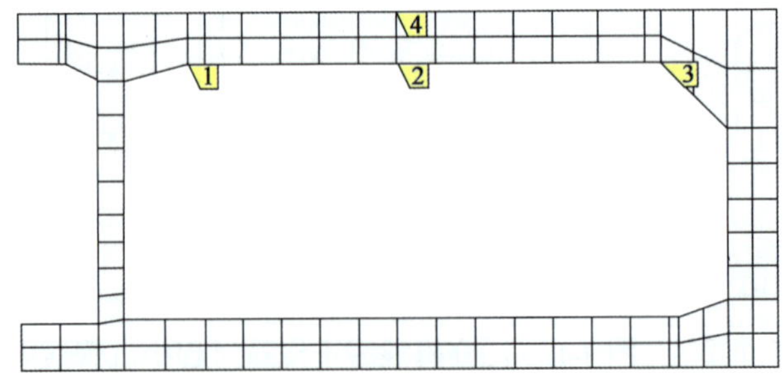

图 4-127　竖向变形分析点

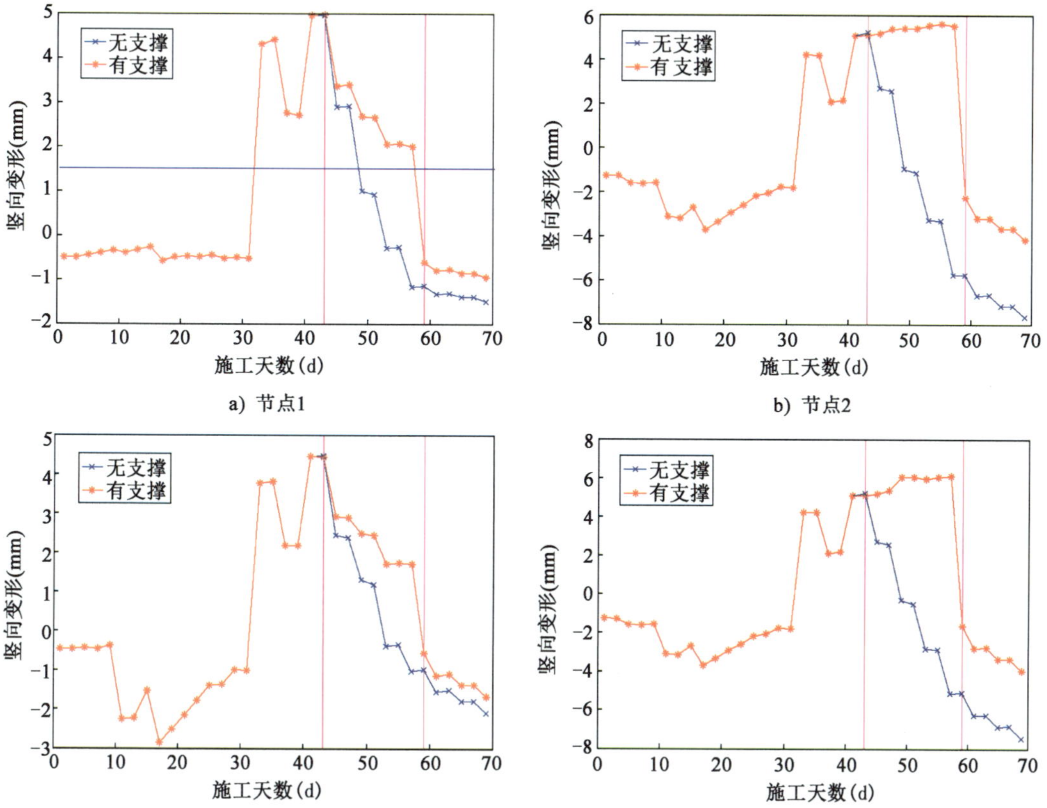

a) 节点1

b) 节点2

c) 节点3

d) 节点4

图 4-128　断面 1 结果对比图

由图 4-128、图 4-129 可知，不布置支撑结构，顶板最大挠度为 8mm，布置支撑结构，相对于不布置支撑，顶板最大挠度 4mm，拆除支撑结构后，顶板最大下降 6mm，最终顶板最大挠度为 6mm，即设立支撑结构使顶板最终挠度减小 2mm。

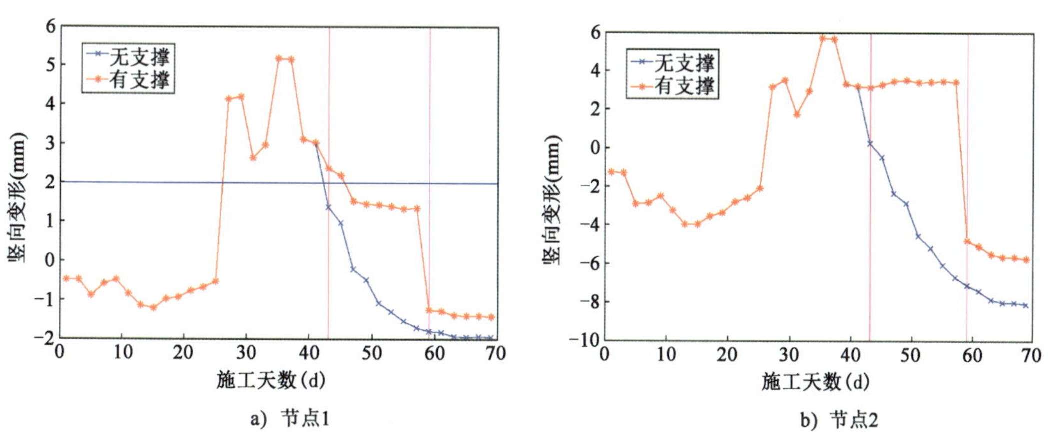

a) 节点1

b) 节点2

图　4-129

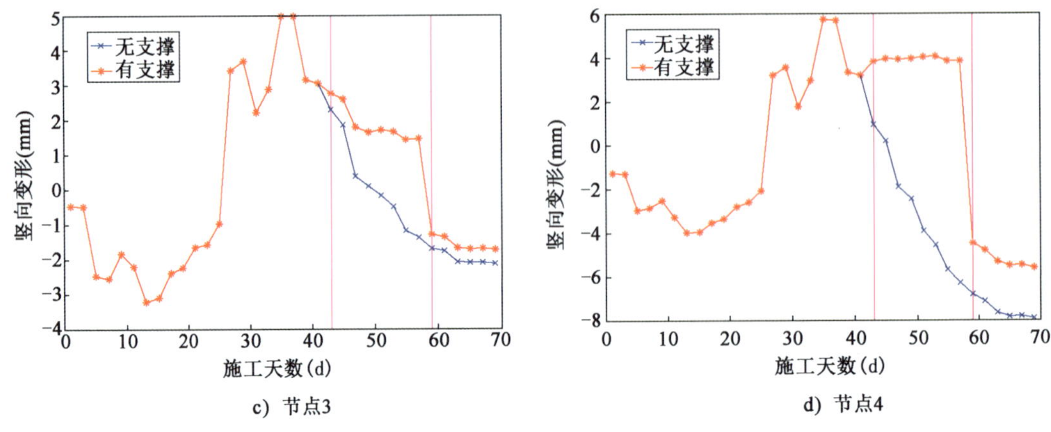

c) 节点3　　d) 节点4

图 4-129　断面 2 结果对比图

(2)管节纵向变形。

在管节端头选取 2 个节点,分析有无支撑对管节纵向变形的影响,结果如图 4-130 所示。

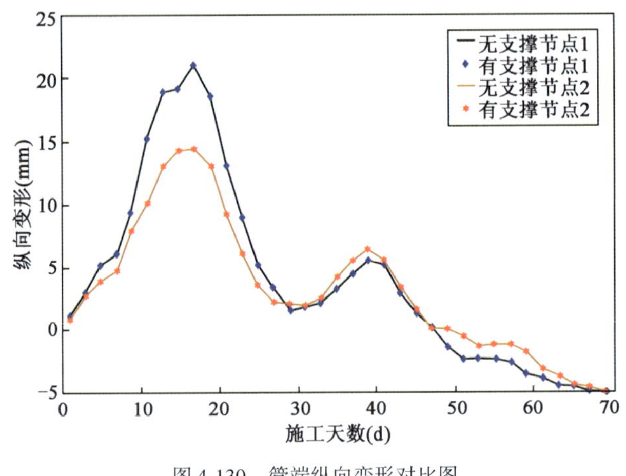

图 4-130　管端纵向变形对比图

由图 4-130 可知,有无支撑对管节纵向变形基本没有影响。

(3)管节横向变形。

在墙体侧面选取 4 个节点(图 4-131),分析有无支撑对管节横向变形的影响,结果如图 4-132 所示。由图 4-132 可知,有无支撑对沉管横向变形影响较小,有支撑沉管横向变形与无支撑相比,相差在 1mm 以内。

管节的端钢壳空间姿态测量在管节移动至浅坞驻停区完成体系转换后进行。分别在沉管两端的端钢壳上粘贴反射片,以 1m 间距布置,架设全站仪进行端钢壳空间姿态数据采集,得到三维坐标。点位布置示意图如图 4-133 所示。

在沉管顶板底面沿沉管纵向均匀选取 7 个断面,每个断面布置 3 个测点,对沉管顶板变形进行监测,沉管顶板变形测点布置如图 4-134 所示。

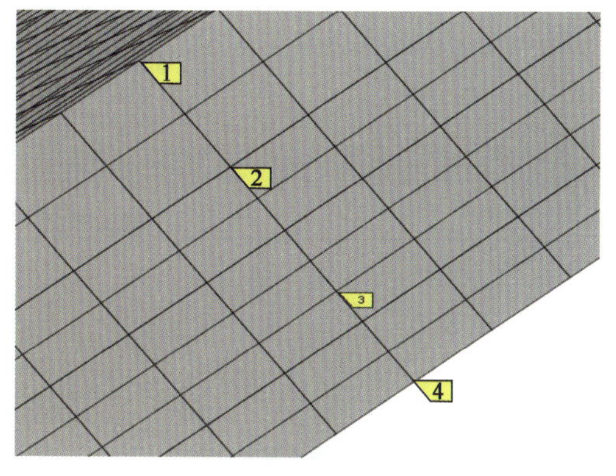

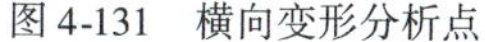

图 4-131　横向变形分析点

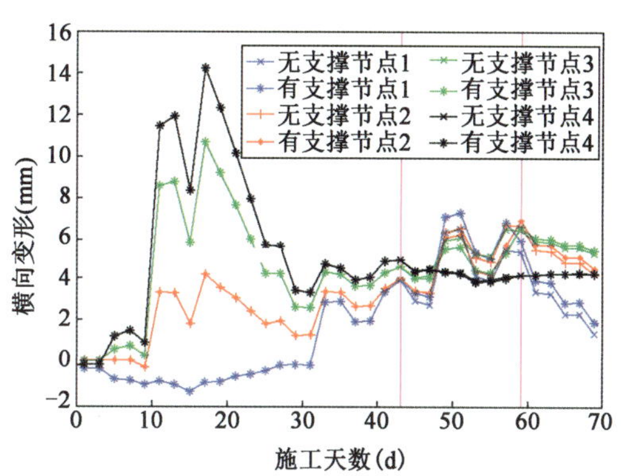

图 4-132　有无支撑横向变形对比图(mm)

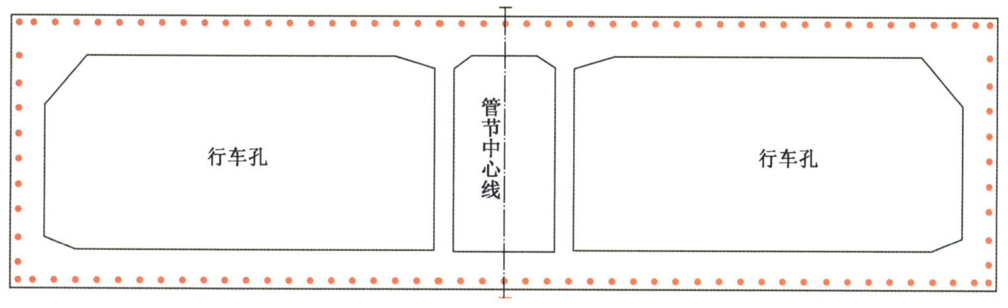

图 4-133　端钢壳测点布置示意图

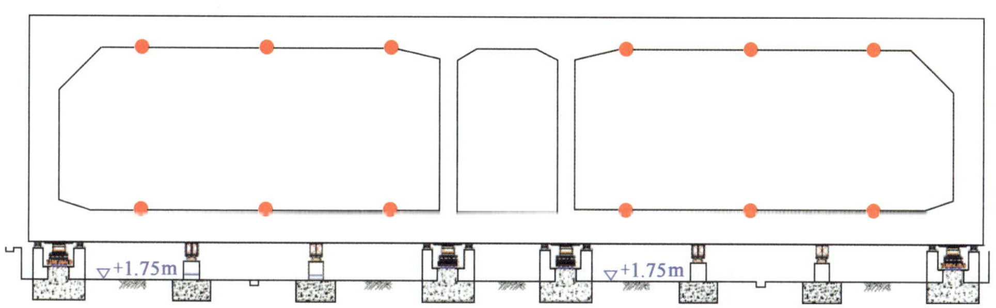

图 4-134　沉管顶板变形测点布置图

针对端钢壳测点数据进行平面拟合，求出每个测点到拟合平面的距离，以此反映端钢壳平整度。

图 4-135、图 4-136 分别为沉管非 GINA 端、GINA 端钢壳平整度测试结果。监测结果表明：非 GINA 端只有一个测点距拟合平面的距离超过 5mm，GINA 端有两个测点距拟合平面的距离超过 5mm，满足平整度控制要求。沉管两端测点测试数据差值可以得到沉管长度偏差，如图 4-137 所示。由图中可知，由于两端测点测试数据差值大部分小于 0，混凝土浇筑完毕后沉管缩短，沉管长度平均减小 5mm，与计算缩短 3mm 基本吻合。

图 4-138 为沉管顶板浇筑过程中顶板变形图，当顶板浇筑完成且完全降温后，沉管最大变形为 9.2mm，与分析值 8.1mm 基本吻合。

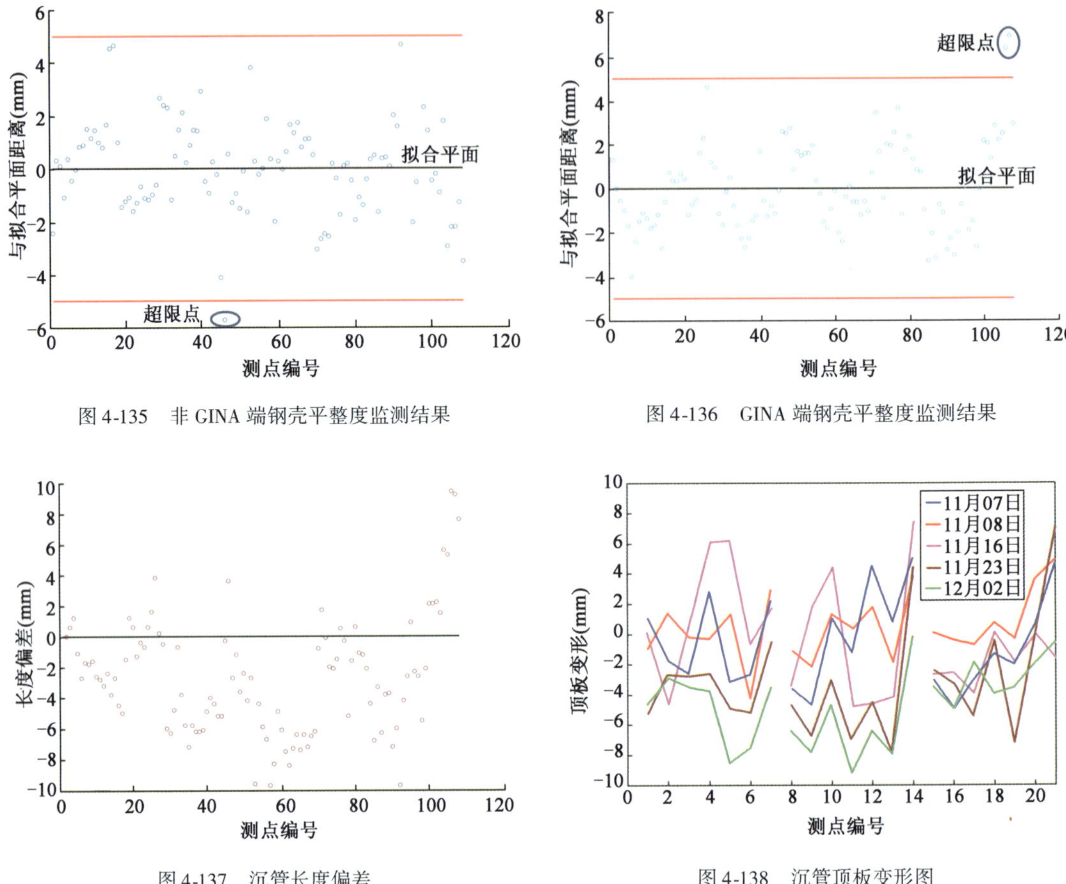

图 4-135　非 GINA 端钢壳平整度监测结果

图 4-136　GINA 端钢壳平整度监测结果

图 4-137　沉管长度偏差

图 4-138　沉管顶板变形图

本章参考文献

[1] SMITH D W, SOLOMON S K, CUSENS A R. Flexural tests of steel-concrete-steel sandwiches [J]. Magazine of Concrete Research,1976,28 (94):13-20.

[2] ONG K C G, MAYS G C, CUSENS A R. Flexural tests of steel-concrete open sandwiches[J]. Magazine of Concrete Research, 1982,34 (120):130-138.

[3] C D 戈特,张素梅. 抵抗外压作用的钢-混凝土组合筒体结构[J]. 钢结构,1989(1):37-41.

[4] ROBERTS T M, EDWARDS D N, NARAYANAN R. Testing and analysis of steel-concrete-steel sandwich beams[J]. Journal of Constructional Steel Research,1996,38(3):257-279.

[5] 滕锦光,赵阳,王汉铤,等. 钢-混凝土组合薄壳屋盖的研究进展[C]//天津大学建筑工程学院. 第三届全国现代结构工程学术研讨会论文集. 天津:[出版者不详],2003:265-268.

[6] 张令心,郭丰雨. 钢-混凝土混合结构抗震研究述评[J]. 地震工程与工程振动,2004(3):51-56.

[7] 庄金钊,高小旺,杨仁树. 高层钢-混凝土结构连接方式对抗震性能影响[J]. 中国矿业大学学报,2005(5):644-649.

[8] 李丕宁,秦荣. 高层钢-混凝土混合结构住宅的研究和设计[J]. 建筑结构,2006(9):86-91.

[9] 齐天娇. 高层钢-混凝土组合结构抗震性能研究[D]. 西安:西安工业大学,2016.

第 5 章　钢壳混凝土沉管智能浇筑装备研发及应用

深中通道沉管隧道采用工厂法陆上浇筑。钢壳混凝土沉管浇筑隔仓多，对浇筑设备精确定位要求更高，为保证管节混凝土浇筑质量，拟通过自动化、智能化等手段，提高钢壳沉管自密实混凝土施工效率和质量。根据项目功能需求，进行钢壳混凝土沉管智能浇筑装备的研发，并在项目实践过程中进行应用和总结，优化系统方案，形成钢壳混凝土沉管智能浇筑关键装备。

5.1　智能浇筑装备功能需求及总体设计

5.1.1　装备功能需求

深中通道单个标准钢壳管节长 165m、宽 46m、高 10.6m（图 5-1），由 2255 个 4 ~ 16m^3不等的封闭隔仓构成，混凝土总用量约 29350m^3。钢壳混凝土沉管采用高流动性的自密实混凝土浇筑，浇筑后混凝土表面与钢壳顶板下表面的脱空不得大于 5mm，因此，沉管浇筑工作具有有限空间施工、浇筑量大、浇筑点多、质量要求高等特点。

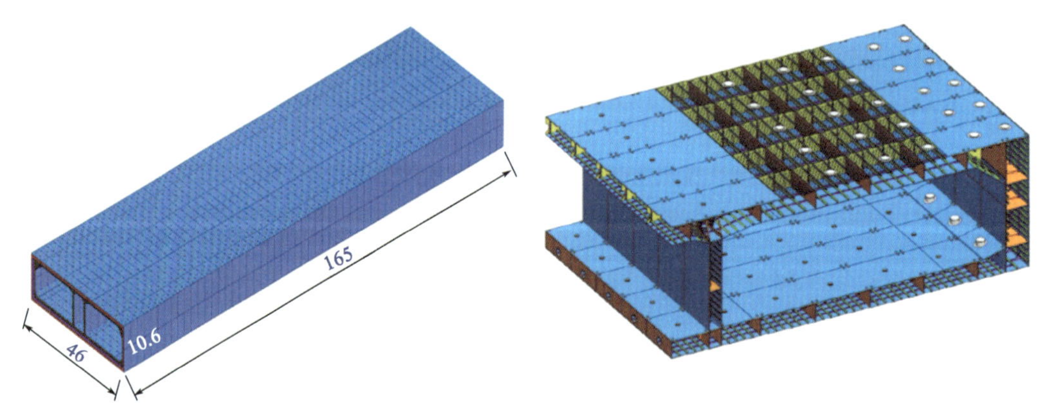

图 5-1　钢壳管节示意图（尺寸单位：m）

钢壳混凝土沉管浇筑工艺为跳仓浇筑，为了提高浇筑效率，避免浇筑装备频繁移动，要求装备在同一个地方一天内完成约 18m × 18m 仓段内所有相间的目标隔仓的浇筑。图 5-2 为跳仓浇筑示意图。

为了提高浇筑效率，保证浇筑质量，需要设计一款能在同一个位置浇筑多个隔仓的装备，其功能需求如下：

(1)360°自由旋转,能够同一位置多点浇筑,即固定在某一位置,能够浇筑布料半径内所有的隔仓。

(2)便于实现智能化。

(3)整机在移动和浇筑过程中(考虑混凝土自重),对工作面的最大压强小于7MPa。

(4)布料设备最大高度不宜超过6m,不应低于2.5m。

(5)浇筑时,泵管需要伸入外径为300mm、高度为1m的下料管中,且浇筑过程中需保持下料管末端与混凝土液面的距离始终为500mm左右。

(6)工作场地上有相应的障碍,包括:排气孔和浇筑孔预留高度(按50mm考虑),其他预埋件等。装备的行走机构要考虑相应的越障能力。

(7)下料管采用装配式,为保证下料管不被震倒,浇筑过程中泵管末端可能出现的摇摆幅度不超过5cm。

(8)底盘尺寸原则上高大于1m,宽不超过2.5m,长不超过3m。底盘形式需保证布料设备能够覆盖工作范围内所有的浇筑隔仓。

(9)为便于浇筑过程中混凝土有效排气,根据不同的阶段,设置不同的浇筑速度,见表5-1。

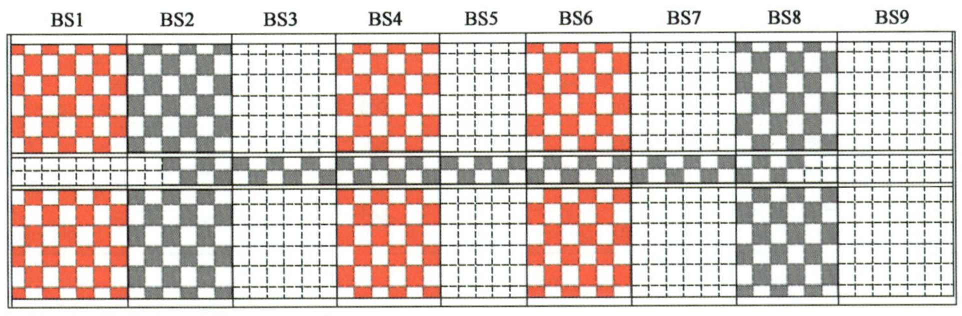

图5-2　跳仓浇筑示意图

浇筑速度调节参数　　表5-1

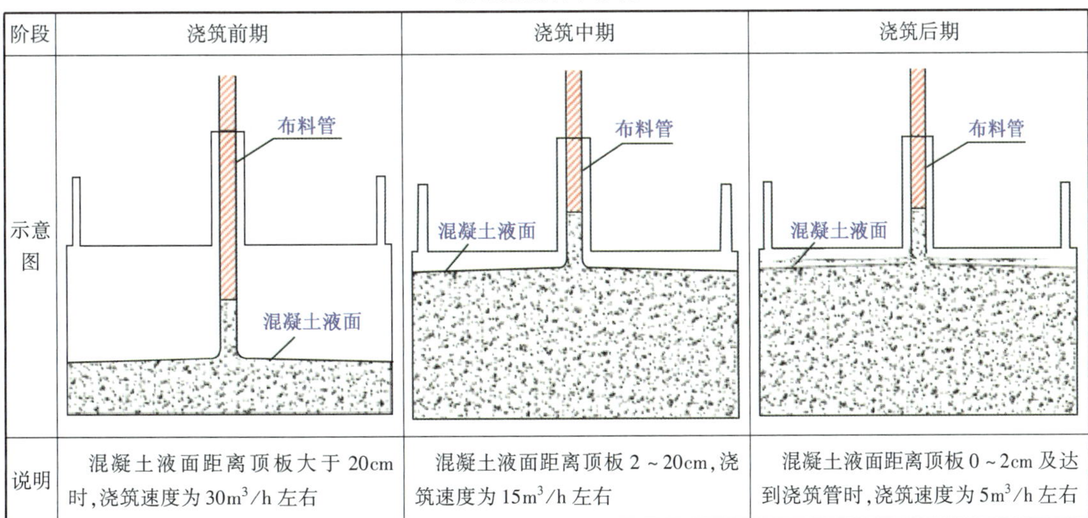

阶段	浇筑前期	浇筑中期	浇筑后期
示意图	布料管 混凝土液面	布料管 混凝土液面	布料管 混凝土液面
说明	混凝土液面距离顶板大于20cm时,浇筑速度为30m³/h左右	混凝土液面距离顶板2~20cm,浇筑速度为15m³/h左右	混凝土液面距离顶板0~2cm及达到浇筑管时,浇筑速度为5m³/h左右

5.1.2 装备总体设计

智能浇筑装备设置两级回转机构，总臂长 12.3m，采用步进式行走，行走机构由 8 套垂直设置的油缸交替驱动，行走速度约 1m/min。浇筑装备设计图如图 5-3 所示，浇筑装备性能参数见表 5-2。

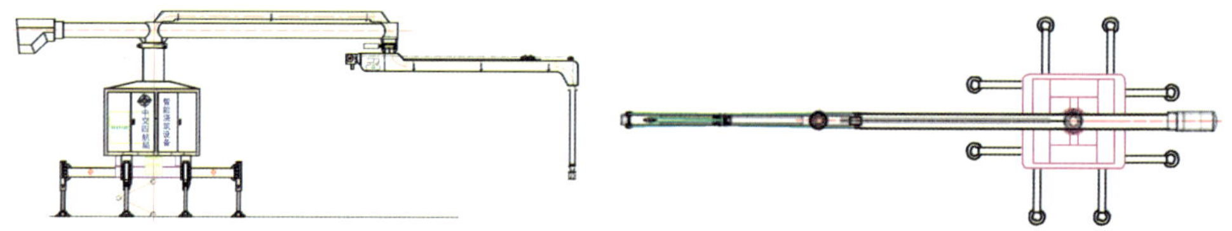

图 5-3 浇筑装备设计图

浇筑装备性能参数表

表 5-2

项目	参数	项目	参数
型式	回转式(带折臂)	臂总长	12300mm
浇筑管道直径 D	ϕ133 ×4mm	后伸臂长	3500mm
混凝土比重	2.5t/m^3	主臂臂长	7000mm
行走速度	0～1m/min	副臂臂长	5300mm
液压支腿顶升速度	0～1.5m/min	操作方式	本地操作/遥控操作
末端管升降高度	2.1m	整机高度	最大 6000mm
电源	交流 380V、50Hz		最小 5500mm

5.2 主要构件结构设计及选型

5.2.1 主臂、副臂结构

主臂采用 ϕ408 ×12mm 的无缝管作为主体，配重端有一个 2t 固定配重，距离立柱中心约 3500mm，前端与副臂通过法兰连接，前端立柱中心间距 7000mm。主臂结构如图 5-4 所示。

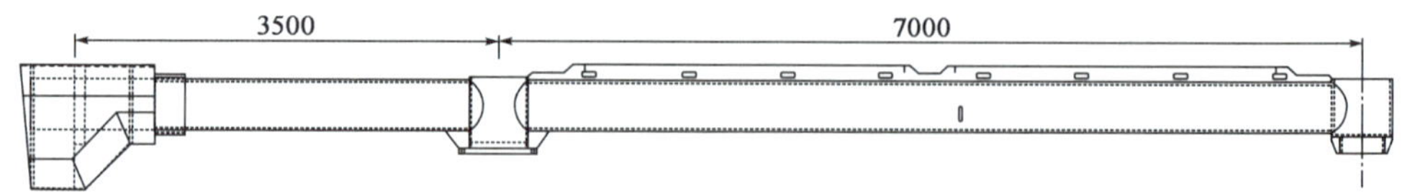

图 5-4 主臂结构图(尺寸单位：mm)

副臂由 8mm 厚钢板制作而成，横截面为槽形，末端有伸缩浆管，设计载重为 980kN。副臂结构如图 5-5 所示。

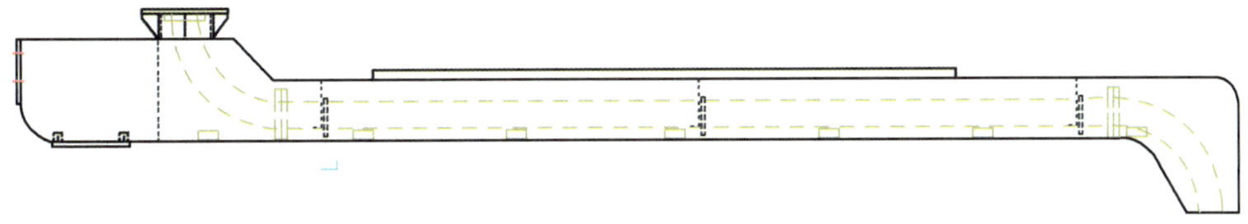

图 5-5　副臂结构图

5.2.2　塔架立柱和底盘

塔架立柱由一根 $\phi610\times10$mm 的无缝钢管制作而成。底盘要满足步进式行走功能，选用 4 条日字管拼接成一个方形的底盘，中间设置一个矩形管作为伸缩支腿的伸缩部分，内外管之间采用滑动摩擦的形式，滑块为青铜滑块。底盘设计的尺寸大小，应满足不遮盖任意一个浇筑孔的要求。底盘设计示意图如图 5-6 所示。

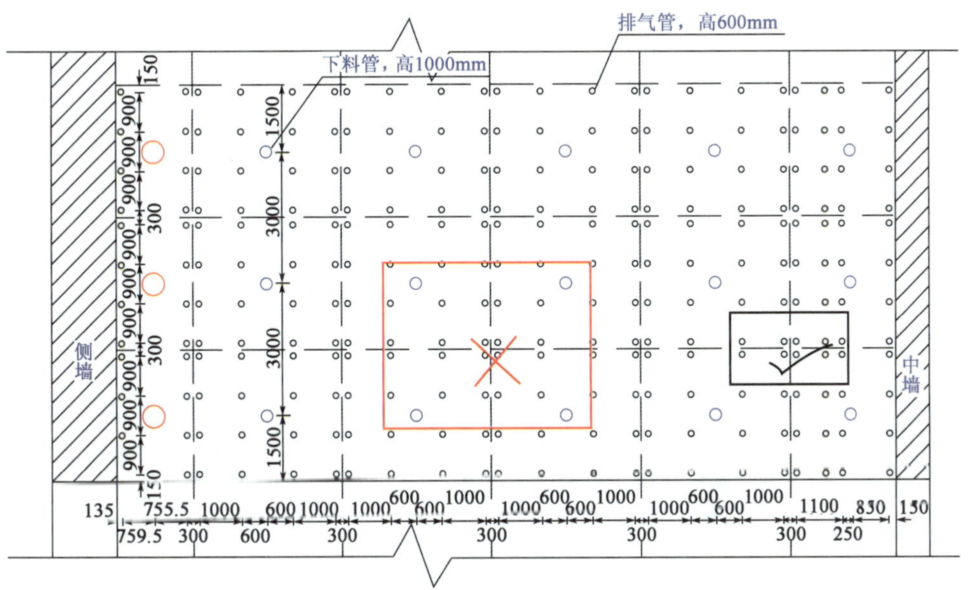

图 5-6　底盘设计示意图（尺寸单位：mm）

5.2.3　回转支撑

智能浇筑装备的两级回转功能主要靠回转支撑来实现。

1）主臂回转支撑

主、副臂夹角为 180°的工作状态下，主臂回转支撑承受的最大弯矩计算值为 34.9kN · m，轴向载荷为 52.8kN。设计选型 25 寸滚珠式电驱动回转支撑。

2）副臂回转支撑

副臂回转支撑承受最大的弯矩为 20.1kN · m，轴向载荷为 9.4kN。设计选型 14 寸滚珠式电驱动回转支撑。

5.2.4 末端管升降机构

为保证浇筑过程中下料管末端与混凝土液面始终保持一定的距离，末端管选用可伸缩管，内部管选用 $\phi133 \times 4$mm 的钢管，长度为 2.1m，外部套管选用 $\phi168 \times 7$mm 的内衬塑钢管，长度为 2.3m，外部套管两侧焊接有两个吊耳，用于固定钢丝绳。

单隔仓尺寸为长 3.5m、宽 3m，初始浇筑速度为 $30m^3/h$，为保证下料管末端始终与液面保持约 500mm 的距离，浇筑过程中应满足约 48mm/min 的伸缩速度。伸缩管初始伸展量为 0，浇筑机站位完成后，下料管进行自动寻孔，将下料管插入浇筑孔内，伸缩管末端向下伸展，完全伸展开的伸展量为 2m，伸缩管末端行程由 0 变为 2m 需在 1min 内完成，此时伸缩管应能满足 2m/min 的伸缩速度。

下料管在隔仓内采用脉冲的方式进行升降，即开始浇筑时将下料管末端的高度定在距离仓底约 500mm 处，随着浇筑的进行，当液面上升到距离下料管末端 300mm 时，升降机构启动提升下料管，单次提升高度为 200mm，使下料管末端与液面的距离恢复至初始状态（500mm），提升时间定为 15s，则下料管提升速度约为 0.8m/min。

5.2.5 末端气阀设置

布料管末端设置一套能够自动开启、关闭的阀门，避免浇筑装备在转移寻孔时管内存留泥浆洒落。末端气阀结构图如图 5-7 所示。

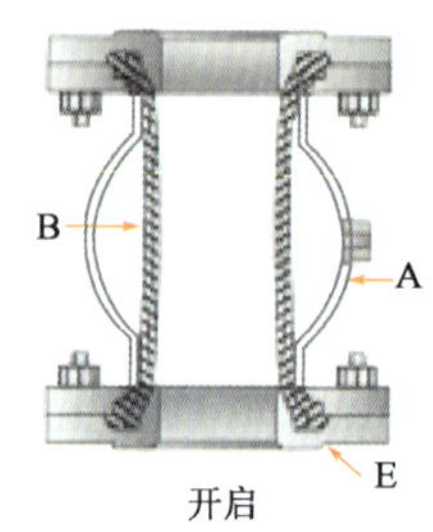

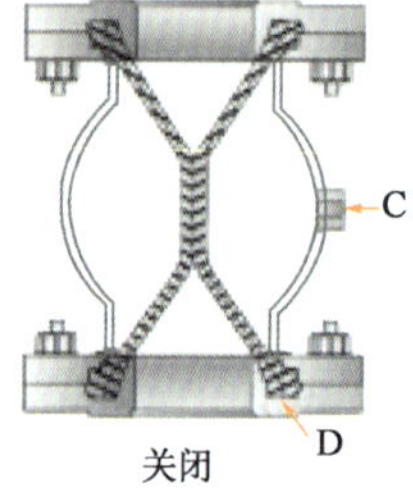

图 5-7 末端气阀结构图

A-阀体；B-橡胶箍套；C-注气口；D-压紧环；E-连接法兰

5.3 液压步进式行走机构

为了实现智能浇筑装备能自行行走并具有一定的越障能力，智能浇筑装备采用液压步进式行走方式，在装备的前、后、左、右 4 个方向各设 2 副水平伸缩臂和垂直升降支撑腿。水平伸缩臂两端铰接并配万向牛眼轴承；垂直升降支撑油缸通过设置在缸体上的法兰安装到水平伸缩臂上，活塞杆末端设置球头与脚撑连接，通过油缸交替动作，实现纵向与横向行走，见图 5-8。

液压系统的主要功能为升降、调平和行走。由 2 台 15kW 的油泵（一用一备）提供动力，通过控制电磁阀和电磁比例阀通断来实现油缸动作，包含单缸水平（或垂直）动作、四缸同步水平（或垂直）同步动作、八缸同步垂直动作。

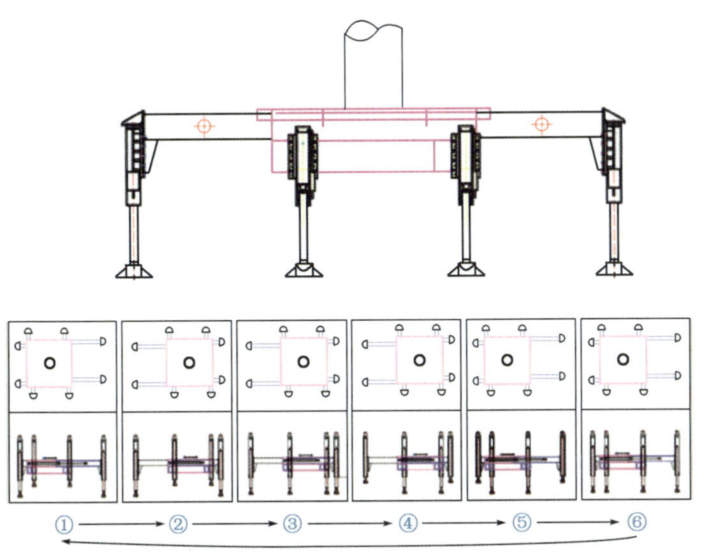

图 5-8　智能浇筑装备液压步进式行走系统设计图

液压系统设有 8 个水平油缸和 8 个垂直油缸，每个水平油缸设置 2 个限位开关，每个垂直油缸设置 1 个微动开关。用限位开关和微动开关反馈给出油缸的控制信号，控制电磁阀或电磁比例阀开关，实现单缸动作、四缸同步动作或八缸同步动作。同时，设置 2 个激光测距传感器和 1 个倾斜仪，实现定量升降以及底盘调平功能。液压系统主要电气参数见表 5-3。

液压系统主要电气参数列表　　表 5-3

序号	名　称	参　数	作　用
1	液压控制柜	含 PLC 及拓展模块，油泵、电磁阀等电路模块	控制油泵启停，控制电磁阀或电磁比例阀以实现油缸单步和同步动作
2	比例放大器电箱	13 个比例放大器	按比例控制流量和改变方向，实现对应油缸的位置和速度控制
3	液压操作箱	主要为显示屏	显示以及本地操作
4	油泵	15kW	为油缸动作提供动力
5	激光测距传感器	LDS-50A，485	测量底盘离地的高度
6	倾斜仪	SVT626T-30-485	测量底盘的倾斜度
7	限位开关	LR18XBN08PN0	提供水平油缸的到位信号
8	微动开关	D4V-8104Z-N	提供垂直油缸的到位信号
9	操作手柄	带线，5V 直流电充电	方便操作

5.3.1　单缸动作

单个油缸动作使用三位拨钮开关（见图 5-9）控制，分别实现 8 个水平油缸的单独伸缩和 8 个垂直油缸的单独升降，单缸动作主要于调试时使用。其中，8 个垂直油缸配置 8 个电磁比例阀进行控制，实现单缸垂直升降速度可调。

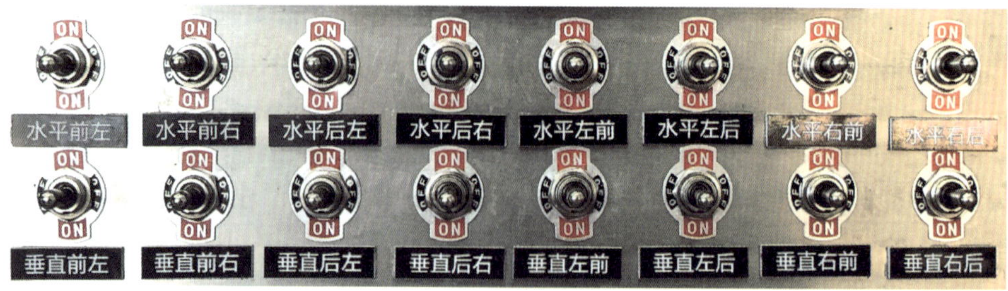

图 5-9 三位拨钮开关

三位拨钮开关设计默认向上为伸油缸(伸腿),中位为停止状态,向下为收油缸(收腿)。单个油缸动作到位通过限位开关感应识别,触摸屏上虚拟指示灯显示状态,在报警界面的报警设置内可屏蔽限位开关,界面如图 5-10 所示。

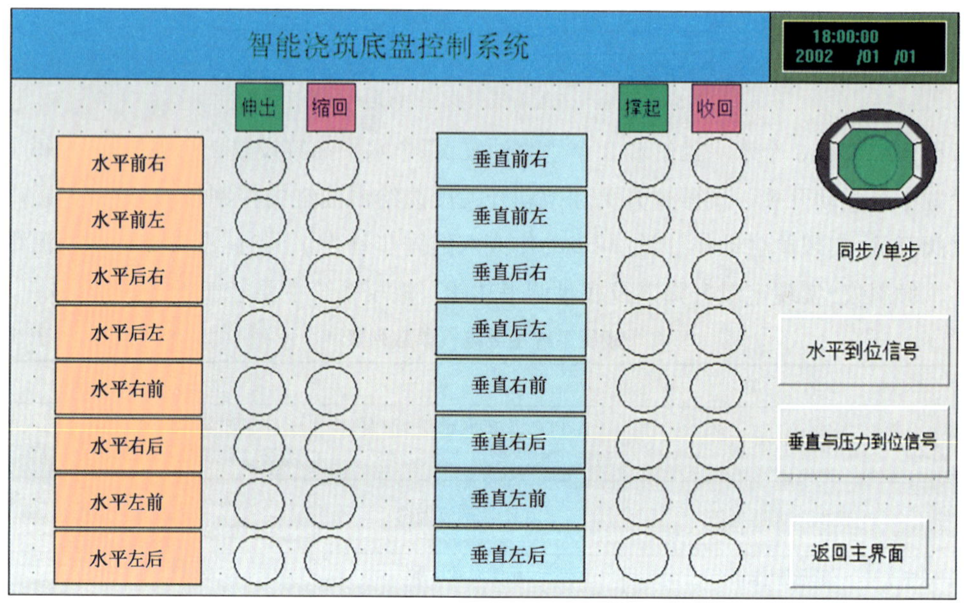

图 5-10 油缸动作到位状态显示界面

5.3.2 同步动作

同步动作包含四缸同步(水平前后动作、水平左右动作、垂直左右四缸升降、垂直前后四缸升降)和八缸同步(垂直八缸升降),5 种同步动作配置 5 个同步电磁比例阀控制,实现同步动作速度可调。

同步动作原理如下:①水平前后/水平左右同步动作时,感应到限位开关便停止相应方向的移动,起到限位保护作用;②垂直四缸/八缸同步动作默认是先四缸/八缸腿单缸操作,当四条腿/八条腿单缸全部着地后,即微动开关动作,再切换至同步马达进行工作。

同步动作可实现底盘快速同步升降和行走,是最常使用的操作指令。在触摸屏同步调试界面(图 5-11)上,选择本地同步控制模式进行操控。

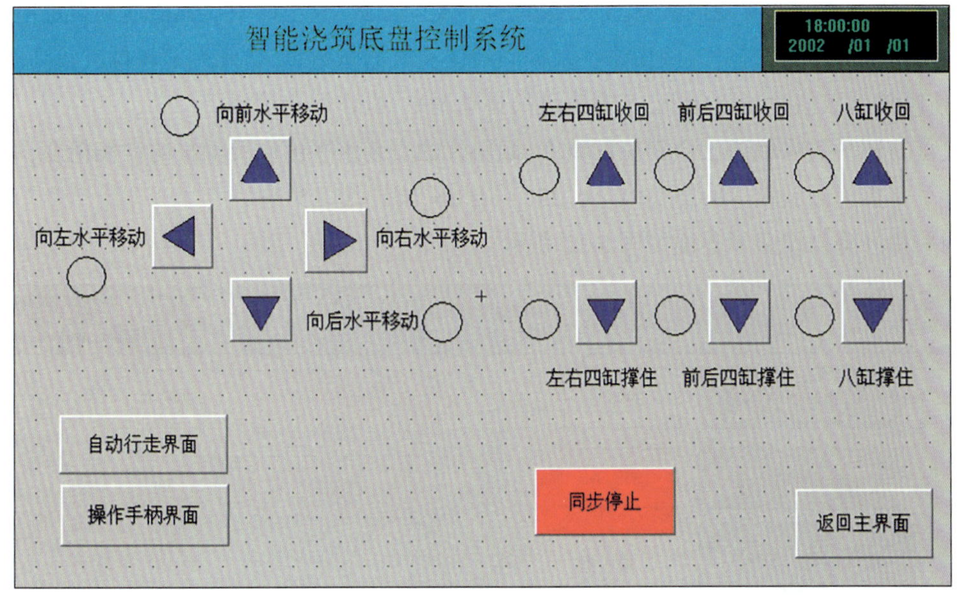

图5-11　同步动作操作显示界面

当微动开关或限位开关发生位置偏离或器件损坏时，可在报警设置界面上屏蔽微动开关或限位开关，屏蔽后的微动开关或限位开关将不起作用，因此，使用过程中需谨慎屏蔽该功能。

5.3.3　升降功能

底盘的前左位置和后右位置分别安装了激光测距传感器，用于测量底盘与作业面之间的距离。可通过手动方式进行较大幅度的升降操作，也可以通过激光测距传感器进行精准定量升降控制。

进行自动升降操作时，在触摸屏界面上输入所需的同步提升数值，提升过程中，激光测距传感器反馈实时测量数据，液压系统将通过两个激光测距传感器的平均值，将底盘自动升降至设定的高度。自动升降和自动调平都需要根据微动开关的信号判断支腿的着地情况，因此，当微动开关出现故障，不得使用自动升降和自动调平功能。

5.3.4　调平功能

支腿的水平同步移动通过限位开关限位实现，但垂直同步升降无法保证底盘绝对的平衡，因此，在底盘上增设激光测距传感器和倾斜仪进行校正和调平控制，保证装备使用的安全性和装备自动定位、自动寻孔的可行性。

底盘调平可分为手动调平和自动调平两种模式，调平的条件是前后四缸或左右四缸或八缸的微动开关动作，系统能够根据微动开关进行检测判断是否满足自动调平要求。

手动调平分为手动前后四缸调平、手动左右四缸调平、手动八缸调平。调平过程需要长按按钮，直到倾斜仪数值达到设定值，调平到位结束。手动调平也可根据人为判断结果进行单缸动作，收缩底盘高侧的支腿油缸，提升底盘低侧的支腿油缸，直至倾斜仪数值达到设定值。

自动调平为一键式操作，液压系统根据倾斜仪实时测量数据，自动调节较低或较高的垂直单缸，使倾斜仪数值达到设定值，实现底盘的自动调平，操作简单可靠。

底盘的调平效果取决于倾斜仪的精度、倾斜仪的安装水平度以及油缸的动作精度，本系统设计调平要求为倾斜仪 $-0.25° < X < 0.25°$、$-0.25° < Y < 0.25°$。

调平和升降操作显示界面如图 5-12 所示。

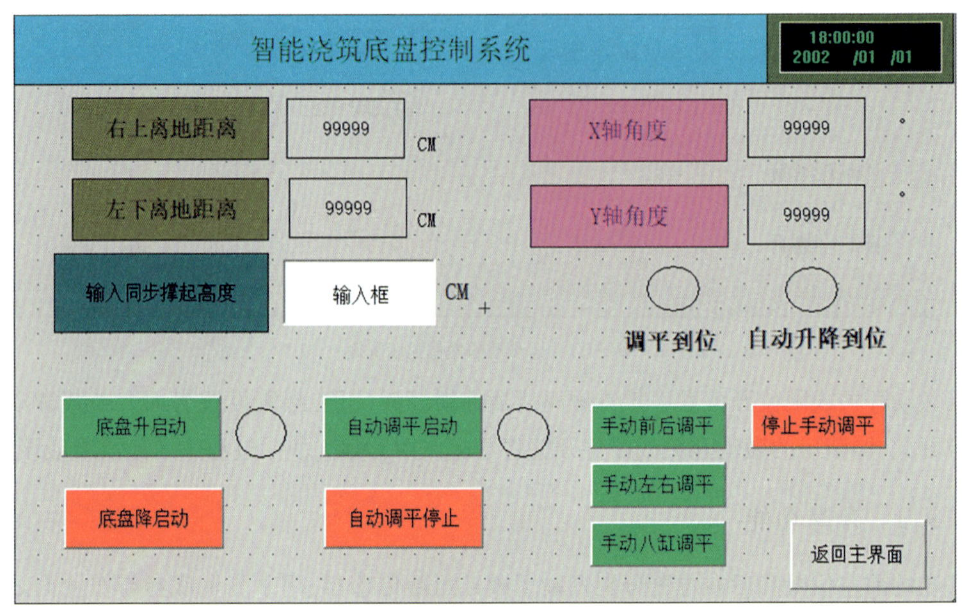

图 5-12　调平和升降操作显示界面

5.3.5　行走功能

行走功能设置了三种控制模式，分别为全自动行走模式、半自动行走模式、手动行走模式。全自动行走模式是指信号仅触发一次，装备即沿着某个方向循环自动移动；半自动行走模式是指信号触发一次，装备即整体自动移动一步；手动行走模式是指装备整体移动一步的每个步骤，均由人工进行判断和操作。装备行走步骤示意图如图 5-13 所示。

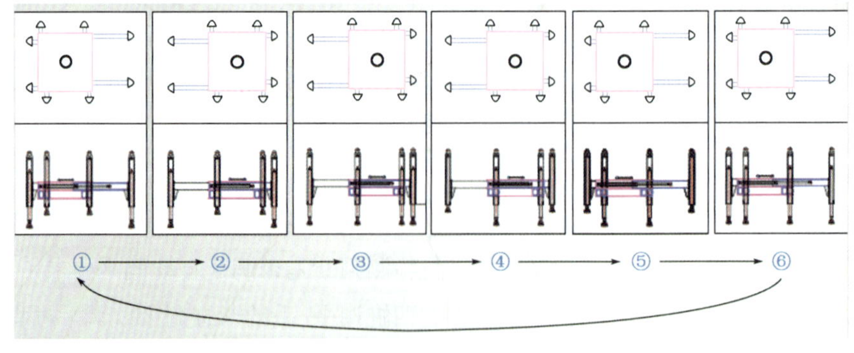

图 5-13　装备行走步骤示意图

自动行走包含自动向前行走、自动向后行走、自动向左行走和自动向右行走，操作时系统默认为半自动行走模式，如需全自动行走模式，则“启动自动循环”。自动行走操作显示界面如图5-14所示。

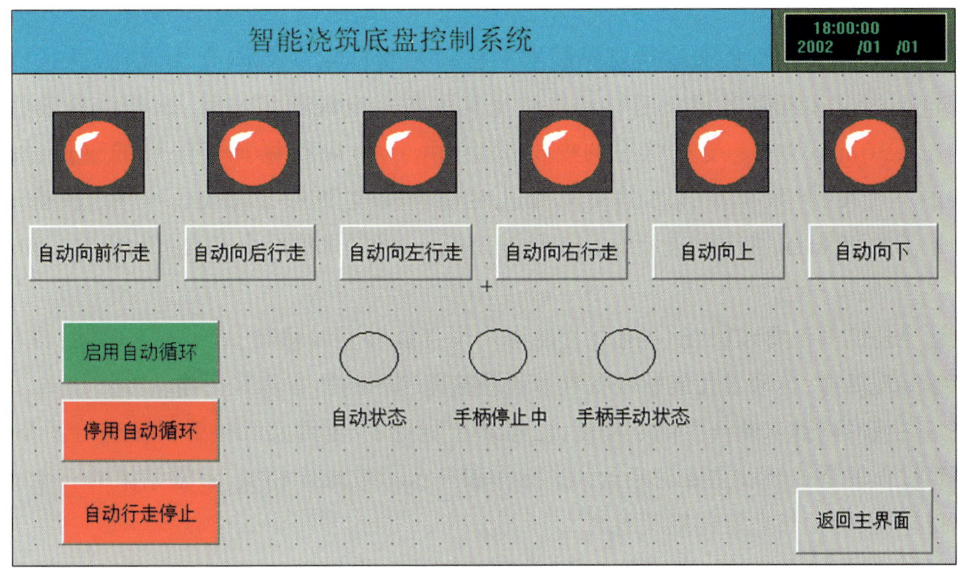

图5-14 自动行走操作显示界面

行走速度可在设置界面进行调节，进行各类自动行走所需满足的初始条件如下：

(1)自动向前：前左、前右水平油缸收到位，后左、后右水平油缸伸展到位，左前、左后、右后、右前垂直支腿离地，前左、前右、后左、后右垂直支腿着地。

(2)自动向后：后左、后右水平油缸收到位，前左、前右水平油缸伸展到位，左前、左后、右后、右前垂直支腿离地，前左、前右、后左、后右垂直支腿着地。

(3)自动向左：左前、左后水平油缸收到位，右前、右后水平油缸伸展到位，前左、前右、后左、后右垂直支腿离地，左前、左后、右后、右前垂直支腿着地。

(4)自动向右：右前、右后水平油缸收到位，左前、左后水平油缸伸展到位，前左、前右、后左、后右垂直支腿离地，左前、左后、右后、右前垂直支腿着地。

5.4 智能浇筑装备定位和自动寻孔

5.4.1 浇筑装备定位

在每个钢壳管节开始浇筑之前，需用高精度全站仪对每个工位的浇筑孔中心点坐标进行精准测量(每个工位的浇筑孔坐标必须建立在同一个坐标系上)，将测量的平面坐标数据导入智能浇筑系统。在每个工位上设置装备布置的大概位置，装备移动到位后进行自定位，即通过示教所处工位上的三个浇筑孔，系统根据臂长、主副臂夹角和示教的浇筑孔坐标自行计算出装备中心在坐标系中的位置坐标以及主臂0°时相对于坐标系 x 轴的夹角(即装备相对于沉管的轴线偏差角度)。

5.4.2 浆管自动寻孔

自动寻孔最基本的要求就是要保证末端移动浆管能定位到隔仓浇筑孔,并且能够下降至浇筑孔内。在钢壳沉管上进行了自动浇筑装备的空载模拟试验,试验结果表明寻孔精度均在±30mm以内。受载状态的模拟试验,由于主/副臂增加了泥浆的重量,加大副臂末端的下挠度,导致浇筑过程的自动寻孔定位精度范围在±40mm。因此,装备末端移动浆管外径为168mm,管节隔仓浇筑孔孔径为250mm,管径选型符合自动寻孔精度±40mm的要求。

自动寻孔的其他要求:自动寻孔过程的末端浆管能够直线移动,缩短寻孔时间;自动寻孔过程能够实现防撞;自动寻孔能够定位到臂长覆盖范围内的所有浇筑孔等。

装备空载时副臂末端产生的下挠度,已经通过测量主/副臂实际映射长度进行了补偿;而实际浇筑过程的寻孔精度主要与底盘调平操作和三点示教操作相关,示教结果的三个初始中心点靠得越近,自动寻孔定位精度越高。

5.5 智能浇筑装备浇筑控制

智能浇筑装备的浇筑功能主要由浆面测量、拖泵流量控制、末端管控制三个功能联动组成,以实现不同阶段设置不同的浇筑速度的要求,确保浇筑质量。

5.5.1 浆面监测

隔仓内混凝土液面高度的监测采用无线激光式液位传感器。在同一个隔仓的三个相距较远的透气管上设置激光式液位传感器,测量隔仓内混凝土液面的高度(图5-15)。取三个传感器所测液位高度的平均值作为隔仓内液位的高度。检测液面高度,核对判别当前液面高度时对应浇筑速度,并及时发出改变浇筑速度的信号。

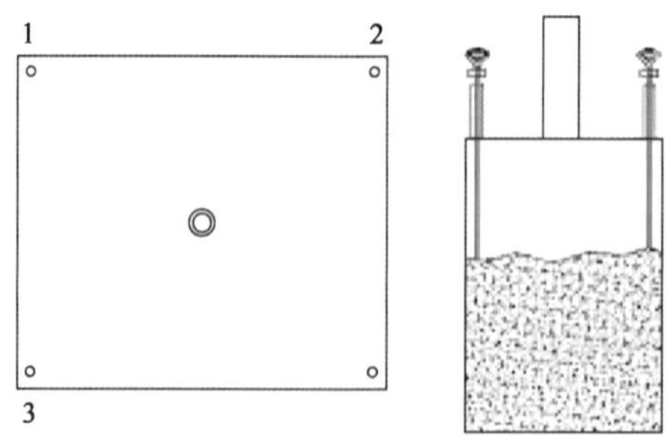

图5-15 浆面测量示意图

5.5.2 拖泵流量控制

拖泵流量的控制逻辑如图5-16所示。

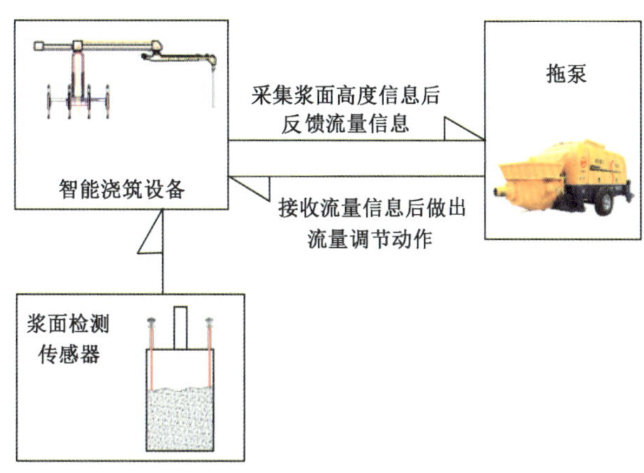

图5-16 拖泵流量的控制逻辑图

拖泵采用中联重科HBT90.18.186RSU型拖泵，该型号的拖泵流量调节为本地手动调节。为了实现拖泵流量随隔仓内液面高度的变化而调节，需对拖泵进行改造。

改造方案为新增一个电控电箱，该电箱能无线接收智能浇筑装备反馈的调速信息。根据实际流量需求，新增控制器提供0～5V模拟信号给拖泵控制器用于流量调节，以达到控制拖泵流量的效果。流量调节电位器的型式如图5-17所示。

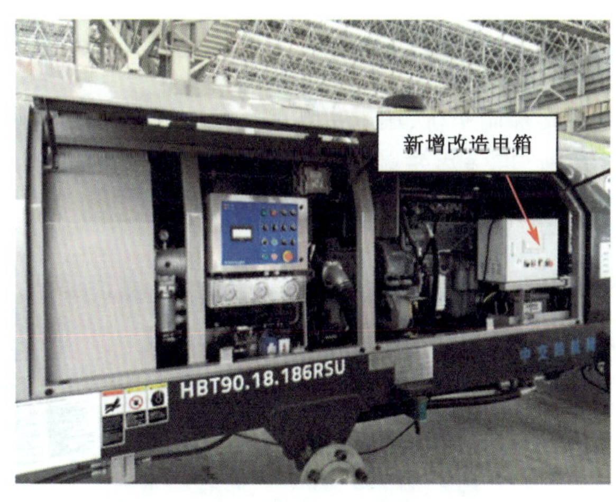

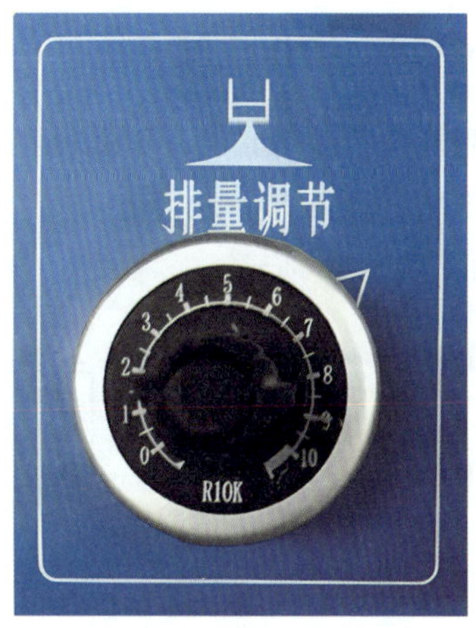

图5-17 流量调节电位器型式

采用约51m长泵管，按照使用立方桶记录每浇筑0.1m^3所耗费的时间推算实际流量，得到表5-4所示测试数据。

拖泵流量控制测试记录表

表 5-4

序号	电位器开度（刻度）	流量（m^3/h）	序号	电位器开度（刻度）	流量（m^3/h）
1	0.1	4.61	6	2.7	31.41
2	0.5	4.56	7	2.8	32.73
3	1	8.15	8	3	36
4	1.6	14.62	9	3.2	37.27
5	2.6	30.25	10	3.3	41.76

注：刻度0.5以下流量基本不变，且调至0时仍然有泵送。

5.5.3 末端管控制

为保证自密实混凝土在浇筑过程中的质量，要求混凝土自由落体高度不能高于500mm，不得出现埋管的现象，这就要求浇筑装备的末端浆管需随隔仓内液面的升高而提高。智能浇筑系统接收到液位传感器测量的液面高度信号，控制用于提升末端管的伺服电机正常工作，以提升末端管。

提升伺服电机的提管方式采用脉冲式提管，开始时末端管与浆面的高度为500mm，随着混凝土的注入浆面不断升高，当检测到末端管距离浆面高度小于300mm时，提升伺服电机运行，提升末端管200mm后停止。不断重复这个步骤，以达到控制末端管与浆面高度不大于500mm的要求。

5.5.4 操作控制系统

智能浇筑装备具有一套高度集成的操作控制系统，用来实现前述功能。除前述功能外，智能浇筑装备还具有一键行走、设定浇筑参数、设定浇筑顺序和生成浇筑报表等附加功能，如图5-18、图5-19所示。

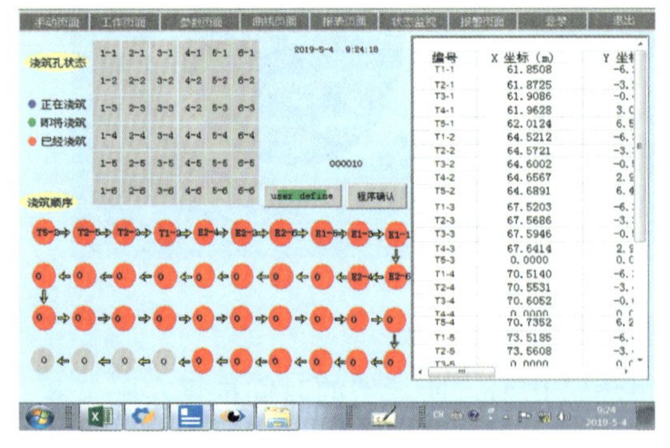

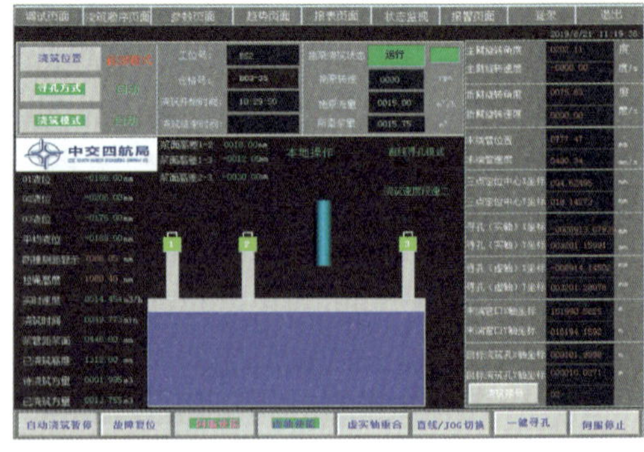

图5-18 智能浇筑装备操作系统界面图

钢壳混凝土浇筑施工记录表

工程名称:深圳至中山跨江通道主体工程S09标　管节编号:E1　浇筑机编号:①　浇筑日期:2019.09.19　第1页　共1页

序号	隔仓编号	开始时间	结束时间	距仓格顶20cm以下浇筑速度(m³/h)	距仓格顶20cm内浇筑速度(m³/h)	仓格方量(m³)	排气管液面高度(mm)									
							1号(10号)	2号(11号)	3号(12号)	4号(13号)	5号(14号)	6号(15号)	7号(16号)	8号(17号)	9号(18号)	10号
1	B01-38	9:38	10:16	27.8	12.8	9.22	380	480	370	680	760	900	720	660	—	—
2	B02-39	10:29	12:00	29.7	12.9	15.75	540	510	540	530	510	500	510	500	480	510
3	B04-39	12:35	13:36	28.8	12.5	15.75	380	370	350	340	370	360	400	360	380	380
4	B06-39	13:47	14:32	28.0	12.8	11.25	420	455	400	415	385	475	405	465	—	—
5	B05-40	14:37	15:47	29.5	12.7	15.75	370	380	340	380	390	350	400	370	410	400
6	B03-40	15:55	16:58	28.3	13.3	15.75	495	380	340	580	590	440	500	385	575	520

图5-19　混凝土浇筑报表

本章参考文献

[1] 陈绍章. 沉管隧道设计与施工[M]. 北京:科学出版社,2002.

[2] 詹德新,王兴权,刘祖源,等. 沉管隧道及其相关模型试验[J]. 武汉交通科技大学学报,2000,24(5):488-492.

[3] 程晓明,吴鸿军. 沉管隧道混凝土施工关键技术探讨——混凝土配合比设计[J]. 现代隧道技术,2008(2):28-32.

[4] 范卓凡,范充,王李. 工厂法预制沉管混凝土施工与优化[J]. 中国港湾建设,2015,35(11):94-97.

[5] 李惠明,梁杰忠,董政. 沉管预制混凝土施工工艺比选[J]. 中国港湾建设,2013(4):57-62.

[6] 李永轩,宋神友,金文良,等. 深中通道组合结构沉管管节混凝土浇筑变形分析[J]. 施工技术,2021,50(4):39-43.

[7] 张端,朱宝华,孙建强. 外海沉管隧道压舱混凝土施工技术[J]. 中国港湾建设,2015,35(11):81-84.

第6章　8万吨级自行走智能移运台车研发及应用

构件预制化是指建筑行业的各种构件在施工前由专用场地或工厂预先制造完成，再将其运到施工现场装配的一种形式，是建筑工业化的重要内容之一。随着装备技术的发展，预制构件呈大型化发展趋势，预制构件体量也从几十吨发展到几百吨，甚至达到成千上万吨，诸如大型沉箱和大型桥梁墩台。

深中通道沉管隧道钢壳管节(未灌注混凝土)重约12000t，需从卸驳区纵移到浇筑区进行混凝土浇筑，完成混凝土浇筑后，钢壳混凝土沉管重约80000t，需从浇筑区移动到浅坞区。目前，港珠澳大桥沉管施工只有陆上纵向顶推滑移技术，被移动构件采用滑移方式移动过程中支撑相对平稳，但滑移方式的移动设备结构复杂、操作烦琐、轴线偏差控制难度大、施工效率低且运行成本较高。因此，有必要研发一种既能克服滑移方式缺陷，又能保留其支撑平稳优点的超大型构件移动方式。本章根据项目功能需求，进行移运台车装备研究及功能开发，并在项目应用过程中总结，优化系统方案，形成8万吨级自行走智能移运台车关键装备。

6.1　台车功能需求分析

6.1.1　深中沉管移运概况

深中通道钢壳混凝土沉管采用工厂法预制，从钢壳卸驳码头到浅坞一次舾装区，依次布置钢壳卸驳区、厂房混凝土浇筑区、浅坞一次舾装区，预制场详细布置如图6-1所示。

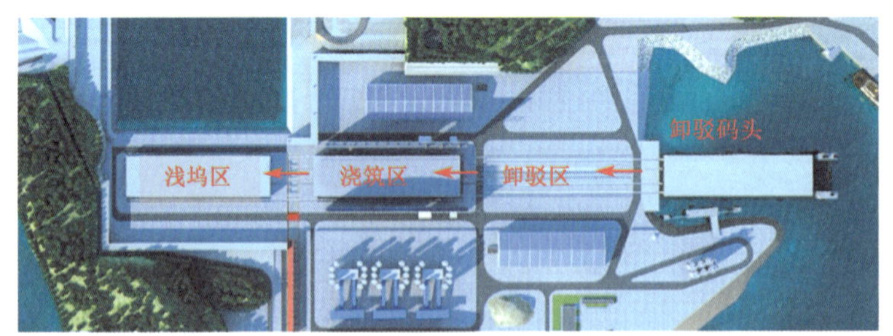

图6-1　预制场平面布置图

由钢壳预制厂家负责将钢壳卸驳至卸驳区，双方测量验收后，钢壳从运输船上运至卸驳区置换到无源支撑上，测量钢壳变形情况，双方确认后运载工具退回船上。沉管转运需要按照以下路线完成两次转运：①把沉管钢壳整体从卸驳区纵向移位大约 200m 到浇筑区，并转换为无源支撑系统支撑（转运质量为 12000t）；②把沉管钢壳整体从浇筑区纵向移位大约 200m 到浅坞区（转运质量为 80000t）。

6.1.2　移运装备需求分析

为了控制重型钢壳混凝土沉管的移运作业，从装备智能功能设计、硬件结构选型等方面入手，对移运装备进行深入的技术需求分析，提出以下装备开发需求：

（1）每台台车均拥有一套独立的主动驱动系统，各台车驱动系统受控于智慧工厂系统，能智能地进行速度、行程位置自适应动态调整，适应移运台车系统整体协调运作的功能需求。当前市场上万吨级重载移运台车主要由前/后方驱动车提供牵引力/顶推力进行载物的移运，其动力方式为被动驱动。具有主动驱动自行走功能的台车，通常负载吨级较小。

（2）台车具备智能顶升功能，对台车的受载重量、千斤顶上托行程进行智能感知，通过姿态陀螺仪、台车组顶托力整体评估的方式，对每个台车的载质量、上托高度进行动态调整，并对溢出值进行阈值自动锁定。采用数据化、系统化、智能化的方法，在大数据联动的状态下，保证重型沉管移运过程中始终处于可靠的“三点支撑”状态，沉管姿态平稳，受力均衡。

（3）移运装备具备安全防撞限位功能，台车行走至轨道末端，或因其他临时需求提前结束移运时，移运装备能有效地进行制动，并能够预留一定的安全防撞距离。通过硬件、软件的设计，采用多种方式实现移运装备不同状态下的限位需求，移运装备不但能保障安全地结束移运任务，而且能积极主动应对移运过程中轨道障碍物、潮水蔓延等临时突发事故。

6.2　台车结构设计

根据深中通道钢壳混凝土沉管的结构形式，在沉管的侧墙、中隔墙对应下方，纵向布置 4 列（每列 50 台）、共 200 台台车，前后台车之间通过连杆连接，每辆台车设置一台千斤顶，用于支撑沉管。现场只设置一条生产线，浇筑区是生产线的核心区域，设计时考虑缩短浇筑区停工的时间。当浇筑区的钢壳浇筑完成之后，要求在一天之内完成以下动作：①将浇筑好的沉管运输到浅坞区；②重新将一个钢壳从卸驳区运输至浇筑区。为了满足一天内沉管转运的需求，移运台车预期移运速度定为重载时 1m/min，半载时 2m/min。

6.2.1　装备总体设计

轮轨式台车主体由车轮、车轮架、平衡梁、液压千斤顶、楔形支撑、驱动电机、齿轮箱组成。平衡梁与 2 个四轮车轮架之间的连接，一边为销轴连接，另一边为球头球碗的连接方式。该结构使平衡梁的受力为三点支撑，使台车对轨道的适应性更好，同时能使台车 8 个车轮均匀受载，更具稳定性。每辆台车配置 2 套三合一减速电机，每套减速电机驱动 1 组车轮（每组 2 个），整车共 4 个主动轮、4 个被动轮。轮轨式台车结构组成如图 6-2 所示。

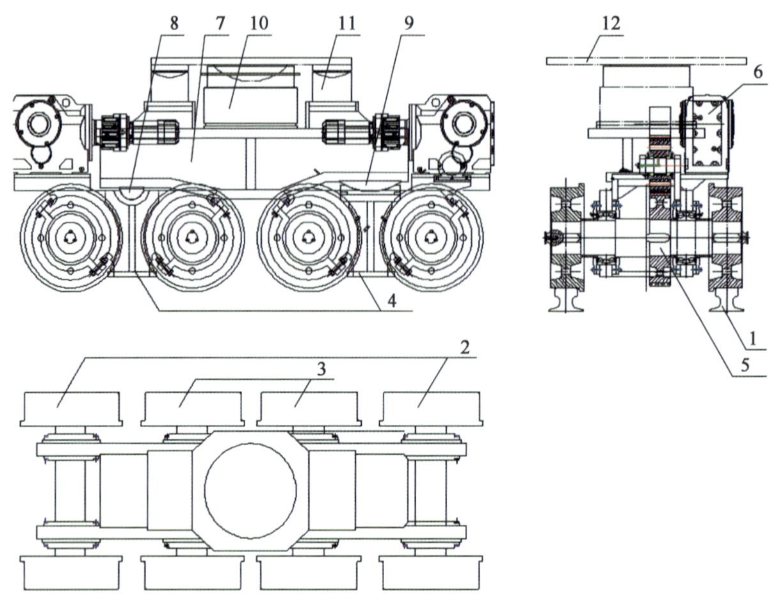

图6-2　轮轨台车结构组成图

1-钢轨；2-主动轮；3-从动轮；4-车轮架；5-齿轮箱；6-驱动电机；7-平衡梁；8-销轴；9-球形铰；10-液压千斤顶；11-楔形支撑；12-顶板

单台台车设计最大承载能力8000kN，满载行走速度0～1m/min，半载行走速度0～2m/min，每台台车设置8个直径630mm的锻钢车轮，采用平衡梁结构将力平均传递到梁下方的轮架结构上。轮架通过销轴和球形铰与平衡梁连接，在垂直载荷的作用下，平衡梁与车轮架之间存在平移约束，但仍存在转动的自由度。此结构组合可以提高车轮架对路轨的适应性，并且使得每个车轮负荷均布。台车总长3185mm，总宽1264mm，总高1475mm＋50mm（图6-3），满足项目要求。

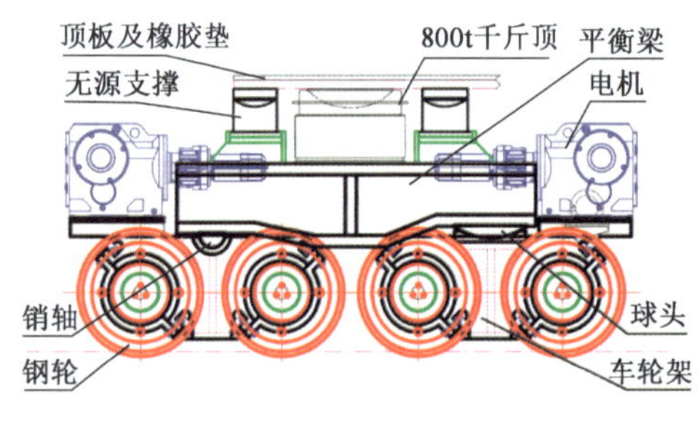

图6-3　台车结构总图

6.2.2　主要构件结构设计

6.2.2.1　车架结构设计

每台台车由车架横梁与两个车轮架组成。轮架通过销轴和球形铰与平衡梁连接，使得两个车轮架能均匀受力，两车轮架的受力点在车架横梁上对称分布，这样使得力能平均分配到车轮架上,车轮架通过滚动轴承与车轴相连接,使力能均匀分配到四个车轮上。车架结构简图如图6-4所示。

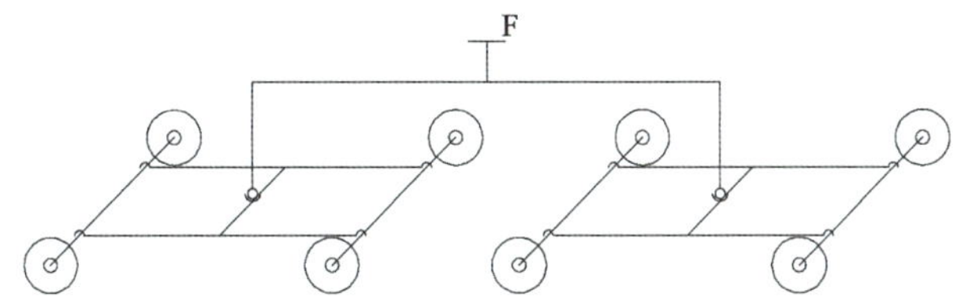

图6-4 台车受力简图

台车结构计算中,其载荷按7840kN计算,车架材料采用Q345,与正常工作载荷3920kN之比为2,即其安全系数为2。台车主结构有限元分析图如图6-5所示。

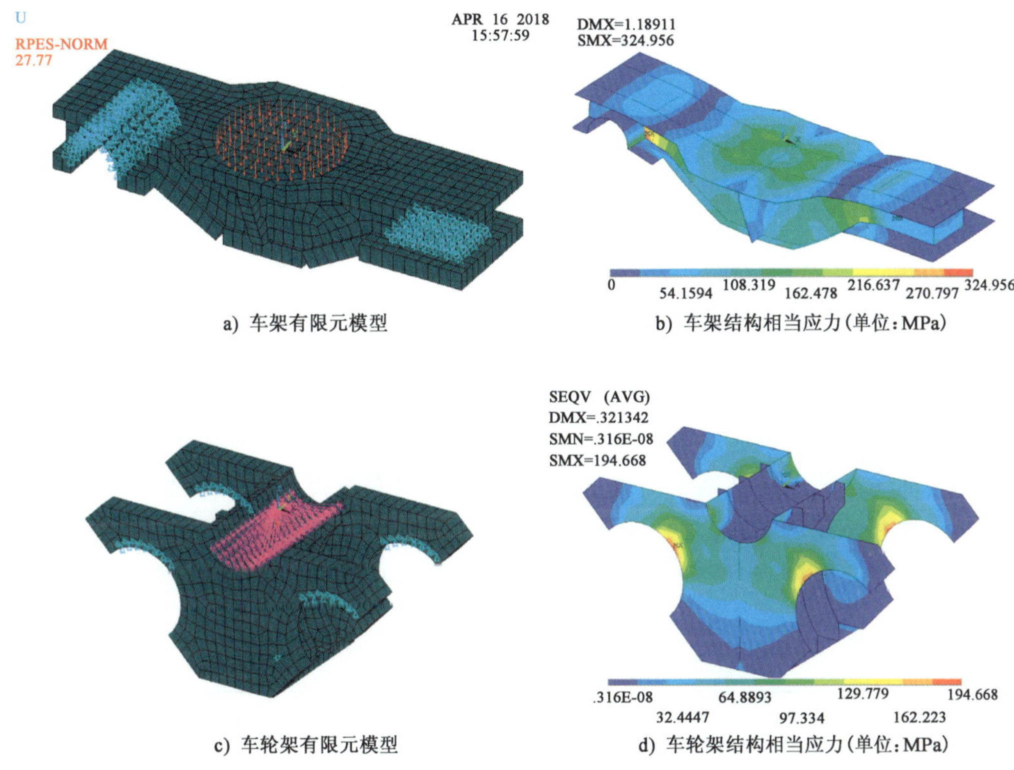

a) 车架有限元模型　b) 车架结构相当应力(单位:MPa)

c) 车轮架有限元模型　d) 车轮架结构相当应力(单位:MPa)

图6-5 台车主结构有限元分析图

6.2.2.2 台车车轮选择

台车在初步设计时,在车轮与轨道的尺寸选择方面做了选型比较,根据比选的情况,最终决定采用直径630mm的车轮配合A150的轨道。比选的情况见表6-1。

车轮轮径比选表　表6-1

车轮直径	200mm	630mm	800mm
使用的路轨	QU80	A150	QU120
台车布置数量	200台	200台	180台

续上表

单辆台车轮数	32 个	8 个	8 个
单台使用轨道的数量	4 条	2 条	2 条
单车承重	400t	400t	445t
工作轮压	125kN	500kN	556.5kN
静载轮压	189.7kN	1214kN	1542kN
静载安全系数	1.517	2.428	2.772
越障能力	弱(遇砂石对轮子冲击大)	较好	好
加工工艺	较难(零部件多一倍)	较简单	较简单
轮子故障率	较高(数量较多),易引起多米诺骨牌效应	较低	较低
钢轨底面对轨道梁的荷载	2.33MPa	2.75MPa	3.64MPa
车身高度	≤1200mm	≤1500mm	>1500mm
综合评价	不选	优选	不选(超高)

6.3 智能台车功能设计与硬件选型

6.3.1 驱动系统设计与选型

6.3.1.1 驱动方式选择

在台车的驱动方式选择方面,目前可供选用的两种驱动方式分别是电机驱动和液压马达驱动。综合考虑管节移动同步性要求高、环境保护以及维护保养难度等多方面因素,最终选定采用电机驱动的方式,并采用变频电机。每台车配置两套三合一减速电机,每套减速电机驱动一组车轮(每组两个),整车共四个主动轮、四个被动轮。两种驱动方式的比选见表 6-2。

驱动方式比选表 表 6-2

驱动方式	电机驱动	液压马达驱动
优点	容易同步控制,控制精度高;能快速实现启动、加速、制动、反转等;变频电机易于实现无级调速;系统的整体工效高,维护保养简单;不污染环境	传递运动平稳;易于防止过载;易于获得较大的力矩
缺点	敷设的电缆较长	同步性较差;管路较长,容易出现泄漏;液压油的黏度随温度变化,易引起工作机构运动不稳定;需定期更换液压油;空气渗入液压油后会产生振动、噪声;用电量较大
综合合计	优选方案	次选方案

6.3.1.2 台车传动机构设计

台车的行走系统中包含两套传动机构,驱动电机通过一组开式减速齿轮驱动一组轮子,为了安装电机方便,增加了中间齿轮。小齿轮的齿数为19,中间齿轮的齿数为36,轮轴大齿轮的齿数为59,模数为10mm,齿宽为135mm,按照单台极限承载为7840kN校核传动构件强度,其中,中间齿轮材质为40Cr,小齿轮材质为42CrMo调质处理,中间齿轮轴及键材质为45号钢。齿轮的布置示意如图6-6所示。

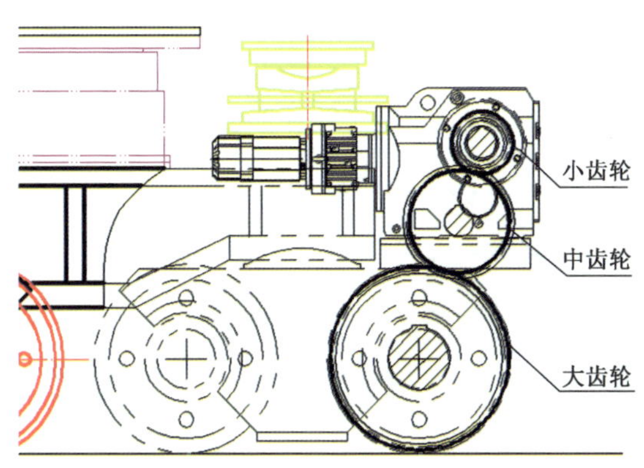

图6-6 齿轮布置示意图

6.3.1.3 轨道取电点布置

在电缆车轨道边上设置取电点(图6-7),为移运过程中相关感应、监控等设备提供电力资源,取电点分别在舾装区与浇筑区之间、浇筑区与卸泊区之间。纵移时取电点布置在浇筑区各条轨道的两端,浇筑区与卸泊区之间设置电箱ZPA-1、ZPB-1、ZPC-1、ZPD-1,舾装区与浇筑区之间设置电箱ZPA-2、ZPB-2、ZPC-2、ZPD-2,各电箱内设置两个开关,开关容量为200A。

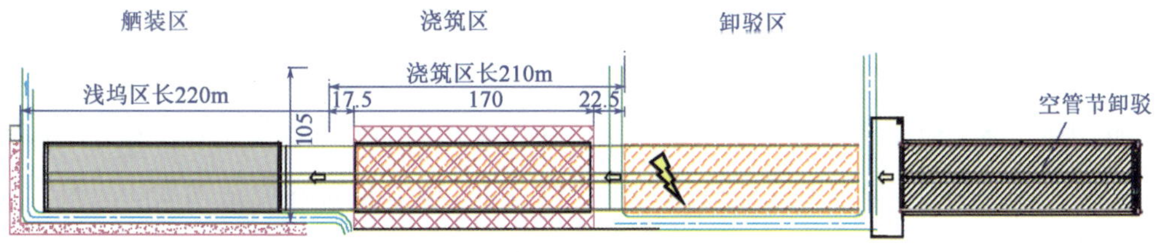

图6-7 取电点分总布图(尺寸单位:m)

6.3.1.4 智能电控模块设计

台车智能电气控制模块结构模式为总线型结构模式,采用西门子可编程逻辑控制器(PLC)为核心的分布式控制方式。设置一个主站和一个辅站,每个台车作为一个从站。主、辅站分别设置在两个控制台上,一个控制台故障时自动转换到另一个控制台进行控制。

1)智能电控模块电控箱选型

每辆个台车配有一个智能电控箱,箱内安装一个变频器和一套PLC信号处理模块。变频器用于驱动两台电机。信号采集模块用于采集顶升液压千斤顶的压力传感器及行程传感器信号。各台车的变频器接收 PLC 的控制信号,实现台车的同步前进、后退、调速等控制。电控箱设有相序保护和错相报警功能,电机设有独立的过流保护,其设定值与电机功率匹配。台车电控系统如图 6-8 所示。

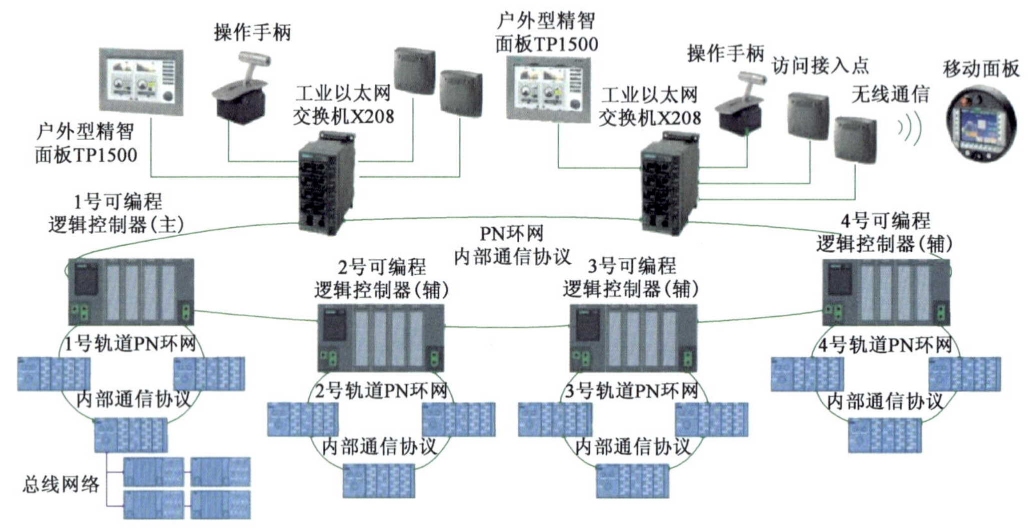

图 6-8　台车电控系统图

电控箱的 PLC 信号处理模块设置有线双网络通信接口,每台台车与主站之间采用有线双网络冗余通信,将台车的电机电流信号、运行信号、千斤顶压力值、千斤顶行程值等参数及其他工作状态传输到集中控制台,方便工作人员进行维护和监控。

2)智能电控模块程序设计

智能电控系统与按 4 个纵列分布的 200 辆台车进行动力、电力、信号的关联,系统内配备电缆卷扬机(4 台)、集中控制站一体化小车及液压控制系统(3 套)。每个纵列又再分为 2 个供电区域,因此,整个台车系统分 8 个供电区域。使用 4 台移动电缆卷扬机对上述 8 个区域和 3 套液压控制系统供电。每台电缆卷扬机配双电缆卷筒,每个卷筒容缆量为 250m,每个区域由电缆卷筒通过开关供电。图 6-9 为智能电控系统配电分区示意图。

沉管移动方向 ←

1A	2A	电缆卷扬机	控制站
1B	2B	电缆卷扬机	控制站
1C	2C	电缆卷扬机	控制站
1D	2D	电缆卷扬机	控制站

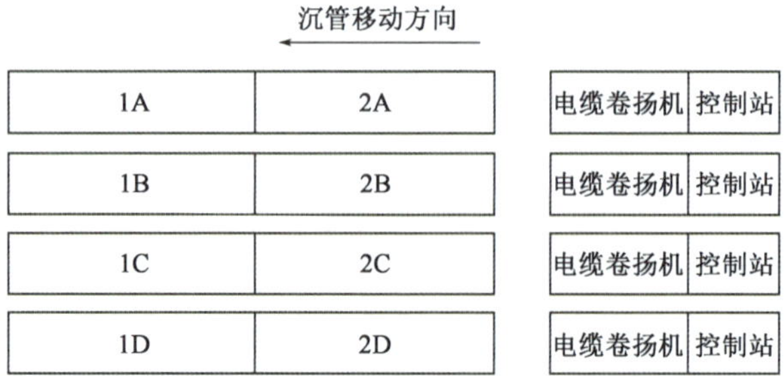

图 6-9　智能电控系统配电分区示意图

每个纵列由一个控制站负责台车的信息收集,控制站和控制站、控制站和台车之间通过通信的方式将命令传送给每一辆台车,同时接收来自每一辆台车的信息。通信线路采用双回路冗余,确保在某一线路中间出现中断的情况下,仍然可以与每一辆台车进行通信和控制。A 列和 B 列控制站设置控制台,控制台适合室外作业,控制台 A 和控制台 B 设置触摸屏监控器,互为备用,其中一个控制台故障时,另一个控制台可以自动接管控制。

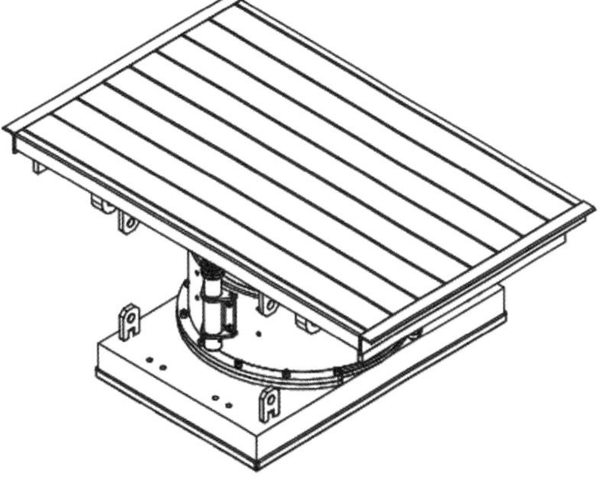

图 6-10 液压千斤顶图

6.3.2 顶升系统设计与选型

6.3.2.1 台车液压顶升设备

台车使用 800t 千斤顶作为其顶升设备,千斤顶为柱塞式单作用油缸,其外形见图 6-10,具体性能参数及液压油泵的参数详见表 6-3、表 6-4。

液压千斤顶参数表 表 6-3

项　目	参　数	项　目	参　数
正常载荷能力	4000kN	紧急工作压力	47MPa
紧急载荷能力	8000kN	行程	±25mm
工作压力	23.5MPa	顶推缸活塞面积	$1810cm^2$

液压油泵参数表 表 6-4

信号	EHPS 12MS	EHPS 6MS
流量	12L/min	6L/min
工作压力	50MPa	50MPa
功率	5.5kW	5.5kW
电制	3×400V,50Hz	3×400V,50Hz

6.3.2.2 顶升设备液压系统

沉管移运顶升设备液压系统(图 6-11)按照三点支撑方式进行区域划分,型号为 EHPS 12MS 的液压油泵服务于第三支撑点区域的 100 个千斤顶,另外两台 EHPS 6MS 的液压油泵各自服务于第一支撑点、第二支撑点区域的 50 个千斤顶。液压系统采用 A/B 油路设置(图 6-12),A/B 油路是将单个支撑点内的单双数(编号)千斤顶分别串联起来形成独立油路,单数千斤顶串联油路为 A 油路,双数千斤顶串联油路为 B 油路。两条独立油路串联的千斤顶共同支撑管节。采用单双数支撑千斤顶分别串联形成独立油路,是为了使单个独立油路所串联千斤顶均匀分布于所在区域,保证受力均匀。当 A/B 油路中一路油路出现故障时,另外一路油路仍然能保持整个系统的支撑作用。

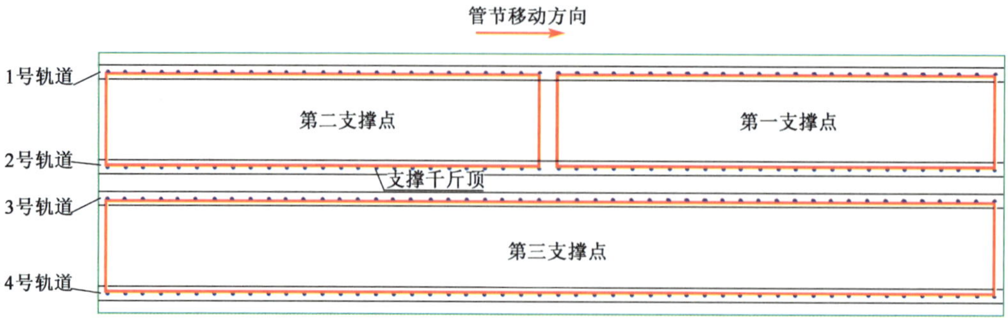

管节移动方向
1号轨道
2号轨道
3号轨道
4号轨道
第二支撑点
第一支撑点
支撑千斤顶
第三支撑点

图 6-11　液压系统分块示意图

A油路
B油路
A油路
B油路
A油路
B油路

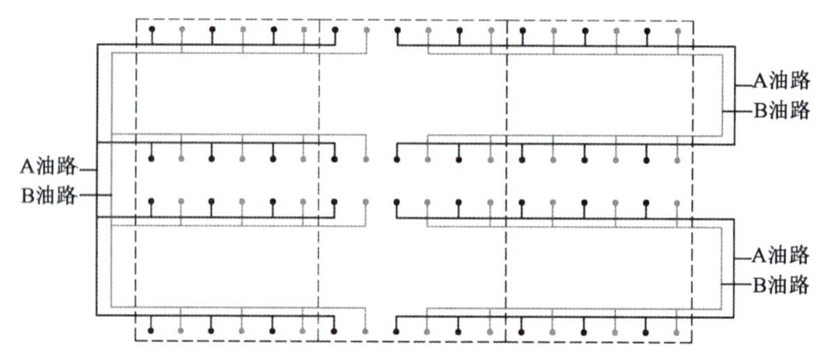

图 6-12　A/B 油路示意图

6.3.2.3　液压动力站运输台车

按沉管移动方向,在移动过程中布置 4 列台车,因此在纵移运输过程中配设 3 台液压动力站运输台车跟随。液压动力站运输台车参数详见表 6-5,液压动力站运输台车见图 6-13。

液压动力站运输台车参数表　　表 6-5

项　目	大　小	单　位	项　目	大　小	单　位
总长	2.900	m	油箱体积	0.9	m^3
总宽	1.100	m	车轮直径	0.25	m
总高	1.290	m			

6.3.2.4　顶升智能控制模块

钢壳沉管同步顶升系统是基于 PLC 控制器发送信号控制液压站的各功能电磁阀的打开或关闭,同时结合接收千斤顶的压力传感器和行程传感器的信号,采用闭环控制原理,实现系统中各千斤顶的同步顶升和同步降落。在沉管移动的过程中,控制系统通过对接收的压力值和行程值进行程序计算,并及时发出指令进行动态调节。当设备自动调节功能无法将数值调回允许值时,系统进行报警并停止移动工作,等候人工进行深入的故障排查。

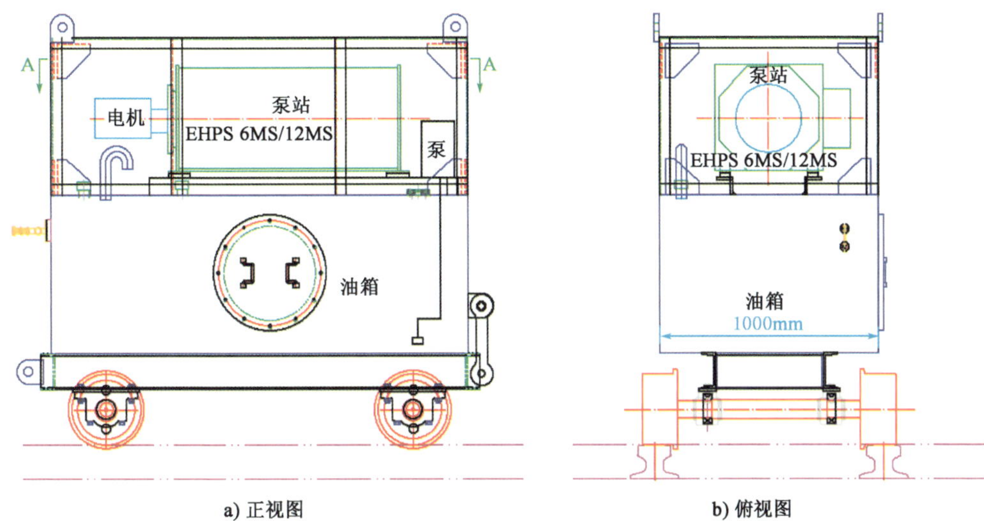

a) 正视图　　b) 俯视图

c) 实物图

图6-13　液压动力站运输台车图

6.3.3　安全防撞系统设计

移运台车具备安全防撞限位功能，台车行走至轨道末端，或因轨道障碍物、潮水蔓延等临时突发事故提前结束移运时，安全防撞系统有效地对台车进行制动，并保障在移动过程中预留安全防撞距离。采用机械挡块限位、软限位（即软件程序限制）和硬限位（即行程开关限制）三种机构实现移运台车安全防撞功能。

6.3.3.1　机械挡块限位机构

机械挡块限位是指在每条路轨尽头的两端设置机械挡块（图6-14），挡块直接焊接在路轨上，对台车组进行移动限位。当台车组移动至挡块处，挡块卡住最前面台车的车轮，阻止台车组继续移动，但此时系统仍正常运行，如果不及时停车，台车组将撞坏挡块或因故障停车。机械挡块为安全防撞的最后底线，因此在系统中设置了软限位和硬限位，控制台车组提前减速停车，避免撞上挡块，增强安全性能。

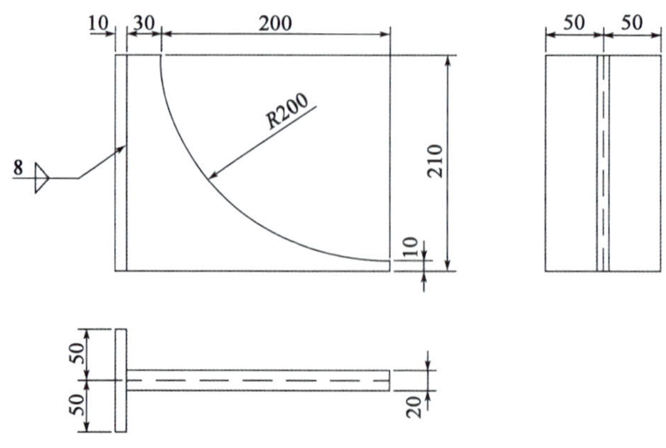

图 6-14　机械挡块(尺寸单位:mm)

6.3.3.2　软限位机构

软限位是指系统通过编码器检测值,判断台车组在路轨上的位置,再通过系统内智能程序进行参数设定,限制台车组在路轨上的移动范围。当台车组移动到设定值位置时,台车组达到软限位,减速停车,停车后只能往反方向移动,无法继续向前移动。当台车反方向移动离开软限位设置的位置后,通过主控台上的"故障复位"按钮消除报警;当超出软限位的报警消除后,台车组才能继续向前移动但仍不能超过设定值位置。

如图 6-15 所示,台车组的当前位置为 222.956m,台车组只能在 1～385m 的范围内来回移动。当台车组到达 1m 位置时,台车组到达负限位,减速停车,只能往正方向移动,无法继续往负方向移动;当台车组到达 385m 位置时,台车组到达正限位,减速停车,只能往负方向移动,无法继续往正方向移动。

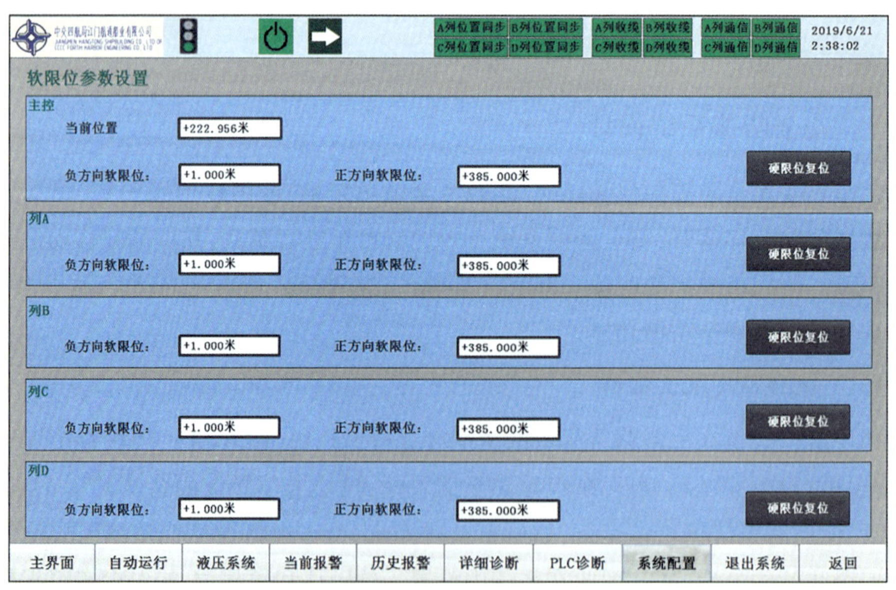

图 6-15　软限位参数设置

6.3.3.3　硬限位机构

硬限位是指在每列台车的首尾台车上分别安装行程开关（台车编号分别为A1、A50、B1、B50、C1、C50、D1和D5，行程开关总数为8个），在每条路轨尽头的两端分别设置撞尺（撞尺总数为8个），台车组整体移动过程中，当任意一个行程开关触碰到撞尺时，台车组立即减速停车，起到智能限位防撞的作用。当台车反方向移开硬限位触发位置后，需要在控制台触摸屏的“软限位参数设置”界面上进行“硬限位复位”，只有复位后台车组才能继续往原触发硬限位的方向移动，但仍不能超过硬限位。

行程开关安装在车架底部，防止人员误操作。行程开关的触点接入台车本地I/O站，通过通信将信号发至控制台主控PLC，主控PLC检测到行程开关动作信号后，进行台车组整体的启停控制。行程开关动作后，台车组并不急刹车，而是进行减速停车控制并报警显示。另外，为了防止行程开关滑出撞尺，撞尺设计长度大于停车距离长度。

6.4　智能台车应用示范

6.4.1　工艺流程

万吨级构件的移动一直是困扰大型构件预制的难题，以往采用的滑移方式虽然平稳，但是效率较低。在深中通道钢壳沉管预制中研发的轮轨式台车移动系统，大大提高了大型构件移动工效，有效控制了移动过程中的轴线偏差。现场开展了15m环段试验，根据9个钢壳混凝土管节的移动情况统计。现场管节移动照片如图6-16所示，管节移动总体工艺流程图如图6-17所示。现场情况显示，移动工效总体稳定，轴线偏差满足±5mm设计要求，选取5个管节数据进行对比，见表6-6。

a) 15m环段　　b) 8000t钢壳混凝土移动

图6-16　现场管节移动照片

部分管节移动工效和轴线偏差数据对比　　表6-6

管节编号	管节重量(t)	移动距离(m)	移动时间(h)	轴线偏差(mm)
E1	60000	216.33	7	4
E3	80000	216.28	5	2

续上表

管节编号	管节重量(t)	移动距离(m)	移动时间(h)	轴线偏差(mm)
E5	80000	216.43	4	-3
E7	80000	216.40	4	-2
E9	80000	216.48	4	3

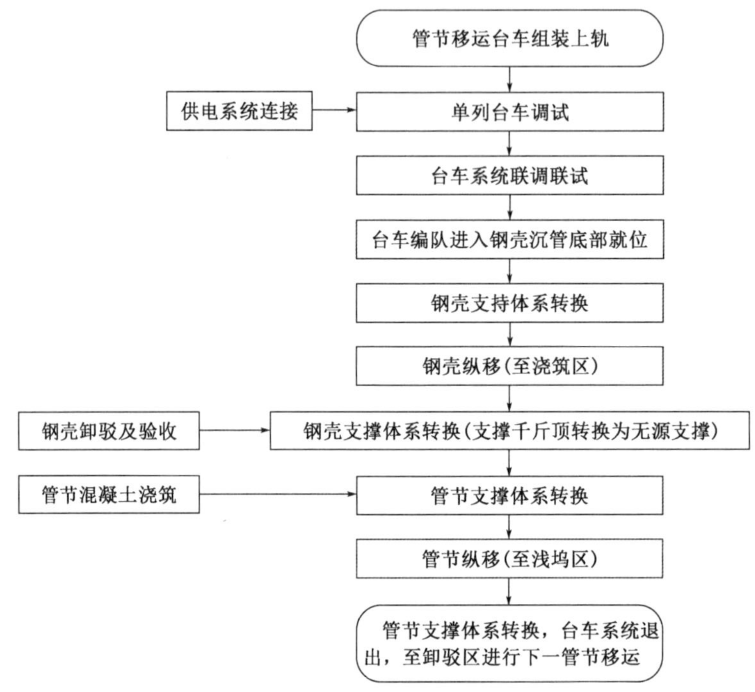

图6-17　管节移动工艺流程图

6.4.2　体系转换

管节到达浇筑区后，首先测量钢壳管节的底高程，针对不满足要求的位置，利用液压千斤顶进行调整，直至调平钢壳管节，然后关闭所有液压千斤顶截止阀，进行千斤顶支撑体系转换作业。

第一步：紧固台车无源支撑楔形端头螺栓，使台车的无源支撑与千斤顶顶板完全接触，并保证无源支撑两侧采用双螺栓止推，同时确保斜面接触面积；所有无源支撑验收合格后即可进行液压千斤顶卸载作业。

第二步：将支撑油泵加压至与液压千斤顶支撑系统相同的压力，打开油泵与支撑系统之间的截止阀，加压至所有支撑千斤顶的环形螺母可以转动，向上转动环形螺母5mm（如果有必要，螺母可向上多调整一些）。

第三步：启动油泵进行泄压，先泄压3MPa，静置5min，观察无源支撑与顶板接触情况，同时检查千斤顶螺母是否脱离千斤顶顶板；检查确认无故障，则继续泄压。

第四步：以每步5MPa的压力逐渐减少全部千斤顶的压力（千斤顶的螺母不允许与千斤顶外缸体接触）；在无支撑结构状态下保持5MPa的压力1h。

第五步：检查支撑结构，调整螺母至自由状态，完全释放液压支撑系统的压力；使液压千斤顶与顶板完全脱离，处于不受力的状态。

钢壳支撑体系转换示意图如图6-18所示。钢壳管节在浇筑区完成混凝土浇筑且强度满足移动要求时，即可进行管节纵移的工作，管节从浇筑区到浅坞区移动作业时，台车支撑体系转换工艺流程如图6-19所示。

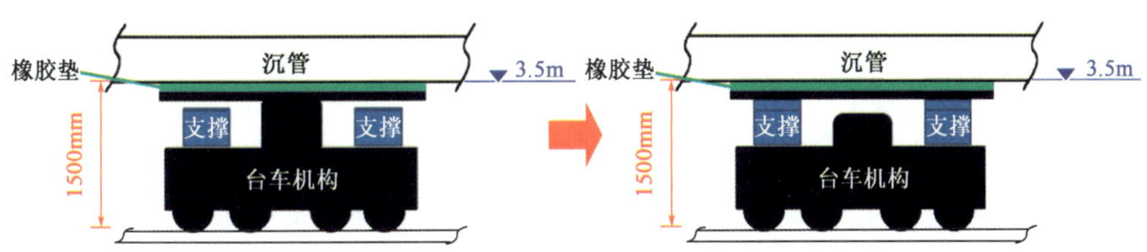

图6-18　钢壳支撑体系转换示意图

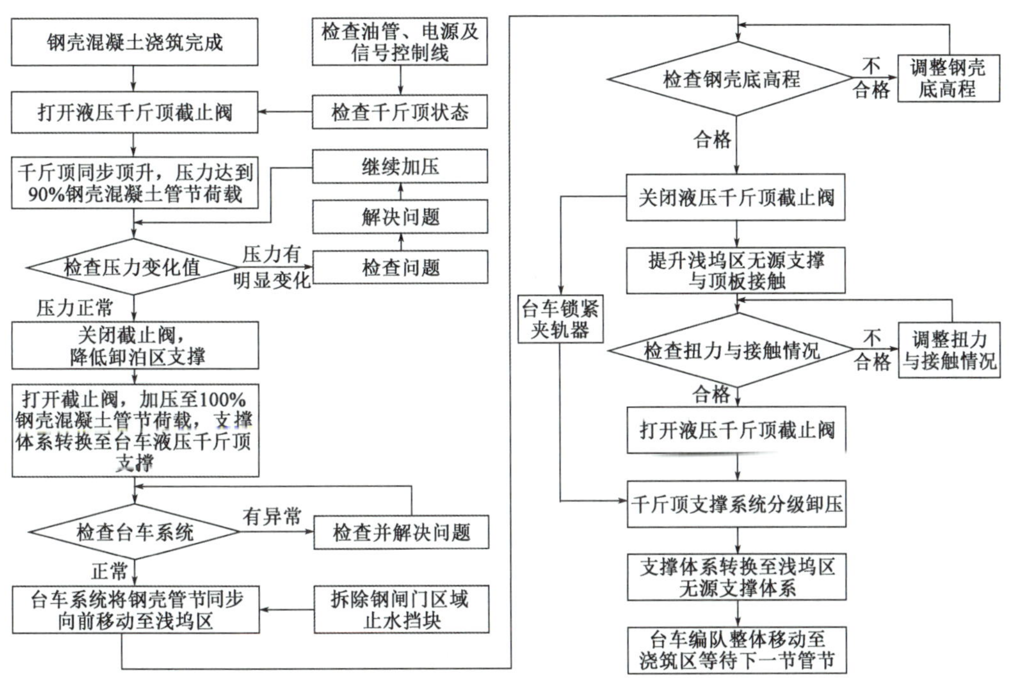

图6-19　支撑体系转换工艺流程图（浇筑区→浅坞区）

6.4.3　应用效果分析

8万吨级自行走智能移运台车的研发，成功解决了深中通道重型沉管移运控制难题，大大降低了安全风险、进度风险、质量保护风险，在现场施工应用中具有鲜明的特点：

（1）采用多层分布式环形热冗余工业网络技术，对台车进行编码器分组，自动检测各列台车的移运速度和行程偏差。在移运台车大数据库下，对台车组内各电机进行差异化控制。通过智能电控模块,对各列台车移运速度进行正负偏差动态调整,保证了在整体重载移运速度约为 1m/min 工况下,不同列台车组移运同步率始终处于偏差允许范围内,成功使深中通道重型钢壳混凝土沉管高效地进行同步协调移运。

(2)智能顶升系统对台车受载重量、千斤顶顶托行程进行智能感知,调用沉管移运子系统大数据库,通过顶升智能控制模块程序对沉管顶托状态进行整体评估。智能地对一定范围内千斤顶载重进行重新分配,将过载千斤顶的载重降低至允许值,实现沉管液压三点支撑,使重型沉管在移运过程中支撑位置布置合理,受力均衡,减少不利变形量,保障结构物安全。

(3)通过机械挡块限位机构、软限位机构、硬限位机构组建安全防撞系统,满足移运台车在不同状态下的防撞限位需求。安全防撞系统有效地保证了现场施工时临时紧急停车提前结束移运作业时的安全性,能有效降低轨道障碍物、潮水蔓延等临时突发事故给移运作业带来的安全管控影响,在一定程度上提升了装备的抗风险能力,提高了智慧工厂的建设水平。

本章参考文献

[1] 邓海旺. 混凝土预制构件生产质量风险评价研究[D]. 北京:北京交通大学,2020.

[2] 李义堂. 浅析地下工程现浇混凝土结构突出的质量问题[J]. 地下空间与工程学报,2014,10(S2):2049-2053.

[3] 刘德进,张宝昌,付大伟. 超大型沉箱出运与安装关键技术[J]. 水运工程,2012(1):164-167.

[4] 黄建生,余东华,黄宇朗. 液压顶升电动台车驮运大型沉箱创新设计[J]. 水运工程,2014(9):173-176.

[5] 陈冲海,刘春洋,段昌勇. SPMT 在混凝土预制构件出运中的应用[J]. 中国港湾建设,2017,37(9):81-84.

[6] 阮裕和,李洪斌. SPMT 转运大型预制混凝土箱梁施工技术[J]. 港工技术,2020,57(3):70-74.

[7] 陈国栋,王煦,封叶剑,等. 港珠澳大桥香港边检大楼模块化施工关键技术[C]//天津大学,天津市钢结构协会. 第十七届全国现代结构工程学术研讨会. 天津:[出版者不详],2017:30-37.

[8] 彭晓鹏,李阳,李海峰. 大型预制构件顶推方案选型[J]. 中国港湾建设,2015,35(7):120-123.

[9] 陈伟彬,刘远林,李海峰. 超大型沉管顶推技术[J]. 中国港湾建设,2015,35(7):100-104.

[10] 杨红,王李,刘然. 港珠澳大桥岛隧工程沉管预制顶推技术[J]. 中国港湾建设,2015,35(7):85-88.

[11] 林巍,王晓东,董政,等. 沉管隧道76000吨管节多点式分段顶推[J]. 水道港口,2018,39(S2):43-48.

[12] 陈越,陈伟乐,宋神友,等. 深中通道沉管隧道主要建造技术[J]. 隧道建设(中英文),2020,40(4):603-610.